现代选矿技术丛书

铁矿石选矿技术

牛福生　张晋霞　刘淑贤　聂轶苗　编著

北京
冶金工业出版社
2012

内 容 提 要

本书共分7章，第1章简要介绍了铁矿石资源概况、铁矿石选矿技术进展等内容，第2~4章分别详细介绍了铁矿石类型及性质、铁矿石选矿方法及设备、铁矿石选矿浮选药剂，第5章详细介绍了磁铁矿、赤铁矿、菱铁矿、褐铁矿、镜铁矿和硫铁矿的选矿实践，第6、7章分别简要介绍了小型铁矿选矿厂的建设和运行管理、复杂难选铁矿资源开发利用。

本书针对性强，注重铁矿石选矿的系统性和实用性，适合从事铁矿石选矿生产、科研和管理人员阅读参考，也可供高等院校矿物加工专业师生参考。

图书在版编目(CIP)数据

铁矿石选矿技术/牛福生等编著.—北京：冶金工业出版社，2012.5

(现代选矿技术丛书)

ISBN 978-7-5024-6006-8

Ⅰ.①铁… Ⅱ.①牛… Ⅲ.①铁矿床—选矿技术 Ⅳ.①TD951.1

中国版本图书馆CIP数据核字(2012)第177683号

出 版 人 曹胜利
地　　址 北京北河沿大街嵩祝院北巷39号，邮编100009
电　　话 (010)64027926 电子信箱 yjcbs@cnmip.com.cn
责任编辑 杨秋奎 美术编辑 彭子赫 版式设计 孙跃红
责任校对 石 静 责任印制 张祺鑫
ISBN 978-7-5024-6006-8
三河市双峰印刷装订有限公司印刷；冶金工业出版社出版发行；各地新华书店经销
2012年5月第1版，2012年5月第1次印刷
787mm×1092mm 1/16；14.5印张；350千字；223页
45.00元

冶金工业出版社投稿电话：(010)64027932 投稿信箱：tougao@cnmip.com.cn
冶金工业出版社发行部 电话：(010)64044283 传真：(010)64027893
冶金书店 地址：北京东四西大街46号(100010) 电话：(010)65289081(兼传真)

前　言

铁矿石是钢铁生产企业的主要原料，也是影响国民经济发展和人民生活水平质量的重要矿产资源之一。自然界中的铁矿石除一小部分可以直接工业应用的富铁矿石外，超过95%的铁矿石需经选矿富集处理后才能被有效利用。随着近几年钢铁工业的高速发展，铁矿石的需求量逐年增加，相应地铁矿石的选矿工艺技术、设备、选矿药剂等影响选矿效果的问题受到极大关注，一些先进技术、设备和药剂已经得到规模化工业应用，不仅提高了铁矿石选矿的资源利用效率，同时也为生产企业创造了巨大的经济效益。

除几个较大的矿床比较集中外，我国铁矿石资源储量在全国各地星罗棋布，贫富不均，因此在规划建设大中型铁矿选矿厂的同时，也建设了一大批小型选矿厂。随着矿石贫化现象突出，这些小型选矿厂矿石年处理量达到数百万吨，与大型钢铁企业的选矿厂相比，此类铁矿选矿厂流程简单、工艺落后、设备简陋，且缺少必要的选矿技术人员，技术力量薄弱；不少铁矿选矿企业的从业人员对铁矿石选矿过程认识单一，选矿知识储备不足，由此造成尾矿中金属流失严重，设备作业率、劳动生产率低以及企业建设运营水平不高等，过高的生产成本使企业面临极大的市场风险。为普及铁矿石选矿知识，增强从事铁矿选矿生产、管理和科研人员技术水平和分析、解决在生产实际中遇到的问题，笔者在系统总结铁矿石选矿技术的基础上，结合铁矿石选矿的最新研究成果编撰了本书。

本书由牛福生、张晋霞、刘淑贤和聂轶苗共同撰写，牛福生教授统稿，参加编写的人员还有张大勇、田力男、陈森、魏少波、戴奇卉等。本书的编写和出版，得到了河北联合大学的大力支持，在编写过程中参阅了许多国内外同行、生产企业的相关资料和成果，在此一并表示衷心感谢。

由于作者水平所限，书中不妥之处，敬请广大读者批评指正。

作　者

2012年5月

目　　录

1 绪 论

铁矿石作为一种重要的矿产资源，在人类社会发展和科学技术进步中起着极其关键的作用，从铁器时代的兵器到现代社会的各个领域都与铁矿石有非常密切的关系。从理论上说，凡是含有铁元素或铁化合物的矿石都可以称为铁矿石。但从铁矿石在工业利用的角度出发，只有当矿石中铁矿物或铁元素的含量达到一定含量时，在现在技术经济条件下可以开采、选别和利用的才可以称为铁矿石。

1.1 铁矿石资源概况及需求形势

世界铁矿石资源非常丰富，铁矿石资源总量估计超过 8000 亿吨（矿石量），澳大利亚、巴西、中国、俄罗斯、乌克兰及美国等是世界铁矿资源大国。有大约 50 多个国家生产铁矿石，但铁矿石产量的大部分集中在少数几个国家，世界十大铁矿石生产国依次为中国、巴西、澳大利亚、俄罗斯、印度、美国、乌克兰、加拿大、南非和委内瑞拉，10 个国家铁矿石合计产量占世界铁矿石总产量的 90% 左右。2011 年全球铁矿石产量为 20.5 亿吨左右，比 2010 年的 19.3 亿吨增长 6.2%，预计未来 5 年全球铁矿石生产和出口将快速增长，2012 年全球铁矿石产量将达到 22.8 亿吨，2015 年将达到 27 亿吨，全球矿山垄断程度将会降低，竞争加剧，市场将出现供大于求局面，巴西和澳大利亚铁矿石依靠低成本处于优势地位，因此澳大利亚和巴西铁矿石出口将保持增长，并在 2020 年前达到峰值。

我国是世界第一大铁矿石生产国和消费国。虽然我国铁矿有较多的查明资源储量，但我国人均矿产资源拥有量在世界上处于较低水平，且低品位、组分复杂的矿石、难选冶的矿石居多，大多是产量低的贫矿，铁矿平均品位仅为 33%，比世界平均水平低 10% 以上，可直接入炉炼铁、炼钢的富铁矿资源储量仅占全国铁矿资源储量的 2.7%。我国国内铁矿石生产仅能满足需求的 2/3 左右，其余 1/3 靠进口富铁矿石和废钢铁解决。改革开放以来，特别是进入 21 世纪以来，我国钢铁工业迅速发展，粗钢产量逐年递增，从 1990 年粗钢产量 6638 万吨，到 2008 年的 5.0049 亿吨，我国已经成为名副其实第一钢铁大国。国际钢铁协会统计数据显示，2011 年我国的粗钢产量为 6.955 亿吨，同比增长 8.9%。粗钢产量占全球粗钢总产量的比例也由 2010 年的 44.7% 提高至 45.5%。

随着我国钢产量的急剧增长，铁矿石的消费量逐年大幅攀升。我国国内矿山 1990 年原矿产量为 1.79 亿吨，2008 年达到 8.24 亿吨，18 年内上涨了 4.6 倍。消费大量的铁矿石，光靠开发国内矿山显然是不现实的，未来仍将大量进口铁矿石。因此，未来铁矿石市场供需形势将依然紧张，铁矿石供不应求的局面将依然持续，铁矿石价格整体仍将可能保持在高位运行。同时根据对 2000 年以来统计数据分析，我国粗钢/生铁比仍为 1 左右，按照 1t 生铁大约需要 3.5t 国产铁矿石，预测 2010 ~ 2020 年铁矿石累计需求量（国内标矿 33%）261 亿吨，其中 2015 年需求 21.9 亿吨，2020 年需求 23.8 亿吨。

1.2 我国铁矿石资源现状与开发利用概况

1.2.1 我国铁矿石资源现状

1.2.1.1 铁矿石查明资源储量继续上升

我国铁矿石年产量已从2003年的2.6亿吨增加到2009年的8.8亿吨，年均增长超过20%，国产铁矿自给率稳步提升。同时我国铁矿勘查成果令人振奋，截至2010年底查明的铁矿资源储量为714亿吨，资源查明程度不到30%。未来5年通过加大勘探力度，行业力争新增铁矿储量200亿吨。

近几年，我国铁矿勘查进展明显，东部地区通过开展厚覆盖区航磁异常查证和低缓异常查证，组织实施大中型矿山接替资源找矿专项，以及地方财政和社会资金加大铁矿勘查，新发现了一批隐伏铁矿；西部地区通过航磁异常查证和矿点检查，也发现了一批铁矿。据统计，5年来新发现的大中型铁矿产地有79处，其中，辽宁本溪大台沟铁矿控制资源储量30亿吨，预测远景储量达70亿吨以上；河北冀东探明马城大型铁矿10亿吨，长凝铁矿、闫庄铁矿探明近5亿吨，埋藏浅、易开采，附近的司家营北矿段尚有未开发的10亿吨资源储量。安徽泥河铁矿、四川攀枝花兰家火山铁矿、山东颜店铁矿等通过整装勘查，探获铁矿资源储量近9亿吨，其中泥河铁矿已规划建设。此外，在西部地区也开拓了一批新的铁矿远景区，如西天山阿吾拉勒成矿带备战铁矿，控制铁矿石资源储量2.3亿吨，远景资源量超过5亿吨，已开始建设新矿山，这些铁矿埋藏浅、品位高、规模大，很容易开发利用。

1.2.1.2 铁矿石资源分布广泛且相对集中

我国铁矿资源分布的一大特点是：局部相对集中，整体又天女散花。已探明的714亿吨铁矿资源分布在全国700多个县市（旗），共有1982个矿区。分区储量比例为：东北占26%，华北占26%，西南占18%，华东占14%，中南占10%，西北占6%。其中，辽宁、河北、四川三省占全国总储量的48%，再加上陕西、安徽、湖北，六省占65%。储量大于1亿吨的大型矿区有101处，合计储量占68.1%；储量在0.1亿~1亿吨的中型矿区470处，合计储量占27.3%；储量小于1000万吨的小型矿区1327处，合计储量占4.6%。

我国铁矿资源在整体分布很散的状况下，局部又相对集中在十大矿区，这十大矿区合计储量占总储量的64.8%。其中，鞍本矿区占总储量的23.5%，冀东矿区占11.8%，攀西矿区占11.5%，五（台山）吕（梁山）矿区占6.2%，宁芜矿区占4.12%，包白矿区占2.2%，鲁中矿区占1.74%，邯邢矿区占1.6%，鄂东矿区占1.34%，海南矿区占0.8%。这种整体很散、局部集中的分布特点，促使我国铁矿资源开发利用不得不采取以大中型矿山为主、地方中小矿山为辅、民营群采并存的格局。

1.2.1.3 铁矿石矿床类型多、矿石类型复杂

世界已有的铁矿类型，我国都已发现，具有工业价值的矿床类型主要是鞍山式沉积变质型铁矿、攀枝花式岩浆钒钛磁铁矿、大冶式矽卡岩型铁矿床、梅山式火山岩型铁矿和白云鄂博热液型稀土铁矿。

主要矿石类型有：

（1）磁铁矿矿石，保有储量占全国总保有储量的55.4%，矿石易选，是目前开采的

主要矿石类型。

（2）钒钛磁铁矿矿石，保有储量占全国总保有储量的14.1%，成分相对复杂，是目前开采的重要矿石类型之一。

（3）“红矿”，即赤铁矿、菱铁矿、褐铁矿、镜铁矿及混合矿的统称，这类铁矿石一般难选，目前部分选矿问题有所突破，但总体来说，选矿工艺流程复杂，精矿生产成本较高。

（4）多组分共（伴）生铁矿石。多组分共（伴）生铁矿石所占比重大，约占总储量的三分之一。涉及的大中型铁矿区如攀枝花、大庙、白云鄂博、大冶等矿区，主要共（伴）生组分有钒、钛、稀土、铌等。按铁矿石类型分，磁铁矿（Fe_3O_4）占储量的35%，钒钛磁铁矿（$FeTiO_3 \cdot FeV_2O_5$）占17%，赤铁矿（Fe_2O_3）占21%，褐铁矿（$nFe_2O_3 \cdot nH_2O$）占1%，菱铁矿（$FeCO_3$）占2%，混合矿占24%。

1.2.1.4　铁矿品位低、贫矿占绝大多数

我国铁矿石查明资源储量绝大部分为贫矿，我国铁矿查明资源储量平均品位约为33%，低于世界铁矿品位11个百分点，与巴西、澳大利亚等国的铁矿相比，品位相差很大。已探明的2974个铁矿区，以磁铁矿为主的高达1828个，中小矿区有1753个，大型矿区仅有121个。含铁平均品位在55%左右能直接入炉的富铁矿储量只占全国储量的2.7%，而形成一定开采规模，能单独开采的富铁矿就更少了，我国绝大多数开采的铁矿石必须经过选矿才能为高炉利用。全国共探明各类富铁矿储量约14.8亿吨。我国绝大部分铁矿品位在25%~40%之间，占我国铁矿查明资源储量的81.2%；品位在25%以下的查明资源储量，占我国铁矿总查明资源储量的4.6%；品位在40%~48%之间的查明资源储量，占我国铁矿总储量的11.5%；品位大于48%的富铁矿查明资源储量，仅占我国铁矿查明资源储量的1.9%。

1.2.1.5　难利用铁矿多

我国难利用铁矿保有储量约194亿吨，其中工业储量约57亿吨。这些铁矿一般是难采、难选，多组分难以综合利用，以及铁矿品位低、矿体厚度薄，矿山开采技术条件和水文地质条件复杂、矿区交通不便、矿体分散难以规划、开采经济指标不合理、矿产地属自然环境保护区等，限制了国内铁矿石的供给。随着技术水平的提高和经济条件的改善，难用铁矿将逐渐得到开发利用，难用铁矿储量也将逐渐减少。

1.2.2　我国铁矿石开发利用概况

近年来我国通过矿产资源整合，2009年全国矿山数量比2006年减少近万个，减少7.9%。大部分铁矿石采用的是露天开采，特别是大型矿山，更是以露天开采为主。目前全国有齐大山（1700万吨）、水厂（850万吨）、南芬（1200万吨）、南山（600万吨）、白云鄂博（1200万吨）、兰尖（600万吨）等年产矿石量超过300万吨的露天铁矿山16座；而年产量超过100万吨的地下矿山仅10座，如镜铁山（330万吨）、梅山（340万吨）、西石门（300万吨）、程潮（150万吨）等，全国有重点选矿厂35座。国有重点矿山平均出矿品位30.5%，采矿回收率96.5%；其中，露采占83.9%，出矿品位30.5%，采矿回收率96.5%；地采占16.1%，出矿品位39.16%，采矿回收率78.64%。

按矿石类型分，全国重点矿山的磁铁矿选矿厂的平均入选品位30.23%，铁精矿品位

67.11%，选矿回收率82.67%，尾矿品位8.59%；赤铁矿选矿厂的平均入选品位30.98%，铁精矿品位68.49%，选矿回收率82.3%，尾矿品位8.29%；多金属矿选矿厂的平均入选品位34.34%，铁精矿品位61.77%，选矿回收率71.7%，尾矿品位15.86%。磁铁矿的选矿指标较好，赤铁矿的选矿指标由于近年来选矿工艺得到了较好的改善。机械化和自动化水平高的大型选矿厂的回收率比前几年有了较大的提高。多金属矿的选矿指标近年虽也有提高，但在精矿品位和回收率、尾矿品位等方面仍有较大差距，其选矿技术和工艺流程有待进一步改善，以提高精矿品位和选矿回收率。

我国铁矿低品位矿数量巨大，如马鞍山高村铁矿矿石储量3.4亿吨，平均品位20.48%；其中表外矿1.27亿吨，平均品位17.22%，采矿设计仅利用了1/3。鞍钢低品位矿弓长岭、眼前山铁矿各有2000万吨有尚未利用。在进口依存度超过50%，而且进口矿价格节节上升的情况下，最近几年我国的低品位矿得到大规模利用，铁矿石产量年年有新的突破。

1.3 铁矿石资源管理

铁矿和任何其他矿产资源一样，都属于国家所有，由国务院行使国家对矿产资源的所有权。有关部门和各级人民政府利用行政和法律手段保障矿产资源的合理开发利用，禁止任何组织或者个人用任何手段侵占或破坏矿产资源。矿业管理不仅为矿产勘查和开发利用创造良好的工作秩序和生产环境，谋求最佳的经济效益和社会效益，而且要达到保护资源和保护环境的目的。

1.3.1 矿业法规

《中华人民共和国矿产资源法》是我国矿产资源勘查和开发利用的大法，是国家领导、组织和管理矿产资源勘查、开发、保护的法律依据。国家对矿产资源的勘查、开发实行统一规划、合理布局、综合勘查、合理开采和综合利用的方针。

《中华人民共和国矿产资源法》规定，由地质矿产主管部门负责对矿产资源勘查实行统一的登记制度。登记管理机关对提出勘查的单位申请勘查项目的范围和内容，按《矿产资源勘查登记管理暂行办法》进行审查，符合要求后，发给勘查许可证，即授予探矿权，开始进行勘查活动。

勘查单位完成矿产勘查以后，要将其勘查报告提交给全国矿产储量委员会，或者省、直辖市、自治区矿产储量审批机构负责审查，审查批准后，供矿山建设设计使用。

从事勘查的单位或个人应将勘查报告和各类矿产储量统计资料，按照国务院批准的《全国地质资料汇交管理办法》送交全国地质资料机构和各省、自治区、直辖市地质资料机构进行保管和提供使用。勘查成果使用按《矿产资源勘查成果有偿使用管理试行办法》实行有偿使用。

国家对矿产资源开采实行审批和发证制度。全民所有制矿山企业，按照《全民所有制矿山企业采矿登记管理暂行办法》的规定，凡是国务院和国务院有关主管部门批准开办的矿山企业以及跨省、自治区、直辖市开办的矿山企业，由国务院地质矿产主管部门办理采矿登记手续，并颁发采矿许可证。省、自治区、直辖市人民政府批准开办的矿山企业，由省、自治区、直辖市人民政府地质矿产主管部门办理采矿登记手续，并颁发采矿许可证。乡镇集体矿山企业和个体采矿的审批则按各省、自治区、直辖市制定的办法执行。

资源有偿使用的实现是由国家税务机关按《中华人民共和国资源税暂行条例》征收资源税，进入国家财政收入。另外，为了保障和促进矿产资源的勘查，还应按《矿产资源补偿费征收管理规定》缴纳矿产资源补偿费，矿产资源补偿费纳入国家预算，实行专项管理，主要用于矿产资源勘查。

1.3.2 矿业开发的程序和手续

1.3.2.1 获取地质资料

开发矿山必须要有可靠的地质资料，即经国家矿产储量审批机构或省级矿产储量审批机构批准的矿产地质勘探报告（包括各种图纸、储量计算和矿产质量化验分析资料）。申请有偿获得勘查成果准备用于矿产资源开发的单位或个人，应向地质矿产主管部门提交：（1）具有开办矿山企业技术能力的有关证明文件；（2）开办矿山企业的资金证明；（3）有偿获得勘探成果申请书。

1.3.2.2 提交项目建议书

有关国有企业、集体和个人均可根据国民经济发展和国内外市场需求向国务院或地方主管部门（一般为各级发展和改革委员会）提出开发矿山的具体建议书，内容包括矿产品种、矿产储量、矿床赋存条件，矿山地理位置，开发的理由，以谁为主体（国营、集体、个人、合资），开采方法，生产规模、产品质量，市场预测，资金筹措方式，矿山开采的经济效益和社会效益等。

1.3.2.3 申请立项

国务院规定的主管部门根据拟开发矿产的品种、规模、投资经营方式等对其项目建议书进行评估审查。批准后，确定开发矿山的主体。由矿山主体向审批的主管部门提出详细的可行性报告，再由审批机关对可行性报告进行审查。审查内容主要包括矿区范围、矿山设计方案（工艺、技术、设备）、生产技术经济条件、安全环境保护和资金筹措等。批准后即确定法人，办理采矿许可证，正式立项，办理开工手续，进行施工前期准备工作。

1.3.2.4 施工建设

全面开展设计（总体设计或初步设计、施工设计）。确定承包方式，根据矿山主体的实力，实行自营或发包、招标等多种形式。近年来，国家推行项目法人责任制，落实资金并及时到位，组织施工。为确保工程进度和施工质量及尽量节省资金，应建立监督检查机构。最后组织试车验收。

1.3.2.5 生产准备

在施工建设中就应有计划做好投产的各项准备工作，如生产机构设置、人员编制、岗位工人培训、操作规程及各种规章制度、原材料、备件备品、生产资金等，以便建成投产后能立即达到正常生产。

1.4 铁矿石选矿技术进展

同其他矿物资源的开发利用一样，铁矿石选矿是其获得广泛利用的一个重要前提，从人类最初对高品位铁矿石的目测、手选到当代社会复杂难选铁矿石选矿涉及的工艺技术、设备、药剂等都说明了选矿在人类社会对铁矿石的开发利用过程中所起的重要作用。

我国古代铁矿石选矿基本为简单的手工作业，虽然有一些手选、重选的影子，但还算不上是一门工业技术，这种现象一直持续到19世纪中叶。19世纪末至20世纪20年代，世界工业生产快速发展，对矿物原料的需求增大，加上18世纪产业革命的推动，使机械化成为可能。造成了“选矿”从古代的手工作业向工业技术的真正转变。近代大部分的选矿工艺与设备属于这一时期选矿领域的技术发明，如颚式破碎机、球磨机、机械分级机，重选、电磁选的设备与工艺以及浮选药剂、工艺与设备等。从那时起，铁矿石选矿技术已成为一门人类从天然矿石中选别、富集有用矿物原料的成熟的工业技术，并得到广泛应用。

1.4.1 选矿工艺进展

几十年来，广大选矿工作者针对铁矿资源“贫、细、杂”的特点开展了大量的研究工作，解决了诸多技术难题，使铁矿选矿技术得到长足进步和发展，总体水平有很大提高。目前国内选矿厂处理的铁矿石主要有磁铁矿和赤铁矿两大类，其中磁铁精矿产量约占我国铁精矿产量的3/4，而且国内大部分铁矿山在选矿技术革新方面针对的也主要是这两类矿石。

1.4.1.1 *磁铁矿石选矿工艺的进展*

在铁矿资源中，鞍山式铁矿分布最广，是我国最重要的铁矿床，其储量约占全国铁矿石总储量的一半以上，而且规模一般比较大，其矿石类型以磁铁矿为主，是当前国内铁矿选矿厂最主要的入选矿石类型。磁铁矿石是铁矿石选矿的主体，由于磁铁矿石磁性强，目前基本上在原矿品位20%～30%左右，经过单一或联合选别工艺可以获得铁精矿品位65%～68%、磁性铁回收率93%～95%的选别指标。

对于容易得到高品位精矿的矿石，一般采用单一磁选流程。而对于获得高品位精矿难度较大的矿石，一般采用磁选—反浮选或磁选—细筛流程来达到获得高品位精矿的目的，该流程中将磁选精矿再用阳离子捕收剂浮选出夹杂的石英和石英与铁矿物的连生体，选出的连生体有的返回再磨再选，有的作为尾矿丢掉，采用这种流程可将含铁63%左右的磁选精矿提高到65%以上。近年来出现的比较成功的新工艺具有代表性的主要有阶段磨矿、弱磁选—反浮选工艺，全磁选选别工艺，超细碎—湿式磁选抛尾工艺。

A 阶段磨矿、弱磁选—反浮选工艺

我国目前入选的磁铁矿由于粒度细，使得磁团聚在选别中的负面影响日益明显，导致依靠单一的磁选法提高精矿品位越来越难，把磁选法与阴离子反浮选结合起来，实现选别磁铁矿石过程中的优势互补，有利于提高磁铁矿石选别精矿品位。阶段磨矿、弱磁选—反浮选工艺是我国铁精矿提铁降硅较有效工艺之一。鞍钢弓长岭选矿厂采用阳离子反浮选工艺，经一次粗选一次精选获得最终精矿、反浮选泡沫经浓缩磁选后再磨、再磨产品经脱水槽和多次扫磁选后抛尾、磁选精矿返回反浮选作业再选，精矿铁品位从64%提高至68.89%，精矿中的SiO_2含量降至4%以下，铁的作业回收率98%以上。太钢尖山铁矿采用阴离子反浮选工艺流程，经高效浮选药剂一次粗选一次精选三次扫选，改造前精矿品位65.5%左右，SiO_2含量为8%左右，改造后获得精矿铁品位68.9%以上，SiO_2含量4%以下，反浮选作业回收率98.5%左右的指标。

B 全磁选选别工艺

全磁选选别工艺是在现有阶段磨矿、弱磁选—细筛再磨再选工艺流程的基础上，再用高效细筛和高效磁选设备进行精选。与反浮选工艺相比该工艺流程简单，工艺可靠，投资省、工期短、易操作。首钢矿山选矿厂入选矿石属于鞍山式贫磁铁矿，矿石呈条带状和片麻状构造，金属矿物以磁铁矿为主，有少量的赤铁矿，全磁选工艺在首钢矿山选矿厂应用多年，其铁精矿品位一直保持在67%左右。国内以高频振网筛、BX磁选机、磁选柱、盘式过滤机等为主要设备的全磁选工艺首先在本钢南芬选矿厂和歪头山选矿厂应用，该工艺流程切入点准确，开口少，对于优化整体工艺流程、达到降硅提铁的最终目的，既合理又经济。应用结果表明，精矿铁品位可提高至69.5%左右，精矿中的SiO_2含量降至4%以下，尾矿品位和金属回收率基本不变，新增加加工成本小于20元/t。

C 超细碎—湿式磁选抛尾工艺

超细碎—湿式磁选抛尾工艺是将矿石细碎至5mm或3mm以下，然后用永磁中场强磁选机进行湿式磁选抛尾，对于节能降耗、有效利用极贫铁矿石和提高最终铁精矿质量具有特别重要的意义。马钢高村铁矿为了开发利用品位20%以下铁矿石，试验研究采用高压辊磨机将矿石细碎至3mm以下，中场强湿式磁选抛除40%左右粗粒尾矿，将入磨物料的铁品位提高至40%左右，经再磨再选后获最终铁精矿，该工艺最终铁精矿品位达65%以上，SiO_2含量降至4%以下，尾矿品位10%以下。另外，山东莱芜铁矿、金岭铁矿等采用锤碎机—湿式永磁中场强磁选工艺，入选物料的粒度为-5mm占80%以上，可抛除产率30%~40%的粗粒尾矿。

1.4.1.2 弱磁性铁矿选矿工艺的进展

弱磁性铁矿石一般主要是指菱铁矿、褐铁矿、赤铁矿、镜铁矿、假象赤铁矿等比磁化系数较低的铁矿石，这类矿石品位低、嵌布粒度细、矿物组成复杂，选别困难。目前其选别指标可以达到铁精矿品位58%~67%，金属铁回收率45%~85%，尾矿品位15%~30%。

菱铁矿的理论铁品位较低，且经常与钙、镁、锰呈类质同象共生，因此采用物理选矿方法铁精矿品位很难达到45%以上，但焙烧后因烧损较大而大幅度提高铁精矿品位。比较经济的选矿方法是重选、强磁选，但难以有效地降低铁精矿中的杂质含量。强磁选—浮选联合工艺能有效地降低铁精矿中的杂质含量，铁精矿焙烧后仍不失为一种优质炼铁原料。

褐铁矿中富含结晶水，因此采用物理选矿方法铁精矿品位很难达到60%，但焙烧后因烧损较大而大幅度提高铁精矿品位。另外，由于褐铁矿在破碎磨矿过程中极易泥化，难以获得较高的金属回收率。褐铁矿选矿工艺有还原磁化焙烧—弱磁选、强磁选、重选、浮选及其联合工艺。

赤铁矿是目前开发利用最多的弱磁性铁矿石，特别是20世纪80年代后，选矿技术和设备的飞速发展，使得赤铁矿的大规模开发利用成为可能，目前仅国内赤铁矿山年处理量就超过8000万吨，如河北钢铁集团司家营铁矿、太钢袁家村、昆钢大红山铁矿、鞍钢的一些矿山等。在选别工艺技术方面目前赤铁矿反浮选工艺多采用阴离子反浮选的选别工艺。

A 连续磨矿—磁选—浮选联合工艺

鞍钢调军台选矿厂在研究比较了“连续磨矿、弱磁—强磁—阴离子反浮选流程”，“连续磨矿、弱磁—强磁—酸性正浮选流程”，“阶段磨矿、重选—磁选—酸性正浮选”，“连续磨矿、弱磁—强磁—阳离子反浮选流程”等工艺后，根据实验结果确定采用“连续磨矿、弱磁—强磁—阴离子反浮选流程”，该流程结构合理、紧凑，对矿石性质变化的适应性较强，生产稳定。调军台选矿厂根据此流程改造后，在原矿品位29.60%的情况下，取得了精矿品位67.59%以上、尾矿品位10.56%、金属回收率82.24%的指标。目前除了调军台选矿厂外，已有齐大山选矿厂、东鞍山烧结厂按此流程完成了技术改造。司家营选矿厂、舞阳红铁矿选矿厂、弓长岭红铁矿选矿厂已经按此流程开始建设，并取得了重大进展。以此流程为基础的关门山、胡家庙红铁矿选矿厂也正在筹划建设中。

B 阶段磨矿—重选—磁选—浮选联合工艺

齐大山选矿厂从2001年起采用阶段磨矿—重选—强磁—阴离子反浮选工艺流程分别取代一选车间的阶段磨矿—重选—强磁—酸性正浮选工艺流程及二选车间的焙烧磁选工艺后，一选车间的精矿品位从63.60%提高到66.21%，二选车间精矿品位从63.26%提高到66.80%，目前整个选矿厂自2004年4月份起铁精矿品位一直稳定在67%以上，尾矿品位也由原12.5%降至11.14%，SiO_2 由原8%降至目前4%以下，铁精矿品位比改造前提高3.8个百分点，尾矿品位降低1.36个百分点，一级品率达99.80%以上。鞍钢东鞍山选矿厂也采用该工艺获得了精矿品位64.49%，金属回收率76.11%的技术指标。

C 强磁—反浮选—焙烧联合工艺

目前国内赤铁矿的还原焙烧磁选工艺因其成本高和铁精矿品位低应用不是很广，该工艺主要适合褐铁矿、菱铁矿等烧损较大的铁矿石。由于该类铁矿石的理论品位较低，先通过强磁—反浮选获得低杂质含量的铁精矿，然后通过普通焙烧或者生产球团矿可大幅度提高产品的铁品位，仍不失为优质炼铁原料。马鞍山矿山研究院针对江西铁坑褐铁矿等铁矿石的试验研究结果表明，焙烧产品的铁品位可达到65%以上，与焙烧、磁选、反浮选联合工艺相比，生产成本大幅度下降，使该类型铁矿石具有经济开采利用价值。

1.4.1.3 多金属共（伴）生矿选矿

我国多金属型铁矿主要有白云鄂博含稀土等多金属共生铁矿、攀枝花和大庙钒钛磁铁矿以及大冶、金岭、鲁中含铜磁铁矿等。多年来，国内许多科研、设计及大专院校等单位对多金属型铁矿进行了大量研究工作，在许多方面实现了技术突破，并成功地应用于工业生产。由于这类矿石成分复杂、类型多样，因此采用的方法、设备和流程也各不相同，选别工艺常采用反浮选—多梯度磁选、絮凝浮选、弱磁—反浮选—强磁选、弱磁—正浮选、焙烧磁选等工艺流程，以提高铁的回收率，同时可以回收其他有价值矿物。

包钢选矿厂处理的矿石为白云鄂博铁矿矿石。该矿是以铁、稀土和铌为主的多金属共生矿床。矿石分磁铁矿石和氧化矿石两种类型。其中氧化矿由于矿物嵌布粒度细，共生关系复杂而属难选矿石。20世纪70年代包钢选矿厂采用弱磁选铁—浮选稀土—强磁选铁以及焙烧—磁选两种工艺处理氧化矿石，生产指标较差，铁精矿品位为55%~57%，含氟2.5%，含磷0.3%，铁回收率65%左右，稀土回收率只有4%~5%。后经包钢与长沙矿冶研究院合作，采用了弱磁—强磁—浮选流程综合回收铁和稀土，可以获得品位为63%、回收率为72%的铁精矿和品位超过50%、回收率约20%的稀土精矿。

攀枝花钒钛磁铁矿储量占我国钒钛磁铁矿总储量的87%。其主要有用矿物为钒钛磁铁矿和钛铁矿。密地选矿厂采用单一弱磁选回收钒钛磁铁矿。钛选矿厂处理密地选矿厂选铁尾矿。其工艺流程几经改造形成了选铁尾矿按0.045mm粒度分级，+0.045mm采用重选—强磁—脱硫浮选—电选流程，获得TiO_2 47%以上的粗粒钛精矿。-0.045mm细粒部分，由于当时技术没过关，而作为尾矿处理。直到1997年，随着浮选钛铁矿捕收剂（MOS）的研制成功，细粒级钛铁矿的选别获得突破性进展，相继建成了采用强磁—脱硫浮选—钛铁矿浮选流程的细粒级（-0.045mm）选别系统，细粒级钛精矿品位47.3%~48%，可使选钛厂每年多产钛精矿3万~5万吨。

1.4.1.4 *自磨技术更加成熟*

自磨是20世纪70年代开始应用于矿业的碎磨新工艺。与常规碎磨工艺相比，自磨可接受更大的给矿粒度，因此可取代中、细破碎及粗磨作业，这样就大大简化了碎磨流程，减少生产环节及车间组成自磨可不消耗或少消耗磨矿介质。自磨还有一定的选择性破碎作用对含泥较多的黏矿石，采用湿式自磨可以避免常规流程中破碎、筛分等环节发生堵塞问题。由于上述特点，自磨工艺受到人们青睐，国外有许多矿山成功地采用了自磨，工业应用最大的自磨及规格已达到ϕ12.20m×6.7m。

1.4.2 选矿设备进展

近年来我国在破碎、磨矿分级、选别（包括重选、磁选、浮选等）、脱水、过滤等方面研制或引进许多新型高效设备，并得到了成功应用，为选矿技术进步提供了设备保障。

1.4.2.1 *破碎设备*

几十年来，我国的金属矿山一直为节能降耗、提高经济效益而努力，“多碎少磨”是基本的原则。我国破碎设备的进展主要表现在研制应用新型双腔颚式破碎机、双腔回转式破碎机、冲击颚式破碎机等独创、实用性破碎设备上。但这些设备在技术上、使用效果上和国外引进的破碎设备相比，还有一定差距。

美卓矿机公司生产的Nordberg HP系列圆锥破碎机采用现代液压和高能破碎技术，具有破碎力强、破碎比大、产品粒度细等特点。目前国内许多选矿厂采用HP系列破碎机，如鞍钢调军台、齐大山选矿厂、太钢尖山铁矿选矿厂、包钢选矿厂、武钢程潮铁矿选矿厂、马钢凹山选矿厂等，均取得满意效果。鞍钢调军台选矿厂中、细破碎均采用HP系列破碎机，最终破碎粒度达到-12mm占95%，-9mm占80%。Sandvik公司的H系列圆锥破碎机，亦采用现代液压和高能破碎技术，其设备性能良好。我国齐大山铁矿厂、大孤山选矿厂、弓长岭选矿厂、南芬选矿厂、马钢凹山选矿厂、太钢尖山选矿厂等均采用了该公司制造的圆锥破碎机，取得满意效果。

马钢南山铁矿凹山选矿厂应用德国魁伯恩ϕ1700mm×1400mm高压辊磨机是我国第一家成功应用在铁矿山选矿厂，实践证明，技术指标先进，设备运行可靠，经济效益显著。世界上最大规格高压辊磨机为ϕ2.1m×2.3m，最大处理量为3000t/h，最大给料粒度90mm，破碎产品比表面积可达2000cm^2/g，最大特点是增产节能增效，其能耗仅为自磨机或常规球磨机的25%~50%，用于球团厂可增加铁精矿比表面积。国内已经研制的可代替细碎和一段粗磨的高压辊压机，目前正在马钢南山矿业公司等矿山进行工业试验。

1.4.2.2 磨矿设备

近年来，球磨机的发展，以节能降耗为重点，不断改进和完善磨机传动方式，研究衬板和磨矿介质的材料和结构形式，开发磨矿机组自动化控制等旨在保证磨矿产品细度的前提下提高磨机处理能力和磨矿效率，降低电耗和钢耗，并开发了大型高效的球磨机。

20世纪50年代自磨机、半自磨机在金属矿山应用，经过60多年实践。与常规破碎机相比，自磨机、半自磨机省去了中细碎、筛分和矿石运输环节，简化了流程，节省了基建和设备投资；不用或少用钢球介质，降低磨矿费用；磨矿过程产生游离铁少，产品解离度好，对后续浮选作业的化学或电化学影响小，有利于矿物的选别；减少粉尘产生点，对环境影响小；单系列生产能力大，可达5万吨/天。近年来，随着自磨、半自磨大型化发展，结构不断创新，自动控制技术不断完善，在国外老厂改造和新建选矿厂应用广泛。2006年，智利Collahuasi铜矿选矿厂投产的半自磨机系Metso公司制造，规格12.19m×10.97m，由2069.7kW的环型电动机驱动；巴西SOSSEGO金矿选矿厂投产的半自磨机由Metso公司制造，规格11.58m×7.47m，由1998.48kW环型电动机驱动；赞比亚Harley Platina金矿选矿厂投产的磨机由Fuller公司生产，规格11.58m×5.49m，电动机功率15988kW。

20世纪90年代起，国内自磨机、半自磨机应用也开始多起来，铜陵有色金属公司冬瓜山铜矿选矿厂采用瑞典Svedala集团生产，规格ϕ8.53m×4.42m半自磨机；2006年投产的贵州锦丰金矿采用半自动磨机规格ϕ5.03m×5.8m；保国铁矿投产的自磨机规格ϕ8m×2.8m；2007年投产的昆明钢铁公司大红山铁矿选矿厂采用芬兰Metro集团生产的ϕ8.53m×4.42m半自磨机，装机功率5500kW。另外，已经确定采用大型自磨机、半自磨机设备的还有云南普朗铜矿、西藏雄村铜矿和内蒙古乌奴克吐山铜钼矿。

目前，世界最大规格球磨机已达到ϕ8.23m×12.95m，采用环型电动机驱动，功率18600kW。中信重机制造的世界上最大自磨机，比2005年3月份投产运行的智利Collahuasi铜矿半自磨机ϕ12.19m×7.31m、球磨机ϕ7.92m×11.6m，在长度上分别大于50%、16.89%。

由于球磨机是一种有很多优点的成熟设备，因此磨矿设备的研究主要集中在节能和磨机衬板上。磨机的节能降耗主要体现在磨矿设备的规格、磨矿介质、磨矿设备结构性能、磨矿设备与工艺流程的配置方式上。磨机衬板的发展经历了从金属衬板（锰钢、高铬合金钢、硬镍合金等）到非金属衬板（橡胶衬板），再发展到磁性衬板，使用磁性衬板能使得磨机负荷小，使用寿命长，噪声小等优点，磁性衬板已成功应用在本钢歪头山铁矿、鞍钢齐大山选矿厂、包钢选矿厂等企业，取得了显著的经济效益。此外，对磨矿的自动控制，助磨剂的研究也有一定进展。

1.4.2.3 筛分分级设备

近年来，通过不断引进消化国外的先进技术，我国的细粒筛分分级设备已达到国际水平。MVS高频振网筛在我国冶金矿山铁精矿提质降杂工艺中得到广泛应用，目前已成功应用于首钢选矿厂、本钢选矿厂、鞍钢选矿厂、武钢选矿厂等。生产实践证明，用该细筛代替传统的尼龙细筛，筛分质效率可由不足30%提高至50%或更高，明显提高了再磨机的效率，在铁精矿提质降杂的同时节约了能耗。此外，GYX31-1207型高频振动细筛，也能有效地提高铁精矿品位，该设备机械性能好，筛分效率也不错，筛网的使用寿命也较长，目前在黑山铁矿已得到成功应用。新型斜窄流分级设备在分级过程中具有单位占地面积产能大，分级效率高，性价比高，应用范围广等特点，目前已在云锡公司黄茅山选矿厂和云南澜沧铅矿得到有效应用。美国德瑞克高频细筛在我国磁铁矿选矿厂也已得到应用。莱芜矿业公司、鲁南矿业公司采用该细筛代替普通尼龙细筛后，原矿处理量增加25%以上，精矿品位提高近1个百分点。

1.4.2.4 磁选设备

我国磁选设备的进展比较快，从弱磁到强磁，从电磁到永磁，从干式到湿式等，人们都做了大量的研究工作，并取得很大进展，出现了一批较高水平的磁选设备。目前国内开发研制的磁选设备主要有：（1）湿式弱磁选设备，典型产品包括 ϕ1050 系列永磁筒式磁选机、LP 系列立盘永磁磁选机、BX 系列新型高效永磁磁选机、新型 BK 系列专用永磁磁选机、YCMC 型系列永磁脉动磁选机、磁选柱等；（2）永磁大块矿石干式磁选机，具有代表性的有 CTDG 系列永磁大块矿石干式磁选机；（3）中磁场永磁筒式磁选机，代表性的有 ZC、WCT 系列中磁永磁筒式磁选机；（4）强磁选机，主要有 CS 系列感应辊式强磁选机、SHP 系列平环式强磁选机、SLon 系列立环脉动高梯度强磁选机、DPMS 系列高梯度永磁强磁选机、YCG 系列粗粒永磁辊式强磁选机等。

1.4.2.5 磁—重选设备

目前复合力选矿技术取得很大进展。开发应用的磁—重选设备主要有磁选柱、磁团聚重选机、低场强自重介跳汰机、CSX 系列磁场筛选机等。它们的特点是复合力场，除磁力外还有重力和水动力，是磁选和重选的结合。各种力起到相互补充的作用，因而，提高了分选的选择性。这些设备现都在实际生产中得到应用，其中磁选柱、磁团聚重选机应用较广。

本钢南芬和歪头山选矿厂采用磁选柱对磁铁精矿提质降杂，精矿铁品位可提高至69%以上，精矿中的 SiO_2 含量降至4%以下，精矿回收率达98.57%。通钢板石沟铁矿选矿厂采用8台 ϕ600 磁选柱，使精矿品位由原来的65.5%提高到67.48%，包钢选矿厂采用磁选柱处理弱磁选精矿的工业分析试验，精矿品位由61%提高到65%，SiO_2 含量由3.5%降至2.13%。

太钢峨口铁矿选矿厂采用变径型磁聚机处理嵌布粒度极细的北区矿石，铁精矿品位由63.88%提高至66.01%。首钢水厂选矿厂采用电磁聚机代替普通永磁磁聚机的研究结果证明，铁精矿品位可提高2个百分点以上，同时亦表明可以放粗选别粒度。

1.4.2.6 浮选设备

浮选设备在铁矿石选矿作业中应用很广泛，目前国内广泛应用的浮选设备主要是各种类型浮选机，类型有自吸气机械搅拌式、充气机械搅拌式和充气式三种，针对浮选机的研究主要集中在浮选机槽体结构、叶轮形状、叶轮转速、叶轮直径、定子等方面。使用较多的包括 XT 系列浮选机、BF 系列浮选机、JJF 系列浮选机、CF 系列浮选机等，近年比较新型的主要有 XTB 棒型浮选机，以及细粒顺流浮选机和 XPM 型喷射浮选机等。此外，原来广泛应用于煤炭工业的浮选柱，中科院余永富院士等在国内首次将最先进的微泡型“浮选柱”成功运用于铁矿石阳离子，在鞍山钢铁公司进行了成功的工业试验，不仅大大简化了工艺流程，而且选出的铁矿石纯度更高。

1.4.2.7 过滤脱水设备

近年来，过滤脱水设备有重大突破，新的过滤脱水设备主要有盘式真空过滤机、压滤机、陶瓷过滤机，最新研究开发的还有膜过滤技术。盘式真空过滤机是针对金属矿物密度大、沉降速度快、黏度大的特点进行优化设计，具有结构坚固合理、滤盘运转平稳、自动调速强搅拌、轴端密封可靠、不漏矿浆等特点。目前已有近百家选矿厂300多台盘式过滤机取代了原有过滤机，过滤指标明显改善。陶瓷过滤机是利用陶瓷板上的微孔产生毛细作用，液体在无外力情况下，靠毛细作用进入陶瓷板上的微孔孔道，并在真空泵产生的负压作用下，达到固体与液体分离的目的。鞍钢东鞍山选矿厂使用陶瓷过滤机表明，与筒式内滤机相比，过滤设备系数由 $0.227t/(m^2 \cdot h)$ 提高到 $0.757t/(m^2 \cdot h)$，滤饼水分由13.48%降至9.41%。目前东鞍山选矿厂已将原有筒式内滤过滤机更换为陶瓷和盘式过滤机设备各50%。

1.4.3 选矿药剂进展

近几年我国选矿工作者主要是对脂肪酸类、石油磺酸盐类进行改性和混合用药，使其选择性明显提高，捕收能力增强，尤其是在阴离子反浮选捕收剂方面取得重大进展。新型高效阴离子捕收剂SH－37、MZ－21、RA－515分别在鞍钢调军台选矿厂、齐大山选矿厂和东鞍山烧结厂等赤铁矿选矿厂应用获得了成功，铁精矿品位达到66%～67%以上，吨精矿药剂成本降低15%以上，对温度的适应性增强，经济效益显著。用于磁铁精矿提质降杂的新型高效捕收剂MD－28、MH－80分别在鲁南矿业公司和太钢尖山铁矿等推广应用，磁铁精矿品位提高至69%以上。MH－88特效捕收剂用于选别舞阳铁山庙贫赤铁矿石，获得铁精矿品位65%以上，金属回收率72.56%的良好指标。

阳离子捕收剂主要是胺类捕收剂，用于浮选硅质矿物，包括脂肪胺和醚胺。国内采用胺类捕收剂的选矿厂不多，且药剂种类较少，主要以十二碳脂肪胺和混合胺为主。鞍钢弓长岭选矿厂采用了新型阳离子捕收剂YS－73。此外，武汉理工大学研制的新型阳离子捕收剂GE－601，具有耐低温、效率高的特点，不仅可解决十二胺存在的问题，而且可不需通过磁选抛尾而直接抛尾，从而可简化工艺流程。

螯合捕收剂能与矿物表面的金属离子形成稳定的螯合物，其选择性比脂肪酸类捕收剂明显提高。如水溶性的羧甲基淀粉在鞍钢调军台选矿厂应用于工业生产，大大简化了药剂的配制过程且降低了生产成本，年创效益300万元以上。铁精矿脱硫特效活化剂MHH－1对脱除铁精矿中的硫化矿特别是磁性较强、可浮性较差的磁黄铁矿具有明显效果，与其他活化剂相比，MHH－1具有用量少、成本低、脱硫效果明显等特点，目前该产品已经在多家矿山成功应用，因此该产品的研制为铁精矿提铁降硫提供了新途径。

1.5 铁矿石选矿的重要性

铁矿石是钢铁冶金工业最主要的原料，也是国民经济可持续发展的重要矿产资源。单从其定义上讲，铁矿石是含铁矿物和非含铁矿物的集合体，同时是在现有技术、经济条件下可以进行开发利用，具有一定的商业价值和工业价值的含铁矿物的总称。从地质成矿角度来讲，含铁矿物在漫长的地质变迁过程中，与其他矿物、元素机械或化学混合在一起，其中铁矿物富集程度较高的铁矿石得到开发利用，而富集程度低的则作为岩石保留下来。

自然界中含铁矿物已知有300种，可以作为铁矿开采的主要有磁铁矿、赤铁矿、褐铁矿、菱铁矿等，当这些矿物中铁的含量达到一定的标准可以加以开发利用时，就成为铁矿石，如磁铁矿石、赤铁矿石等。随着人类活动范围不断扩大和各国经济的快速发展，直接入炉用高品位铁矿石（全铁含量要求高于55%）资源基本开采殆尽，几乎所有的天然铁矿石都需要选矿加工后才能进行入炉使用。选矿对于铁矿石后续加工利用具有重要的作用，其原因主要有：

（1）节约降低铁矿石冶炼成本。钢铁冶金是火法为主对铁矿石进行冶炼，从入炉到金属制品整个过程中需要大量的能耗，而铁矿石中除了含铁矿物外，还夹杂有大量的其他杂质矿物，如果冶炼之前不进行有用矿物选矿富集，采用天然铁矿石直接入炉冶炼，一是冶炼出同等质量的金属铁需要原矿的质量比较多，如一般冶炼1t生铁需要1.5t左右高品位铁矿石（全铁含量超过50%），需采用低品位铁矿石直接入炉冶炼，则需要5t，甚至更多的铁矿石；二是高炉本身容积有限，矿石质量优劣直接影响能耗大小，如单就铁矿原料而言，日本铁矿石品位较高，其吨铁耗矿1.64t，而我国大中型钢铁企业的吨铁耗矿普遍在1.8~2.0t，因此采用原矿不经选矿直接入炉势必造成能源浪费和加工成本大幅上升。

（2）提高铁矿石品质，降低有害元素含量。入炉铁矿原料除要求尽可能高的铁含量外，为维护高炉稳定顺利运行，对铁矿原料化学组成，特别有害元素含量有严格的限制。如炼铁原料硫磷是常见的有害元素，硫能使钢产生热脆性，每炼1t铁的原料中总硫量一般应在8~10kg以下，原料中硫含量一般小于0.3%；磷能使钢产生冷脆性，一般生铁含磷量越低越好，应尽量控制矿石的含磷量低于0.03%。铁矿石中有害元素还有钛、锌、铅、砷、氟和钾、钠等碱金属，这些元素在炉内循环富集，其浓度较矿石高数十倍到数百倍，近年来，特别是在南方，较多地使用了含有色金属的铁矿石引发了多起高炉事故，对高炉炉况和炉子寿命造成重大影响。

（3）降低铁矿石运输成本。铁矿山距离冶炼企业都较远，少则几十千米，多则成百上千千米，甚至从别的国家进口铁矿石还需要漂洋过海，运输成本在类似铁矿石之类的大宗笨重商品的进口到岸价格构成中占有很高比例，在运费高涨之时，运输成本能够占到到岸价格构成的一半以上，自2007年以来，铁矿石运价便节节攀升。巴西、澳洲、印度等国家和地区到我国铁矿石运费，每天都是一个新高，海运费成为铁矿石进口成本的最主要构成。举个例子，巴西铁矿石到岸价每吨130美元，其中海运费的价格竟是110美元，也就是说，铁矿石价格每吨约为20美元。海运受制于人，让钢铁行业感受到前所未有的压力。而实际上铁矿石中一般含有相当数量的杂质矿物，如果不加以分选全部运输到指定企业，则相当于投入巨大的资金运送只是毫无价值的杂质矿物。如果采用选矿的方法对铁矿石降硅除杂，只运输铁精矿而将分选出的尾矿保留在选矿厂，则其运输成本会得到显著降低。如3t左右的全铁品位在30%的铁矿石经过选矿处理后，可以得到1t全铁品位65%的铁精矿，从其运输角度来说，相当于原来需要运输3t的铁矿石现在只要运输1t即可。

（4）矿物资源高效综合利用。除磁铁矿石、赤铁矿石等较单一的铁矿石外，铁矿石中还伴生有其他矿物，如铜、锡、钒、钛等金属矿物和硫、石英等非金属矿物。长期以来，我国的大多数铁矿其产品单一，都以生产钢铁原料为基本目标，普遍忽视资源的综合利用。近年来，在国家关于开展资源综合利用有关政策的影响下，已经开始重视对伴生于铁矿当中的其他有用组分的回收并在一些企业取得了成功的经验，应用于生产实践，为国家更多地回收了有用资源。如钒钛磁铁矿中最主要的伴生有益元素是钒、钛、钴等。以攀枝花矿为例，原矿品位为：TFe 30% ~ 33%、TiO_2 11% ~ 12%、V_2O_5 0.3%、Co 0.024%，通过选矿方法可以获得含 TFe 51% ~53% 和 TiO_2 46% ~47% 的钛精矿及含 Co 0.3% ~0.4%（含 S 33% ~35%）的硫钴精矿。

总体来讲，铁矿石具有贫矿多、富矿少，伴生矿物种类多，同时铁矿石中矿物嵌布粒度不均匀、结构复杂，绝大多数铁矿必须经过选矿处理后才能得到有效利用，同时合理的选矿工艺流程才能为钢铁冶炼企业提供优质原料，为钢铁工业节能降耗、提高资源综合利用奠定基础。

参考文献

[1] 骆华宝，王永基，胡达骧，等. 我国铁矿资源状况 [J]. 地质评论，2009，55（6）：885 ~891.
[2] 印万忠，丁亚卓. 铁矿选矿新技术与新设备 [M]. 北京：冶金工业出版社，2008.
[3] 李厚民，王瑞江，肖克炎，等. 立足国内保障国家铁矿资源需求的可行性分析 [J]. 地质通报，2010，29（1）：1 ~7.
[4] 余永富. 我国铁矿山发展动向、选矿技术发展现状及存在的问题 [J]. 矿冶工程，2006，26（1）：21 ~25.
[5] 王运敏，田嘉印，王化军，等. 中国黑色金属矿选矿实践（上、下册） [M]. 北京：科学出版社，2008.
[6]《现代铁矿石选矿》编委会. 现代铁矿石选矿 [M]. 合肥：中国科学技术大学出版社，2009.
[7] 李振，刘炯天，魏德洲，等. 铁矿分选技术进展 [J]. 金属矿山，2008，383（5）：1 ~6.
[8] 黄晓燕，沈慧庭. 当代世界的矿物加工技术与装备：铁矿石选矿 [M]. 北京：科学出版社，2006.
[9] 余永富. 国内外铁矿技术进展 [J]. 矿业工程，2004，2（5）：25 ~29.
[10] 张光烈. 我国铁矿选矿技术的进展 [J]. 有色矿冶，2005，7（21）：29 ~36.
[11] 于洋，牛福生，吴根. 选择性絮凝工艺分选微细粒弱磁性铁矿技术现状 [J]. 中国矿业，2008，17（8）：91 ~93.
[12] 刘淑贤，申丽丽，牛福生. 微细粒嵌布难选鲕状赤铁矿现状研究及展望 [J]. 中国矿业，2012，21（1）：70 ~71，77.

2 铁矿石类型及性质

2.1 铁矿石类型

含铁矿物种类繁多，目前已发现的铁矿物和含铁矿物约300余种，其中常见的有170余种。但在当前技术条件下，具有工业利用价值的主要是磁铁矿、赤铁矿、褐铁矿、菱铁矿和镜铁矿等，其比例约为：磁铁矿型55.40%、赤铁矿型18.10%、菱铁矿型14.40%、镜铁矿型3.40%、褐铁矿型1.10%、其他铁矿型7.60%。

2.1.1 磁铁矿

磁铁矿为最重要和最常见的铁矿石矿物。理论组成：FeO 31.03%，Fe_2O_3 68.96%。呈类质同象替代 Fe^{3+} 的有 Al^{3+}、Ti^{4+}、Cr^{3+}、V^{3+} 等，替代 Fe^{2+} 的有 Mg^{2+}、Mn^{2+}、Zn^{2+}、Ni^{2+}、Co^{2+}、Cu^{2+}、Ge^{2+}等。当 Ti^{4+} 替代 Fe^{3+} 时，其中 TiO_2 小于25%时称为含钛磁铁矿，TiO_2 大于25%者称钛磁铁矿。当含钒钛较多时，则称钒钛磁铁矿。含铬者称铬磁铁矿。

磁铁矿为八面体晶形，黑色，条痕也为黑色，呈半金属至金属光泽，不透明，无解理，性脆，硬度5.5~6，相对密度4.9~5.2。具强磁性，居里点（T_c）578℃。

磁铁矿石一般工业要求：（1）炼钢用矿石，TFe≤56%~60%，SiO_2≤8%~13%，S≤0.1%~0.15%、P≤0.1%~0.15%，Cu≤0.2%，Pb≤0.04%、Zn≤0.04%、As≤0.04%、Sn≤0.04%；（2）炼铁用矿石，TFe≥50%，S≤0.3%，P≤0.25%，Cu≤0.1%~0.2%，Pb≤0.1%；（3）需选矿石（TFe），边界品位20%，工业品位25%。

2.1.2 赤铁矿

赤铁矿（Fe_2O_3），同质多象变体：$\alpha-Fe_2O_3$，三方晶系，刚玉型结构，在自然界中稳定，称赤铁矿；$\gamma-Fe_2O_3$，等轴晶系，尖晶石型结构，在自然界呈亚稳态，称磁赤铁矿。化学组成：Fe 69.94%，O 30.06%。常含类质同象替代的Ti、Al、Mn、Fe^{2+}、Ca、Mg及少量的Ga、Co。常含金红石、钛铁矿微包裹体。隐晶质致密块体中常有机械混入物SiO_2、Al_2O_3。纤维状或土状者含水。据成分可划分出铁赤铁矿、铝赤铁矿、镁赤铁矿、水赤铁矿等变种。

赤铁矿常呈显晶质板状、鳞片状、粒状和隐晶质致密块状、鲕状、豆状、肾状、粉末状等形态。片状、鳞片状、具金属光泽者的集合体称为镜铁矿。细小鳞片状或贝壳状镜铁矿集合体称为云母赤铁矿红色粉末状的赤铁矿为铁赭石或赭色赤铁矿。表面光滑明亮的红色钟乳状赤铁矿集合体为红色玻璃头。

赤铁矿呈钢灰色至铁黑色，常带淡蓝锖色，隐晶质或粉末状者呈暗红至鲜红色。具特征的樱桃红或红棕色条痕。金属至半金属光泽，有时光泽暗淡。无解理。硬度5~6。相对密度5.0~5.3。

赤铁矿是重要的铁矿石矿物之一。Ti、Ga、Co等元素达一定量时可综合利用。赤铁矿石一般工业要求：炼钢、炼铁用矿石同磁铁矿石；需选矿石（TFe），边界品位25%，工业品位28%~30%。

2.1.3 菱铁矿

菱铁矿（$FeCO_3$）的理论组成：FeO 62.01%，CO_2 37.99%。$FeCO_3$ 与 $MnCO_3$ 和 $MgCO_3$ 可形成完全类质同象系列，与 $CaCO_3$ 形成不完全类质同象系列，因而其中常有Mn、Mg、Ca替代，形成变种的锰菱铁矿、钙菱铁矿、镁菱铁矿。

菱铁矿为三方晶系，方解石型结构，复三方偏三角面体晶类。晶体呈菱面体状、短柱状或偏三角面体状。通常呈粒状、土状、致密块状集合体。沉积层中的结核状菱铁矿呈球形隐晶质偏胶体，称球菱铁矿。

菱铁矿为浅灰白或浅黄白色，有时微带浅褐色；风化后为褐、棕红、黑色。玻璃光泽，隐晶质无光泽，透明至半透明，解理完全，硬度4，相对密度3.7~4.0，随Mn、Mg含量增高而降低。有的菱铁矿在阴极射线下呈橘红色。

菱铁矿大量聚集时可作为铁矿石。一般工业要求：炼铁用矿石，TFe≥50%，S≤0.3%，P≤0.25%，Zn≤0.05%~0.1%，Sn≤0.08%；需选矿石，边界品位TFe≥20%，工业品位TFe≥25%。

2.1.4 褐铁矿

褐铁矿是含水氧化铁矿石，是由其他矿石风化后生成的，在自然界中分布得最广泛，但矿床埋藏量大的并不多见。其化学式为 $n\mathrm{Fe_2O_3} \cdot m\mathrm{H_2O}$（$n=1\sim3$、$m=1\sim4$）。褐铁矿实际上是由针铁矿（$Fe_2O_3 \cdot H_2O$）、水针铁矿（$2Fe_2O_3 \cdot H_2O$）和含不同结晶水的氧化铁以及泥质物质的混合物所组成的。褐铁矿中绝大部分含铁矿物是以 $2Fe_2O_3 \cdot H_2O$ 形式存在的。

褐铁矿常呈致密块状或胶态（肾状、钟乳状、葡萄状、结核状、鲕状），似胶态条带状，或土状、疏松多孔状等。亦有呈细小针状结晶者，则多为针铁矿。呈细小鳞片状者，多为纤铁矿（又称红云母）。有时褐铁矿由黄铁矿氧化而来，并保存有黄铁矿的假象，称假象褐铁矿。在肾状、钟乳状褐铁矿表面常有一层光亮沥青黑色的薄壳（由褐铁矿脱水而来）并现锖色。

褐铁矿呈黄色、褐色、褐黑-红褐色。条痕黄褐色或棕黄色，硬度1~4，土状者硬度较小，相对密度3.3~4.0。

一般褐铁矿石含铁量为37%~55%，有时含磷较高。褐铁矿的吸水性很强，一般都吸附着大量的水分，在焙烧或入高炉受热后去掉游离水和结晶水，矿石气孔率因而增加，大大改善了矿石的还原性。所以褐铁矿比赤铁矿和磁铁矿的还原性都要好。同时，由于去掉了水分相应地提高了矿石的含铁量。褐铁矿石一般工业要求：炼铁用矿石同菱铁矿石；需选矿石，边界品位TFe≥25%，工业品位TFe≥30%。

2.1.5 钛铁矿

钛铁矿（$FeTiO_3$）的理论组成：FeO 47.36%，TiO 52.64%。Fe^{2+}与Mg^{2+}、Mn^{2+}间可完全类质同象代替。以 FeO 为主时称钛铁矿，MgO 为主时称镁钛矿，MnO 为主时称红钛锰矿，常有 Nb、Ta 等类质同象替代。

钛铁矿的化学成分与形成条件有关。产于超基性岩、基性岩中的钛铁矿，MgO 含量较高，基本不含 Nb、Ta；碱性岩中的钛铁矿，MnO 含量高，并含 Nb、Ta；产于酸性岩中的钛铁矿，FeO、MnO 含量均高，Nb、Ta 含量变相对较高。钛铁矿属三方晶系，可视为刚玉型的衍生结构。

钛铁矿为铁黑色或钢灰色，条痕钢灰色或黑色。含赤铁矿包裹体时呈褐或褐红色，金属至半金属光泽，不透明，无解理，硬度 5～5.5，性脆，相对密度 4.0～5.0，具弱磁性。

钛铁矿是最重要的钛矿石矿物。一般工业要求：钛铁矿砂矿，边界品位不小于 $10kg/m^3$，工业品位不小于 $15kg/m^3$。

2.2 矿石物质组成研究方法

一般把研究铁矿石的化学组成和矿物组成的工作称为矿石的物质组成研究。其研究方法通常分为元素分析方法和矿物分析方法两大类。在实际工作中经常借助于粒度分析（筛析、水析）、重选（摇床、溜槽、淘砂盘、重液分离、离心分离等）、浮选、电磁分离、静电分离、手选等方法预先将物料分类，然后进行分析研究。近年来不断有人提出各种新的分离方法和设备如电磁重液法、超声波分离法等，以解决一些过去难以分离的矿物试样的分离问题。

2.2.1 元素分析

元素分析的目的是为了研究矿石的化学组成，尽快查明矿石中所含元素的种类、含量，分清哪些是主要的，哪些是次要的，哪些是有益的，哪些是有害的。至于这些元素呈什么状态，通常需靠其他方法配合解决。

元素分析通常采用光谱分析、化学分析等方法。有关的分析技术可参考其他专业书籍，此处仅介绍其基本原理和用途。

2.2.1.1 光谱分析

光谱分析能迅速而全面地查明矿石中所含元素的种类及其大致含量范围，减少遗漏某些稀有、稀散和微量元素。因此选矿试验常用此法对原矿或产品进行普查，查明了含有哪一些元素之后，再去进行定量的化学分析。这对于选冶过程考虑综合回收及正确评价矿石质量是非常重要的。某赤铁矿石光谱分析的结果见表 2－1。

表 2－1 某赤铁矿石光谱分析的结果

化学成分	TFe	CaO	MgO	SiO_2	Al_2O_3	SO_3
含量/%	47.58	3.9164	0.8378	17.6341	5.6549	0.1451
化学成分	P_2O_5	K_2O	TiO_2	MnO	V_2O_5	Na_2O
含量/%	3.0174	0.5846	0.1611	0.1444	0.1025	0.0916
化学成分	SrO	NiO	ZnO	Y_2O_3	As_2O_3	ZrO_2
含量/%	0.0535	0.0220	0.0208	0.0143	0.0117	0.0094

2.2.1.2 化学全分析和化学多元素分析

化学分析方法能准确地定量分析矿石中各种元素的含量，据此决定哪几种元素在选矿工艺中必须考虑回收，哪几种元素为有害杂质需将其分离，因此化学分析是了解选别对象的一项很重要的工作。

化学多元素分析是对矿石中所含多个重要和较重要的元素的定量化学分析，不仅包括有益和有害元素，还包括造渣元素。如单一铁矿石可分析全铁、可溶铁、氧化亚铁、S、P、Mn、SiO_2、Al_2O_3、CaO、MgO 等。

金、银等贵金属需要用类似火法冶金的方法进行分析，所以专门称之为试金分析，实际上也可看做是化学分析的一个内容，其结果一般合并列入原矿的化学全分析或多元素分析表内。

化学全分析要花费大量的人力和物力，通常仅对性质不明的新矿床，才需要对原矿进行一次化学全分析。单元试验的产品，只对主要元素进行化学分析。试验最终产品（主要指精矿或需要进一步研究的中矿和尾矿），根据需要，一般要做多元素分析。

关于如何应用光谱分析和化学分析结果指导矿石可选性研究工作的问题，下面以某地铁矿石的化学多元素分析为例来说明，其化学多元素分析结果见表 2－2。

表 2－2 某地铁矿矿石化学多元素分析结果

成分	TFe	SFe	FeO	SiO_2	Al_2O_3	CaO	MgO	S	P	As	灼减
含量/%	27.40	26.27	3.25	48.67	5.39	0.68	0.76	0.25	0.15	—	3.10

（1）TFe。全铁是指金属矿物和非金属矿物中总的含铁量。该矿全铁含量 27.40%，属贫铁矿石。

（2）SFe。可溶性铁是指化学分析时能用酸溶的含铁量。TFe 与 SFe 之差即为酸不溶铁，常将其看做是硅酸铁的含铁量。

（3）FeO。一般用 TFe/FeO 和 FeO/TFe 表示磁铁矿石的氧化程度（表 2－3），氧化程度是地质部门划分铁矿床类型的一个重要指标，也是选矿试验拟订方案时判断铁矿石可选性的一个重要依据。TFe/FeO 和 FeO/TFe 的比值划分仅适用于铁的工业矿物是磁铁矿或具有不同程度氧化的磁铁矿矿床。

表 2－3 矿石性质与 TFe/FeO 和 FeO/TFe 的关系

FeO/TFe	TFe/FeO	矿 石 性 质
≥37%	<2.7	原生磁铁矿，容易弱磁分选
29% ~37%	2.7 ~3.5	混合铁矿石，弱磁分选与其他方法联合分选
<29%	>3.5	赤铁矿石，强磁分选与其他方法联合分选

（4）CaO、MgO、SiO_2、Al_2O_3 主要脉石成分。$(CaO+MgO)/(SiO_2+Al_2O_3)$ 表示铁矿石和铁精矿的酸碱性，直接决定今后冶炼炉料的配比。

1）$(CaO+MgO)/(SiO_2+Al_2O_3)<0.5$，酸性矿石，冶炼时需要配碱性熔剂（石灰石）；

2）$0.5<(CaO+MgO)/(SiO_2+Al_2O_3)<0.8$，半自熔性矿石，冶炼时配部分的酸、

碱性矿石；

3）$0.8 < (CaO + MgO)/(SiO_2 + Al_2O_3) < 1.2$，自熔性矿石，冶炼时不配熔剂；

4）$(CaO + MgO)/(SiO_2 + Al_2O_3) > 1.2$，碱性矿石，冶炼时需要加入酸性熔剂（硅石）。

2.2.2 矿物分析

光谱分析和化学分析只能查明矿石中所含元素的种类和含量。矿物分析则可进一步查明矿石中各种元素呈何种矿物存在，以及各种矿物的含量、嵌布粒度特性和相互间的共生关系。其研究方法通常为物相分析和岩矿鉴定等。

2.2.2.1 物相分析

物相分析的原理是，矿石中的各种矿物在各种溶剂中的溶解度和溶解速度不同，采用不同浓度的各种溶剂在不同条件下处理所分析的矿样，即可使矿石中各种矿物分离，从而可测出试样中某种元素呈何种矿物存在和含量多少。

物相分析的项目，应根据选矿工艺的要求和矿石组成的特点而定，对一般铁矿石而言，通常包括磁性铁、碳酸铁、硅酸铁、硫化铁、赤（褐）铁矿五项。

（1）磁性铁（MFe）具有强磁性的铁的氧化矿物，如磁铁矿、半假象磁铁矿等。测定磁性铁具有极大的意义，它能为铁矿石的储量计算及选矿试验等提供科学依据。1981年地质部和冶金工业部共同颁发的《铁矿地质勘探规范》中规定："采用物相分析确定的磁性铁（MFe）对全铁（TFe）的占有率作为划分矿石类型的依据。"当 MFe > 85% 时，属单一弱磁选铁矿石；MFe < 65% 时，属联合流程选矿的铁矿石；MFe 在 65% ~ 85% 之间时，铁矿石介于前两类之间。

（2）碳酸铁（CFe）指菱铁矿、铁白云石以及其他一些含铁碳酸盐。测定碳酸铁，对于寻找原生矿和指导选矿工艺都具有实际意义。

（3）硅酸铁（SiFe）指含铁的硅酸盐矿物，测定硅酸铁，对于计算铁储量，指导铁矿具有较大意义。在《铁矿地质勘探规范》中，将硅酸铁列为脉石矿物，其含量决定尾矿中铁的品位和铁的回收率。

（4）铁的硫化物（SFe）指磁黄铁矿、黄铁矿、黄铜矿、砷黄铁矿、镍黄铁矿等。测定铁的硫化物对确定矿石品位和指导工艺加工流程具有较大意义。

（5）赤（褐）铁矿（OFe）。测定赤（褐）铁矿，对找矿地球化学具有重要作用，无论是沉积型铁矿、沉积变质铁矿或是风化型铁矿，都含有褐铁矿。其含量对铁矿床的评价和对研究铁矿床的成分环境等也都具有重要意义。

某地铁矿原矿试样铁物相分析结果见表 2-4。

表 2-4 某地铁矿原矿试样铁物相分析结果

相 名	磁铁矿	赤褐铁矿	碳酸铁	硫化铁	硅酸铁	TFe
含铁量/%	0.58	43.45	2.97	0.49	0.17	47.66
铁分布率/%	1.22	91.17	6.23	1.03	0.35	100.00

由表 2-4 结果分析可知，原矿中有用铁矿物主要是赤褐铁矿，其分布率为 91.17%，其次是碳酸铁和磁铁矿，并含有少量的硫化铁和硅酸铁。

由于矿石性质复杂，有的元素物相分析方法还不够成熟还处在继续研究和发展中。因此，必须综合分析物相分析、岩矿鉴定或其他分析方法所得资料，才能得出正确的结论。

例如某铁矿石中矿物组成比较复杂，除含有磁铁矿、赤铁矿外，还含有菱铁矿、褐铁矿、硅酸铁或硫化铁，由于各种铁矿物对各种溶剂的溶解度相近，分离很不理想，结果有时偏低或偏高（如菱铁矿往往偏高，硅酸铁有时偏低）。在这种情况下，就必须综合分析元素分析、物相分析、岩矿鉴定、磁性分析等资料，才能最终判定铁矿物的存在形态，并据此拟定正确合理的试验方案。

2.2.2.2 岩矿鉴定

岩矿鉴定以要进行选矿加工的矿石为研究对象，能够提供其矿物组成、矿石的结构和构造、粒度大小、含量、与脉石等的嵌布状态、目的矿物的解离度等信息，为制订选矿工艺方案和实现选矿过程优化及选矿机理研究提供矿物学依据。

岩矿鉴定测定方法包括肉眼和显微镜鉴定等常用方法和其他特殊方法。肉眼观察，即手标本观察，主要观察研究矿石的颜色、条痕、光泽、硬度、密度、解离等，通过肉眼观察可以大略知道矿石中的主要矿物（包括有用矿物和脉石矿物）。在肉眼鉴定时，有些特征不显著或细小的矿物是极难鉴定的，对于它们只有用显微镜鉴定才可靠。显微镜观察是指通过磨制光薄片，在光学显微镜下对矿石进行观察，可进一步准确确定有用矿物与脉石矿物的含量、粒度大小、嵌布特征、有用矿物与脉石矿物之间的关系（毗连、包裹、镶嵌）等，同时，通过对不同磨矿时间的样品进行显微镜观测，可以测得矿石的解离度。通过这些研究，能从工艺矿物学角度提出磨矿粒度的选择、工艺流程的制订和合理指标的确定等建议。

下面以某地铁矿为例来说明。

A 手标本观察

a 颜色

风化面深灰至灰黑色，表面可明显看到铁氧化物，新鲜面暗绿色至黑绿色。

b 结构

该矿样岩石结构致密，具有贝壳状断口，全部由结晶矿物组成，矿物颗粒很细，一般为0.5～1mm左右，因此，认为该岩石的结构为全晶质结构中的细粒结构。但在显微镜下，可以明显地看出矿物的颗粒。

c 构造

标本中的矿物分布均匀，无方向性，为块状构造。

d 矿物组成

矿物主要为斜长石和辉石，肉眼观察分别约占50%和40%。斜长石为灰白色，粒状或柱状，解理面闪闪有光，玻璃光泽，辉石为黑色，由于发生次生变化，肉眼不易观察到辉石的解理。

B 显微镜观察

选取代表性原矿磨制成光片，在显微镜下观察。

a 结构

呈辉绿结构，自形板条状的斜长石所构成的三角形空隙中，充填他形单个辉石晶体，图2-1、图2-2中浅色部分为斜长石，黑色部分为磁铁矿等矿石矿物，褐色部分为辉石、角闪石。

b 构造

脉石矿物呈块状构造，矿石矿物呈块状构造（图2-3、图2-4）或浸染状构造（图2-5、图2-6），图2-3~图2-6中浅色部分为磁铁矿，灰色部分为斜长石和辉石等脉石矿物。

图2-1 辉绿结构（一）

图2-2 辉绿结构（二）

图2-3 块状构造（一）

图2-4 块状构造（二）

图2-5 浸染状构造（一）

图2-6 浸染状构造（二）

c 矿物组成

岩石中的矿物组成主要是斜长石、辉石、角闪石，少量石英，其中斜长石具有高岭土化，辉石、角闪石具有绿泥石化、绿帘石化等蚀变现象（图2－7、图2－8），金属矿物主要为磁铁矿，少量赤铁矿和黄铁矿。

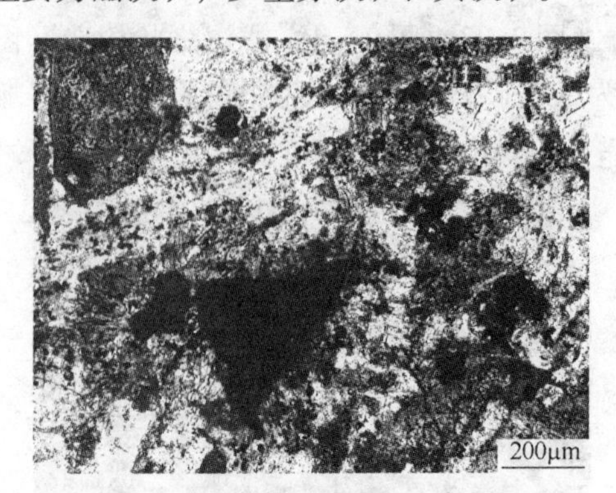

图2－7 蚀变现象（一）

图2－8 蚀变现象（二）

d 各种脉石矿物和矿石矿物

（1）斜长石。斜长石的体积分数为50%，它是主要脉石矿物之一，自形程度好，多呈聚片双晶发育。镜下观察，斜长石的粒度较粗，一般为0.4～0.6mm。斜长石多与磁铁矿规则毗连镶嵌。斜长石具有明显的高岭土化蚀变现象。

（2）辉石。辉石的体积分数为30%，它是主要脉石矿物之一。一般为粒状或不规则形状，偏光镜下为黄绿色，颗粒大小在0.1～0.3mm之间。辉石多与磁铁矿不规则毗连镶嵌，部分呈包裹型镶嵌。部分辉石有绿泥石化、绿帘石化现象。

（3）角闪石。角闪石的体积分数为4%，多呈柱状或粒状，嵌布粒度一般为0.1～0.3mm。角闪石具有绿泥石、绿帘石化的蚀变现象。

（4）石英。石英比较少见。

（5）金属矿物主要为磁铁矿，少量赤铁矿和黄铁矿。

1）磁铁矿。磁铁矿的体积分数为12%，它是主要的含铁矿物和矿石矿物，反光镜下为灰白色，多呈他形粒状，嵌布粒度不均匀。磁铁矿一般为0.2～0.5mm，最小为0.001mm，最大达0.7mm。岩石中的磁铁矿以他形粒状、浸染状两种形式存在。前者主要表现为较粗粒磁铁矿与斜长石、辉石等脉石矿物不规则毗连镶嵌（图2－9、图2－10中，浅色部分为磁铁矿，灰色部分为斜长石、辉石等脉石矿物）；后者主要表现为磁铁矿呈浸染状分布于辉石等脉石矿物中（图2－5、图2－6），部分表现为较粗粒磁铁矿中包

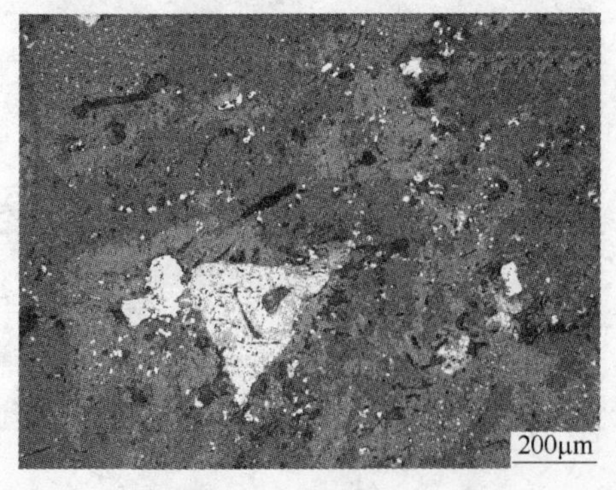

图2－9 不规则毗连（一）

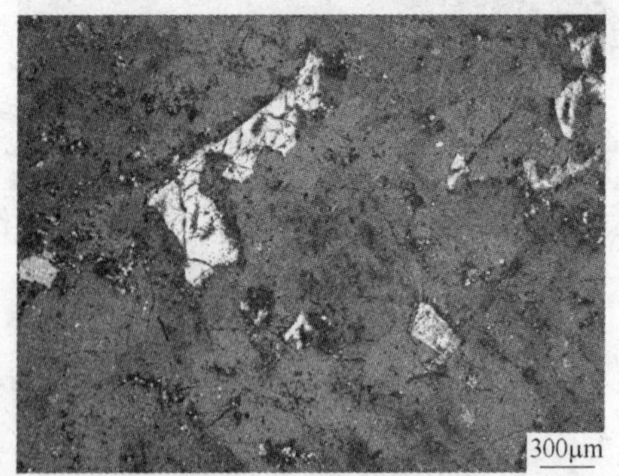

图2－10 不规则毗连（二）

裹有他形辉石颗粒（图 2－11、图 2－12）。较粗粒磁铁矿内多分布他形细粒的赤铁矿、黄铁矿（图 2－13、图 2－14）。即嵌布类型主要以不规则毗连、浸染型为主，部分呈包裹型。

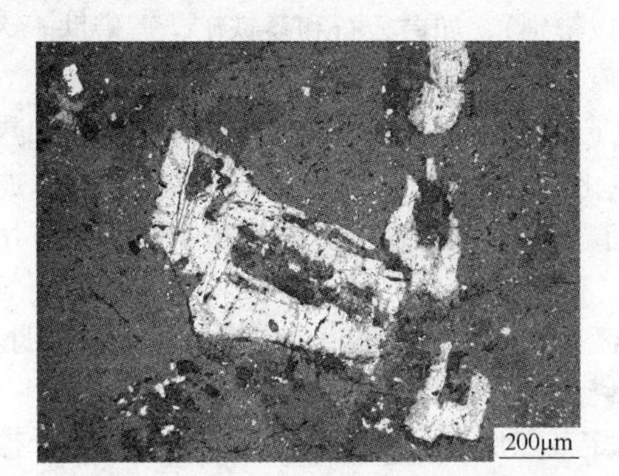

图 2－11 磁铁矿中包裹脉石矿物（一）

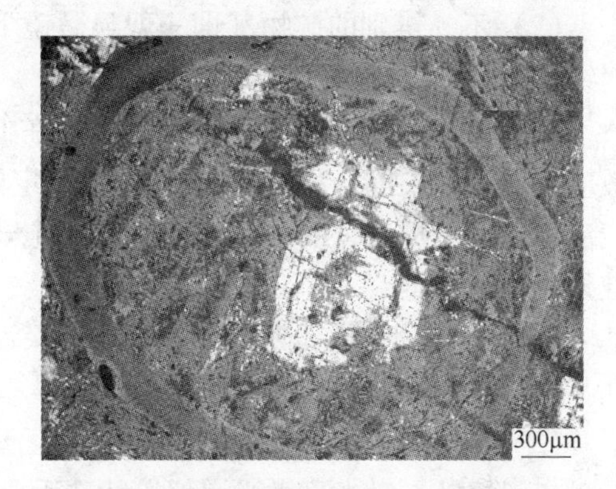

图 2－12 磁铁矿中包裹脉石矿物（二）

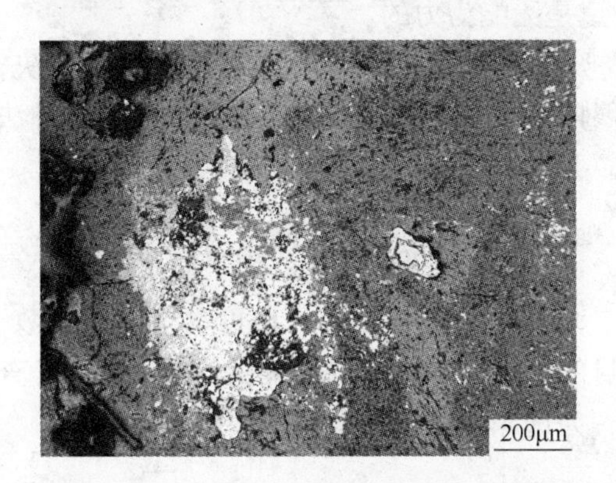

图 2－13 磁铁矿中包裹矿石矿物（一）

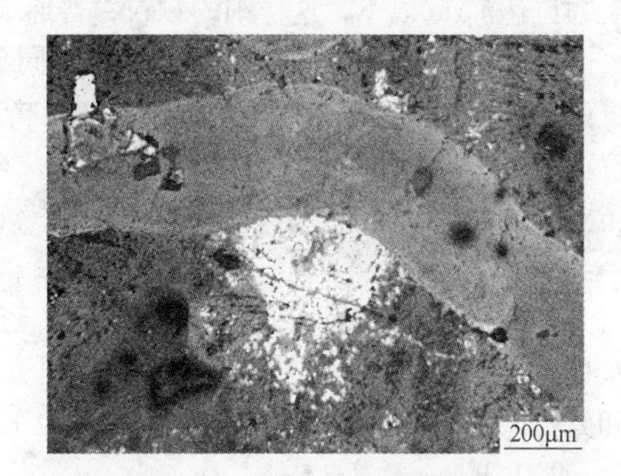

图 2－14 磁铁矿中包裹矿石矿物（二）

2）黄铁矿。黄铁矿的体积分数为 2%，反光镜下为黄白色，呈乳滴状分布于脉石矿物或磁铁矿中。粒度一般为 0.01～0.05mm，如图 2－15 所示。

3）赤铁矿。赤铁矿的体积分数为 2%，反光镜下为白色，多呈星点状或乳滴状分布于脉石矿物或磁铁矿中，部分呈他形与磁铁矿或脉石矿物毗连镶嵌。粒度一般为 0.01～0.1mm，如图 2－16 所示。

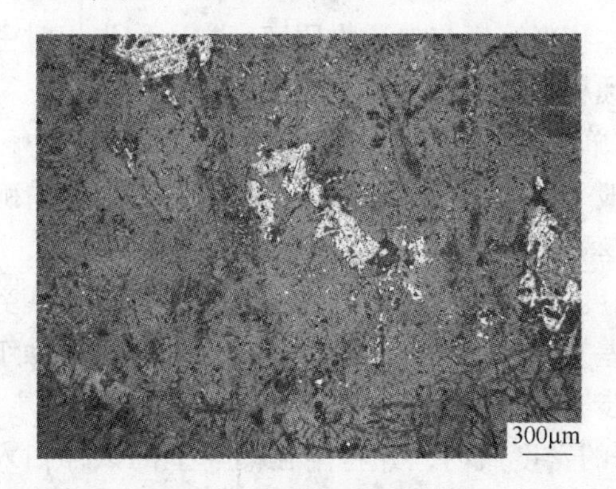

图 2－15 黄铁矿

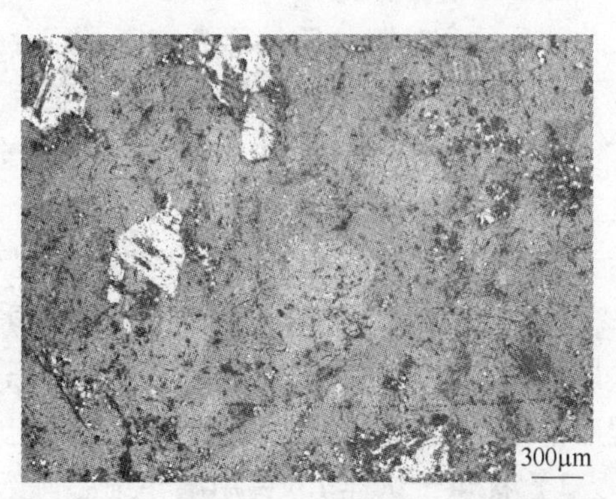

图 2－16 赤铁矿

2.2.2.3 铁矿石物质组成研究的其他方法

(1) 如果矿石中含有新矿物（人们从未发现过的矿物），可借助于电子探针、X射线粉晶分析、电子顺磁共振谱、穆斯鲍尔谱等多种方法综合分析确定。

(2) 不易辨别的矿物（即一般显微镜下难以辨别），如白云石和菱铁矿，需借助于X射线衍射分析分辨。

(3) 黏土质和碳酸盐矿物等，一般在低温下较稳定，加热时呈现显著的变化（如热效应、质量损失等），每一种矿物都有特定的变化曲线，故可借助于热谱分析，如脱水曲线法和差热分析法，或与X射线衍射、电子显微镜等联合进行鉴定。硅酸盐矿物也可用红外光谱法鉴定。

(4) 微量和分散元素常借助于电子探针、激光晕微光谱、极谱、电渗析等方法查明。如某闪锌矿中的锗、某褐铁矿中的镓等。

(5) 矿物颗粒极细时，普通显微镜无法确定其粒度，可借助于电子显微镜、电子探针、离子探针、激光显微光谱仪等特殊手段。如某钒钛磁铁矿中的钛铁尖晶石和板状钛铁矿颗粒达1μm以下，这样细的颗粒，普通显微镜是无能为力的。

(6) 赋存状态比较复杂，如呈类质同象或吸附状态存在，一般常规方法无法解决，可借助于X射线粉晶、电子探针、电渗析、穆斯鲍尔谱、电子顺磁共振谱等多种方法解决。

2.2.3 物理特性研究

铁矿石的物理特性包括矿石的粒度、密度、堆积角、摩擦角、可磨度、坚固性系数、水分、比磁化系数等。铁矿石物理特性研究的目的是为拟定试验方案提供依据，或者考查和分析试验结果的手段，指导下一步试验工作，为选矿厂设计提供原始数据。

2.2.3.1 粒度

矿粒或矿块的大小称为粒度。物料中各粒级的相对含量称为粒度组成。测定物料的粒度组成或粒度分布以及比表面等直接或间接了解物料粒度特性的测定工作称为粒度分析。生产中对大于6mm的物料经常采用钢板冲孔或钢丝网编成的筛子进行；6~0.045mm的物料则用试验室标准套筛进行；对粒度介于0.2~0.05mm的，采用试验室水力分级或水中倾析（又称沉降分析）法，简称水析，更细的物料常用显微镜法分析和离心分析法。

2.2.3.2 密度

单位体积物料的质量称为密度，用ρ表示，物料密度与参比物质密度之比称为相对密度，用d表示。若参比物质为水，在工程上习惯称为比重。其测试方法如下：

(1) 块状物料。大块的密度可以通过最简单的称量法进行，即先将矿块在空气中称量，再浸入水中称量，然后算出密度。介质一般采用水，也可用其他介质。称量可在精确度为0.01~0.02g的普通天平上进行，也可在专测密度用的密度天平上进行。

(2) 粉状物料。粉状物料的密度常采用密度瓶法。这种方法常包括煮沸法、抽真空法以及抽真空同煮沸法相结合的方法，三者的差别仅仅是除去气泡的方法不同，其他操作程序都是一样的。以煮沸法为例，其测定试验步骤如下：

1) 称烘干试样15g，用漏斗细心倾入洗净的密度瓶内，并将附在漏斗上的试样扫入瓶内，切勿使试样飞扬或抛失。

2）注蒸馏水入密度瓶至丰满，摇动密度瓶使试样分散。将瓶和用于试验的蒸馏水同时置于真空抽汽缸中进行抽气，其缸内残余压力不得超过2666.448Pa（2cmHg），抽气时间不得少于1h，关闭电动机，由三通开关放入空气。

3）将经抽气的蒸馏水注入密度瓶至近满，将密度瓶置于恒温水槽内，待瓶内浸液温度稳定。

4）将密度瓶的瓶塞塞好，使多余的水自瓶塞毛细管中溢出，擦干瓶外的水分后，称瓶、水、样合重得 G_2。

5）将样品倒出，洗净密度瓶，注入经抽气的蒸馏水至密度瓶近满，塞好瓶塞，擦干瓶外水分，称重得 G_1。然后按式（2-1）计算试样密度。

$$\delta = \frac{G\Delta}{G_1 + G - G_2} \tag{2-1}$$

式中 δ——试样的密度；

G——试样的干重，kg；

Δ——介质的密度；

G_1——瓶、水合重，kg；

G_2——瓶、水、样合重，kg。

密度测定需平行做两次，求其算术平均值，取两位小数，其平行差值不得大于0.02。

2.2.3.3 堆积角和摩擦角

摩擦角和堆积角测定的主要目的是为设计原矿仓和中间贮矿槽提供原始数据。

摩擦角的测定方法为：用一块木制平板（也可用胶板或其他材料制成的平板），其一端铰接固定，而另一端则可借细绳牵引以使其自由升降，将试验物料置于板上，并将板缓缓下降，直至物料开始运动为止。

堆积角的测定方法有自然堆积法和朗氏法。自然堆积法很简单，只需有较平的台面和地面，将物料自然堆积，测量物料与平面之间的夹角即可。朗氏法的测定一般试料由漏斗落到一个高架圆台上，在台上形成料堆，直至试料沿料堆的各边都同等地下滑为止。转动一根活动的直尺，即可测出堆积角。

2.2.3.4 可磨度

矿石可磨度是衡量某一种矿石在常规磨矿条件下抵抗外力作用被磨碎的能力的特定指标。它主要用来计算不同规格磨矿机磨碎不同矿石时的处理能力。

选矿厂磨矿机的计算方法和矿石可磨度的评价，由于实验计算方法不同，世界各国不尽相同，概括起来可分为绝对可磨度、相对可磨度两大类。绝对可磨度——功指数法，试验测出的是单位电耗的绝对值；相对可磨度——容积法或新生计算级别法，测出的是待磨矿石和标准矿石的单位容积产生能力或单位电耗的比值。

2.2.3.5 坚固性系数

矿石的硬度直接影响破碎机的生产能力。为了确定矿石的硬度，常需测定其坚固性系数（f），供选矿厂设计选择破碎机和磨矿机时参考。

2.2.3.6 水分

原矿和精矿都要测定其水分，以便计算原矿和精矿的实际质量。测定方法如下：

在实验室内，一般取25g粉碎至1mm的湿样，水分少的可取50g，放在一容积约为

100mL 的玻璃碗中，上面覆盖一块磨砂玻璃盖称重，精确至 0.01g。然后将玻璃碗置于烘箱内，让盖子斜开着，在 105 ~ 110℃的温度下干燥，然后移放至干燥器内冷却，冷却后迅速盖上盖子，从干燥器内取出称重。按式（2 - 2）计算水分：

$$W = \frac{G_1 - G_2}{G_1} \times 100\% \tag{2-2}$$

式中 W——水分含量，%；

G_1——湿样重；

G_2——干样重（指烘干样）。

2.2.3.7 比磁化系数

矿物比磁化系数的大小，是判定磁选法分选各种矿物的可能性的依据。

矿石的磁性可以用比磁化系数 χ_0 表示。比磁化系数 χ_0 表示单位体积物质在标准磁场内受力的大小。例如强磁性矿物磁铁矿的比磁化系数 $\chi_0 = 80000 \times 10^{-6} cm^3/g$，而弱磁性赤铁矿比磁化系数 $\chi_0 = 290 \times 10^{-6} cm^3/g$。磁性强弱不同，比磁化系数相差很大。

我国一些铁矿石选矿厂常采用磁性率来表示矿石的磁性。磁性率是矿石中氧化亚铁的含量百分数和矿石中全部铁的含量分数之比值。

$$磁性率 = \frac{w(FeO)}{w(TFe)} \times 100\%$$

理论上纯磁铁矿的磁性率为 42.8%。

一般将磁性率大于 36% 的铁矿石划为磁铁矿石，磁性率介于 28% ~ 36% 之间的铁矿石划为假象赤铁矿石，磁性率小于 28% 的铁矿石划为赤铁矿石。

2.3 铁矿石选矿试验

选矿试验方案是指试验中准备采用的选矿方案，包括所欲采用的选矿方法、选矿流程和选矿设备等。为了正确地拟订选矿试验方案，首先必须对矿石性质进行充分的了解，同时还必须综合考虑政治、经济、技术诸方面的因素。

2.3.1 选矿试验的分类

选矿试验按目的可分为可选性试验、工艺流程试验和新技术的试验研究三种，按规模可分为实验室试验、半工业性试验和工业性试验三种。

2.3.1.1 可选性试验

可选性试验是为矿石评价提供依据，在地质勘探阶段中进行。试验的主要内容有：

（1）探索主要有用成分的选矿方法和可能达到的指标；

（2）探索各种不同类型或品级的矿石的可选性；

（3）探索伴生成分综合利用的可能性；

（4）探索有害杂质去除的难易；

（5）指出边界品位的界限。

通过可选性试验，要为地质勘探提供划分矿石类型和确定工业指标的依据；要据此评定该矿床矿石在选矿技术上是否可能利用，经济上是否合理。至于矿床能否被工业利用尚需进行大量研究工作。

2.3.1.2 工艺流程试验

工艺流程试验是为选矿厂设计（或现有选矿厂的技术改造）提供依据，在选矿厂初步设计（或拟定现场技术改造选方案）前进行。一般先进行实验室试验，然后在实验室试验的基础上，根据情况决定是否进行半工业或工业试验。

选矿工艺流程试验内容和必要的资料收集，一般由试验研究单位负责制订，有条件的可由试验、设计和生产部门三结合洽商确定。选矿工艺试验流程主要内容有：

（1）矿石性质研究是选择选矿方案和确定选矿厂设计方案时与类似矿石生产试验作对比分析的数据，其中某些数据是选矿厂具体设计中必不可少的原始数据。

矿石性质研究包括光谱定性和半定量分析、化学全分析、岩矿鉴定、物相分析、粒度分析、磁性分析、重液分析、试金分析、磨矿细度、矿石可磨度以及各种物理性能（密度、比磁化系数、电导率、水分、密度和堆密度、堆积角和摩擦角、硬度、黏度等）。

（2）选矿方法、流程结构、选矿指标和工艺条件直接关系到选矿厂的设计方案和具体组成，是选矿厂设计的主要原始资料，必须慎重考虑，要求选矿方法、流程结构合理，选矿指标可靠。

矿石性质复杂或选矿实践较少的，在制定试验方案前应进行一定的探索性试验。制定的试验方案包括有类似生产实践的方案和应用新技术的方案（指在当前已有一定成功经验的新技术，经过一定的努力是能付诸生产实践的）。总的来说，一般应进行两个以上的多方案试验，提供设计进行技术经济比较。在多方案试验中，应有重点地对其中1～2个流程方案做深做透。

对选矿工艺条件来说，主要是查明其影响规律及确定主要作业的主要工艺条件的最佳范围值。在确定试验条件（因素和水平）时，应充分运用已有的实践经验，抓住主要矛盾，尽量减少试验工作量。

流程结构应确定流程中磨矿和选别段数，粗、精、扫选的结构和次数，给出质量流程，在必要时还应给出矿浆流程。在流程图中应注明采用的工艺条件。

（3）选矿产品的分析对精矿、中矿和尾矿产品需进行各种分析，在特殊情况下，对某个作业的给矿和产品也应进行光谱分析、化学分析、试金分析、物相分析、粒度分析及岩矿鉴定等。

2.3.1.3 实验室试验

实验室试验（包括实验室小型连续试验），它的特点是规模小、试料少、灵活性大、人力物力财力花费较少，因此允许在较大范围内进行广泛的探索性试验。实验室试验的试验均匀，分批操作，条件容易控制，影响因素较少，试验数据的重现性和可比性强。实验室试验的不足之处是受实验室条件的限制，不能全面反映生产中存在的所有问题，因此，在必要时，要进行半工业和工业试验。

在选矿工艺流程试验中，对于易选和在工业上已有成熟经验可借鉴时，一般实验室试验结果，即可用于设计建厂。

在实验室试验中，无论是磁选、重选或浮选等流程，都可进行局部作业的连续试验或全部流程的连续试验。实验室连续试验规模根据试验设备处理能力和矿石性质而定，一般为40～100kg/h。

2.3.1.4 半工业试验

半工业试验的规模，通常为1～2t/h，试验可以是全流程的连续，也可以是局部作业的连续或单机的半工业试验。半工业试验的目的主要是验证实验室的工艺流程试验方案，并取得近似于生产的技术经济指标，提供给选矿厂设计的依据或指出进一步试验的必要性。对矿石性质复杂、难选或没有足够生产经验可资借鉴的一些新工艺、新设备等的选矿试验工艺，一般都要求进行半工业试验。

建立半工业试验厂时，应考虑到为其他矿区矿石进行试验的可能性，因之试验内容和设备配置应有一定的灵活性。半工业试验厂实际上是一个小型选矿车间，其选用的设备规格和型号应接近工业生产设备。

2.3.1.5 工业试验

工业试验是在现场的一个生产系列中或在试验厂中进行的，在试验之前，常根据试验的目的和要求不同，对现场的条件进行必要的改变。

工业试验在下述情况下进行：

（1）在必要时用于验证实验室工艺流程试验或半工业试验推荐的选矿方法和流程。对矿石性质复杂、难选或无类似生产经验的大型选矿厂，在试验采取不困难、运输条件方便和所选现场设备调整不太多的条件下进行。对资源丰富的矿区，常采取先建一个工业系列的方式，通过较长期的工业实践而后大规模建厂。对工业流程的工业试验，可以是全流程的，也可以是局部作业的。

（2）对新技术、新设备的工业试验，可以在生产现场进行局部作业的或单机的工业试验，某些配套性要求较高的新技术和新设备则要求进行全部流程的工业试验，对某些特大型的新设备、新技术则在现场新建的专门车间进行工业试验。

（3）对生产现场进行技术改革的工业试验，是为了及时解决生产过程中产生的新问题和新要求，总结推广各项先进经验，各种新设备，新药剂和新工艺，不断改善和提高各项技术经济指标等。

2.3.2 试验研究的内容

试验开始前，要编制试验计划。计划要对整个试验工作有一个正确的指导思想，明确试验方向，符合实际的试验方法，合理的组织安排和先进的、留有余地的试验进度。试验计划分工作计划和作业计划两种。

试验工作计划主要内容有：

（1）试验的题目、任务和要求；

（2）有关国内外的试验研究现状，特别是国内先进经验；

（3）采样和矿样代表性的审查，矿样制备；

（4）矿石性质鉴定；

（5）选矿方法探索性试验，试验方案的选择，可能遇到的问题；

（6）工艺流程试验；

（7）人员组织、专业配合、工序衔接和所需的物质条件准备；

（8）数据处理和编写报告；

（9）进度和措施。

试验报告是试验工作的总结和记录。对试验报告的一般要求是数据准确可靠，分析周密全面，结论符合实际，文字简练明确，内容就满足要求。其主要内容通常有：

（1）试验任务的来源、目的和要求；

（2）矿石性质研究的主要结果；

（3）选矿试验和结果；

（4）结论；

（5）参考文献；

（6）附件。

2.3.3 选矿实验室实例

2.3.3.1 实验室规格及分类

选矿实验室的规模及装备除与选矿厂的规模有关外，更主要的是与选矿方法及选矿工艺流程复杂程度有关。

（1）磁选实验室。简单易选矿石的磁选实验室，除试样加工设备外，有磁力脱水槽、磁选管、磁选柱及简单磁选设备等即可。矿石复杂的采用焙烧磁选或强磁选联合流程的选矿厂，应相应地增加焙烧炉或强磁选及弱磁选设备等。

（2）浮选实验室。对单一金属矿石只需小型实验室，除试样加工设备外，有一些磨浮设备即可。对多金属复杂类型矿石，需按大、中、小不同规模选矿厂及其产品的重要程度等综合考虑，一般大型选矿厂可考虑设置连续性实验室，中、小型选矿厂考虑作小型闭路试验即可。

（3）重选实验室。实验室的装备除试样加工设备外，大、中、小型实验室的区别仅是设备规格及数量不同，小型实验室的设备少一些。

（4）联合选矿方法的选矿厂。联合选矿方法实验室按所采用的选矿方法确定试验的装备，以保证各种条件的试验。

2.3.3.2 选矿实验室常用试验设备

选矿实验室常用设备见表2－5。

表2－5 选矿实验室常用设备

设备名称		规 格	备 注
一、破碎设备			
1	颚式破碎机	XPC－150×200	
2	颚式破碎机	PEX－100×125	
3	对辊破碎机	XPC－200×75	
4	对辊破碎机	XPC－200×175	
5	圆盘破碎机	XPF－ϕ175	
6	三头研磨机	XPM－ϕ120×3	
二、筛分设备			
1	振筛机	XSB－70 型 ϕ200	
2	单双层两用振动筛	XSZ－300×600	
3	干湿两用电振筛 标准套筛	XSD－74 型 200×400 0.03～0.833mm	

续表 2-5

	设备名称	规格	备注
三、磨矿设备			
1	筒棒磨机（棒球两用）	XMB-70 型三辊四筒	一次磨 5~300g
2	棒磨机（棒球两用）	XMB-68 型 160×200	一次磨 300~800g
3	棒磨机（棒球两用）	XMB-67 型 200×240	一次磨 500~1000g
4	棒磨机（棒球两用）	XMB-68 型 240×300	一次磨 1000~5000g
5	锥形球磨机	XMQ-ϕ240×90	一次磨 1000g
四、分级设备			
1	四室水力分级机	XCF-515×1040	
五、重选设备			
1	隔膜跳汰机	XCT-100×150	
2	隔膜跳汰机	XCT-200×300	
3	双联梯形跳汰机	XCT-74 型 150×250×900	
4	矿砂摇床（刻槽床面）	XCY-73 型 1100×500	
5	矿泥摇床（刻槽床面）	XCY-73 型 2100×1050	
6	螺旋选矿机	XCL-74 型 ϕ500	
7	离心选矿机	XCL-74 型 ϕ320×400	
8	水力旋流器	XCSϕ25	
9	水力旋流器	XCSϕ50	
六、浮选设备			
1	单槽浮选机	XFDⅢ-0.5L	
2	单槽浮选机	XFDⅢ-0.75L	
3	单槽浮选机	XFDⅢ-1.0L	
4	单槽浮选机	XFDⅢ-1.5L	
5	连续浮选机	XFL-74 型 6 槽 7L	
6	挂槽浮选机	XFG-5~35g	
七、磁、电选设备			
1	湿式筒型磁选机	XCRS-73 型 ϕ400×300	场强 96kA/m
2	磁力脱泥槽	XCTS-ϕ300	
3	磁选管	XCGS	场强 256kA/m
4	感应辊强磁选机	XCQG-71 型 30+30×120	场强 1760kA/m
5	湿式平环强磁选机	XCSQ-50×70	场强 1840kA/m
6	立环脉动强磁选机	SLon 型 ϕ500	场强 1600kA/m

续表 2-5

设备名称		规格	备注
七、磁、电选设备			
7	磁重精选机	CZX 型 ϕ100~600	
8	高压静电选矿机	XDJ-73 型 ϕ250×300	
9	光电选矿机	XDG-75 型	
八、脱水设备			
1	盘式真空过滤机	XTLZ-ϕ260/ϕ200	一台真空泵两个过滤盘
九、辅助设备			
1	盘式给药机	XGB-ϕ170	
2	调浆桶	XDT-15L	
3	调浆桶	XDT-30L	
4	立式砂泵	XBSL-ϕ13（0.5in）	
5	立式砂泵	XBSL-ϕ19（0.75in）	
6	立式砂泵	XBSL-ϕ25（1in）	
7	立式砂泵	XBSL-ϕ38（0.5in）	
8	湿式分样机	XYS-74 型 ϕ300	
9	自动搅拌给料装置	XJT-ϕ200×100	
十、切片、磨片设备			
1	切片机	XJQP-73 型 ϕ400	
2	单盘磨片机	XJMP-ϕ250	
3	抛光机	XJPG-74 型 ϕ400	
4	嵌样机	XJOY-5t	
5	液压手动岩芯劈开机	XAB-74 型 40t	

2.4 铁矿石选矿的工艺指标

为了评价铁矿石选矿过程进行得好坏，通常采用一些技术指标表示。常用的选矿指标有产品的品位、产率、金属回收率、选矿比和富矿比等。

2.4.1 品位

铁矿石品位是指矿石中所含金属铁的多少，一般用百分数表示。如某铁矿石品位为15%，即说明100t铁矿石中含有15t金属铁。矿石的品位应以取样化验的结果来求得，由化验室提供数据。根据矿石属性不同，分为原矿品位、精矿品位和尾矿品位。

原矿品位就是指进入选矿厂处理的原矿中所含金属量占原矿数量的百分比。它是反映原矿质量的指标之一，也是选矿厂金属平衡的基本数据之一，用 α 表示。

精矿品位是指精矿中所含金属量占精矿数量的百分比。它是反映精矿质量的指标之一，用β表示。

尾矿品位是指尾矿中所含金属量占原矿数量的百分比，它反映了选矿过程中金属的损失情况，用θ表示。

2.4.2 产率

在选矿过程中，得到的某一产品的质量与原矿质量的百分比，称为该产品的产率。

各产品的产率计算式为：

精矿产率 $$\gamma_1 = Q_1/Q \times 100\% \tag{2-3}$$

中矿产率 $$\gamma_2 = Q_2/Q \times 100\% \tag{2-4}$$

尾矿产率 $$\gamma_3 = Q_3/Q \times 100\% \tag{2-5}$$

式中 Q——原矿质量，t；

Q_1，Q_2，Q_3——分别为精矿、中矿、尾矿的质量，t。

例如，某铁选矿厂每昼夜处理原矿石质量为500t，获得精矿质量为30t，则精矿产率为：$\gamma_1 = 30/500 \times 100\% = 6\%$。尾矿产率为$\gamma_3 = (500-30)/500 \times 100\% = 94\%$。

在选矿生产中，除入选原矿可通过皮带秤或其他计量器具知道原矿质量外，精矿直接计量比较困难。选矿厂一般是经取样化验得到原矿品位、精矿品位和尾矿品位，用这些数据可按式（2-6）计算精矿产率γ。

$$\gamma = \frac{\alpha - \theta}{\beta - \theta} \times 100\% \tag{2-6}$$

2.4.3 回收率

选矿回收率是指精矿中的金属（有用组分）的数量与原矿中金属（有用组分）的数量的百分比。作为一项重要的选矿指标，它反映了选矿过程中金属的回收程度、选矿技术水平以及选矿工作质量。选矿过程要在保证精矿品位的前提下，尽量地提高选矿回收率。其计算方法如下：

$$\text{理论回收率} = \frac{\beta(\alpha - \theta)}{\alpha(\beta - \theta)} \times 100\% \tag{2-7}$$

$$\text{实际回收率} = \frac{\text{实际的精矿数量(t)} \times \beta}{\text{原矿处理量(t)} \times \alpha} \times 100\% \tag{2-8}$$

如某赤铁矿，原矿中铁品位为39%，精矿中铁品位为65.0%，如果每昼夜处理原矿石质量为400t，获得精矿质量为150t，则实际回收率为$\frac{150 \times 65\%}{400 \times 39\%} \times 100\% = 62.5\%$。

在生产过程中，每个生产班都需要取样化验原矿品位α、精矿品位β和尾矿品位θ。这时理论回收率可由式（2-7）计算得出结果。

选矿技术监督部门一般通过实际回收率的计算，编制实际金属平衡表。通过理论回收率的计算，编制理论金属平衡表。两者进行对比分析，能够揭露出选矿过程机械损失，查明选矿工作中的不正常情况及在取样、计量、分析与测量中的误差。通常理论回收率都高于实际回收率，但两者不能相差太大，在单一金属浮选厂一般流失不允许相差1%。如果超过了该数字，说明选矿过程中金属流失严重。

2.4.4 选矿比

选矿比是指每选出1t精矿所需要的原矿的吨数，通常以倍数表示。

$$选矿比 = \frac{原矿处理量(t)}{精矿数量(t)} \tag{2-9}$$

如某选矿厂每昼夜处理原矿石质量为500t，获得精矿质量为30t，则选矿比为500/3 = 16.7。

2.4.5 富矿比

富矿比是精矿中有用矿物的品位与原矿中有用矿物的品位之比，即精矿品位是原矿品位的几倍。富矿比和回收率越高，说明选矿效率越高。富矿比有时也称为富集比，常用i来表示，其计算公式为：

$$i = \frac{\beta}{\alpha} \tag{2-10}$$

如某选矿厂的原矿中铜的品位为1.0%，精矿中铜的品位为15.0%，则其富矿比为i = 15.0%/1.0% = 15。

2.4.6 影响选矿指标的主要因素

影响选矿指标的主要因素包括：

（1）磨矿细度。矿物是以一定的嵌布粒度，以浸染状赋存于矿石之中。将矿物完全与其他脉石分离后，称为单体解离。只有经过了单体解离的矿物在经过选矿机械后，才能获得良好的指标。未完全单体解离的矿物，称为连生体。连生体的存在，势必影响到精矿品位。通常磁铁矿的嵌布粒度为0.074～0.25mm之间。考核磨矿细度的方法是用-0.074mm含量的多少来衡量的。

（2）磨矿分级浓度。湿法磨矿是在有补加水时进行的，一次球磨机排矿浓度65%～75%，一次分级机返砂浓度75%～85%，一次分级机溢流浓度50%～62%；二次球磨机排矿浓度40%～50%，二次分级机返砂浓度70%～75%，二次分级机溢流浓度15%～20%。

（3）选别浓度。磨机排矿或分级的溢流浓度较大，对磁选不利。在进入磁选时，要补加一定的清水进行稀释，适宜的磁选浓度为30%～35%；重选摇床浓度粗砂给矿浓度为20%～30%，细粒给矿浓度为15%～25%；重选螺旋溜槽给矿浓度一般不低于30%，螺旋选矿机的给矿浓度下限可到10%；金属矿物浮选粗选浓度为25%～45%，最高可达50%～55%，精选浓度为10%～20%，最低可达6%～8%，扫选浓度为20%～40%。

参考文献

[1] 牛福生，刘瑞芹，郑卫民，等．选矿知识600问［M］．北京：冶金工业出版社，2008.

[2] 邱俊，吕宪俊，陈平，等．铁矿选矿技术 [M]. 北京：化学工业出版社，2008.
[3] 马鸿文．工业矿物与岩石 [M]. 第3版．北京：化学工业出版社，2011.
[4] 廖立兵，王丽娟，尹京武，等．矿物材料现代测试技术 [M]. 北京：化学工业出版社，2010.
[5] 李凤贵，张西春．铁矿石检验技术 [M]. 北京：中国标准出版社，2005.
[6] 应海松，等．铁矿石取制样及物理检验 [M]. 北京：冶金工业出版社，2007.
[7] 聂轶苗，牛福生，刘丽娜，等．河北某地鲕状赤铁矿工艺矿物学研究 [J]. 金属矿山，2010，7：78~82.
[8] 牛福生，张悦，聂轶苗．图像处理技术在工艺矿物学研究中的应用 [J]. 金属矿山，2010，5(409)：92~95，103.
[9] 聂轶苗，牛福生，张悦．工艺矿物学在矿物加工中的应用及发展趋势 [J]. 中国矿业，2011，7：121~123.
[10] 罗蒨，邓常烈．选矿测试技术 [M]. 北京：冶金工业出版社，1989.
[11]《岩石矿物分析》编写组．岩石矿物分析 [M]. 北京：地质出版社，1991.

3 铁矿石选矿方法及设备

铁矿石选矿是用物理或化学方法将铁矿石原料中的含铁矿物与无用矿物（脉石）或有害矿物分开，或将多种与铁伴生的其他有用矿物分离开的工艺过程。一般都包括以下三个最基本的工艺过程：

（1）分选前的预处理，目的是使有用矿物与脉石矿物单体分离，使各种有用矿物相互间单体解离，此外，这一过程还为下一步的选矿分离创造适宜的条件。有的选矿厂根据矿石性质和分选的需要，在分选作业前设有洗矿和预选抛废石作业。

（2）选别作业，借助于重选、磁选、电选、浮选和其他选矿方法将有用矿物同脉石分离，并使有用矿物相互分离获得最终选矿产品。分选作业中，开头的选别称为粗选；将粗选得到的富集产物作进一步选别以获得高质量的最终产品精矿的选别作业称为精选；将粗选后的贫产物作进一步选别，分出中矿返回粗选或单独处理，以获得较高回收率的选别作业称为扫选，扫选后的贫产物即为尾矿。

（3）选后产品的处理作业，包括各种精矿、尾矿产品的脱水，细粒物料的沉淀浓缩、过滤、干燥和洗水澄清循环复用等。

选矿设备是与选矿方法和技术同步发展的，选矿设备是选矿工艺水平的直接体现，其生产技术状态也直接影响着生产过程、产品质量和选矿厂的综合效益。根据不同的选矿生产工艺过程也分为矿石预处理设备、选别设备和产品处理设备等。

3.1 预处理方法及设备

3.1.1 预处理方法

由矿山开采出的矿石，除少数可以直接入炉冶炼的富矿外，绝大多数是含有大量脉石的贫矿。对冶金工业来说，这些贫矿由于有用成分含量低，矿物组成复杂，若直接用来冶炼提取金属，虽然从技术上是可行的，但由于生产过程中能耗大、生产成本过高造成经济上不可取。为了更经济地开发和利用低品位的贫矿石，扩大矿物原料的来源，矿石在冶炼之前必须先经过分选和富集，以抛弃部分脉石，使有用矿物的含量达到冶炼的要求。

在选矿工艺过程中，有两个最基本的工序：一是解离，就是将大块矿石进行破碎和磨细，使各种有用矿物颗粒从矿石中解离出来；二是分选，就是将已解离出来的矿物颗粒按其物理化学性质差异分选为不同的产品。自然界中铁矿石虽然储藏丰富，分布广泛，但其矿物组成复杂，伴生石英、绿泥石、长石等多种脉石矿物，另外矿物颗粒粗细嵌布不匀，很少以单一铁矿物形式存在，有价值的铁矿物常和其他脉石矿物紧密连生在一起，铁矿物和脉石矿物单体颗粒的大小从几微米到几毫米不等。同时因地质成矿条件和开采方式的不同，铁矿石的粒度差异也比较大，如砂岩铁矿石的粒度多在2mm以下，其他铁矿岩体经露天开采后的粒度在500~1500mm以上，井下开采出来的矿石多在400mm以下，而从目前选矿工艺和设备分选现状而言，要求矿石入选的粒度通常在0.3~0.1mm以下，因此，在矿石入选之前必须把有价值铁矿物尽可能同其他脉石矿物分离出来，或者改变铁矿物的一些性质使其在后续的分选过程中很方便地回收上来。

铁矿石选矿的预处理一般除了包括矿石的破碎筛分、磨矿分级、洗矿脱泥之外，铁矿石磁化焙烧也是一种常见的预处理方法。磁化焙烧是在一定温度和气氛下把弱磁性铁矿物（赤铁矿、褐铁矿、菱铁矿和黄铁矿等）变成强磁性的磁铁矿或磁性赤铁矿的过程，是弱磁性矿石在磁选前的准备作业，以便用弱磁场磁选机进行分选。磁化焙烧—磁选技术相对于其他选矿方法而言具有对水质、水温无特殊要求，分选指标优，精矿易于浓缩脱水和烧结强度高等优点，但成本较高。

3.1.2 粉碎技术及设备

据资料统计，在选矿厂中破碎与磨矿占企业总能耗的40%~70%，而破碎的能耗通常只有磨矿能耗的1/3，因此，“多碎少磨”对节省能耗，提高经济效益有重大作用。

我国铁矿石选矿厂采用的破碎流程有：一段开路流程，多用于自磨选矿厂；三段一闭路或三段开路，多用于大中型选矿厂；两段开路和两段闭路流程，则少见；四段破碎流程，在大中型选矿厂也有采用。

铁矿选矿厂中，磨矿流程大多数采用一段全闭路两段磨矿流程和阶段磨选流程，也有采用一段磨矿和三段磨矿的，磨矿以球—球磨矿流程为主，棒磨—球磨流程次之。

粗碎设备有ϕ1200mm、1350/180mm、1500/300mm等规格的旋回破碎机，多在大中型选矿厂应用；颚式破碎机在中小型选矿厂应用较多，规格有400mm×600mm、600mm×900mm、900mm×1200mm、1200mm×1500mm等；中碎多用ϕ2100mm、ϕ2200mm标准圆锥破碎机，个别为单缸液压的。破碎产品最终粒度一般为25~0mm或12~0mm等各种粒度。

磨矿作业通常是在一个圆筒形的磨矿机中进行的，筒体内一般装有研磨介质，如钢球、钢棒或砾石等。装钢球（或铁球）的磨矿机为球磨机，装钢棒的为棒磨机，装砾石的为砾磨机。若磨矿机内不装其他介质，只利用矿石自己研磨，则称为无介质磨矿机或称自磨机；自磨机中再加入适量钢球就构成所谓半自磨机。磨机的规格以筒体的直径×长度表示。

下面主要介绍目前铁选矿厂常用的破碎与磨矿设备。

3.1.2.1 颚式破碎机

颚式破碎机俗称老虎口，常用于对矿石进行粗碎。矿石的破碎是在破碎机中两块颚板之间进行的。两块颚板中的一块固定，另一块可动。可动颚板悬挂在固定轴或可动轴上，通过传动装置，时而靠近固定颚板，时而离开固定颚板，向固定颚板靠近时，破碎矿石；离开固定颚板时，矿石靠自身的重力而排出。

根据可动颚板运动的性质，颚式破碎机分为简单摆动式和复杂摆动式两种（图3-1）。

简单摆动式颚式破碎机的可动颚板悬挂在固定轴上。当传动机构带动偏心轴转动时，与偏心轴连接的连杆随着做上下运动。连杆向上运动时，带动两块肘板逐渐伸平，前肘板迫使可动颚板向固定颚板靠近，两块颚板之间的物料便被破碎。连杆向下运动时，两块肘板之间的夹角变小，可动颚板后退，此时排矿口增大，破碎产物在重力作用下而排出。

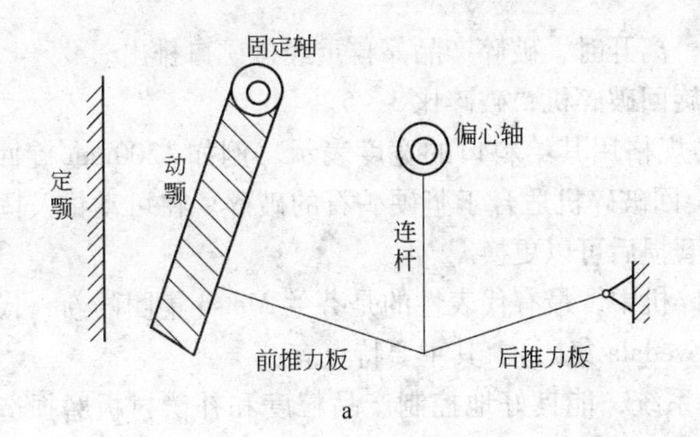

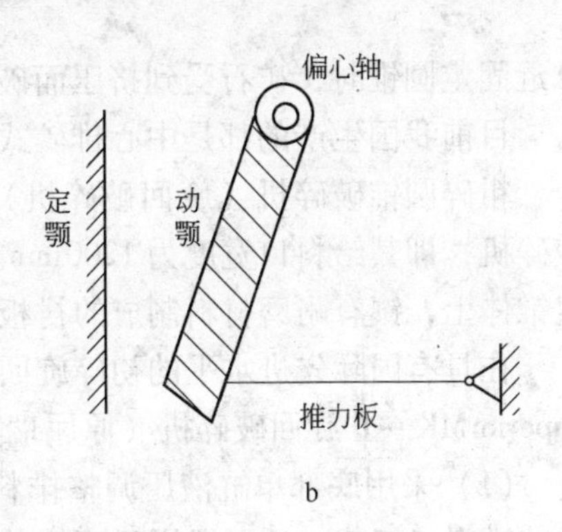

图 3-1 颚式破碎机的主要类型

a—简单摆动式；b—复杂摆动式

复杂摆动式颚式破碎机与简单摆动式颚式破碎机在构造上不同前者的可动颚板悬挂在偏心轴上，因此连杆随之取消，肘板只剩一块。在简单摆动式颚式破碎机中，当可动颚板围绕悬挂轴做往复摆动时，动迹都是圆弧线，而且动颚的水平行程（水平摆动距离）是上小下大，以动颚底部（排矿口处）为最大，矿石破碎主要靠挤压力实现。在复杂摆动式颚式破碎机中，动颚上部的运动轨迹近似为圆形，中部为椭圆形，下部因受推力板的约束其轨迹为圆弧形，故矿石破碎时，不仅受挤压力作用，还受一定的摩擦力作用，该摩擦力是向下的，有利于物料的自动排出。

颚式破碎机结构简单，机体质量轻，破碎比较大，价格便宜，适合于破碎坚硬或中硬矿石，特别适用于中、小型选矿厂。颚式破碎机的规格用给料口的宽度和长度来表示。例如，1500mm×2100mm 的破碎机，其给料口宽度为 1500mm，长度为 2100mm。

为了适应工业生产规模的不断扩大，要求制造更大型的破碎机。目前，世界上颚式破碎机的最大规格是 2100mm × 3000mm，生产能力达 2000 ~ 3000t/h。近年来，液压技术在颚式破碎机上得到应用，出现了液压式颚式破碎机，即利用液压来调整排料口的大小，以维持产品粒度在给定范围内。

3.1.2.2 旋回破碎机

旋回破碎机也称粗粒圆锥破碎机，主要在大中型金属矿山使用。按排料方式分为侧面排料型和中心排料型，目前广泛应用的是中心排料型旋回破碎机。

旋回破碎机是连续工作的破碎机械，其结构及工作原理如图 3-2 所示。它主要由机架、活动圆锥、固定圆锥、主轴、大小伞齿轮和偏心套筒等组成。活动圆锥的主轴支承在横梁上面的固定悬点 A 中，主轴下部置于偏心套筒内。偏心套筒转动时，使锥体绕中心轴做连续的偏心旋回运动。活动圆锥

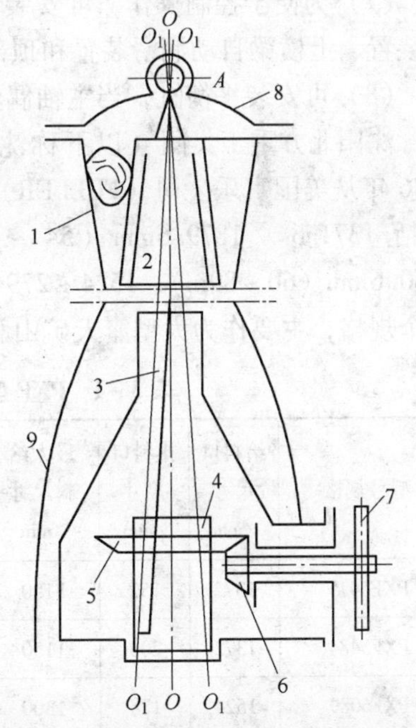

图 3-2 旋回破碎机结构及工作原理

1—固定圆锥；2—活动圆锥；3—主轴；4—偏心套筒；5—大伞齿轮；6—小伞齿轮；7—皮带轮；8—横梁；9—下部机座

靠近固定圆锥时，矿石受到挤压而破碎；离开时，破碎产品靠自重经排矿口排出。

目前我国生产的都是中心排矿式的旋回破碎机，破碎比3~5。

粗碎圆锥破碎机（旋回破碎机）的规格用其给料口的宽度表示。例如1200mm旋回破碎机，即其给料口宽度为1200mm。旋回破碎机适合于坚硬矿石的破碎。在可动锥及固定锥体上，镶有耐磨材料制成的衬板，磨损后可以更换。

在具有国际先进水平的初碎旋回破碎机中，最有代表性的是芬兰Metso集团的新一代SuperiorMK－Ⅱ旋回破碎机（原属瑞典Svedala集团）。其主要特点有：

（1）采用底部单缸液压调整排料口系统，能良好地控制产品粒度和补偿衬板磨损造成的排料口变化。还可以用于清扫破碎腔，例如在负荷下突然断电时，可使主轴下降以清除破碎腔内的物料。

（2）破碎腔深，生产能力大，衬板寿命长。利用计算机设计的破碎腔形状使破碎过程达到最佳化，提高了能量利用率，使产品粒度均匀和衬板磨损均匀，衬板表面形状随时间的变化小。

（3）可通过调整偏心套改变偏心距，从而调整生产能力。

（4）采用特重型机架、高强度主轴部件和高性能的支承系统，保证了运转可靠和整机寿命长。

（5）偏心套上部和大齿轮下部装有平衡配重，用以平衡旋回运动的惯性力，使设备可用于移动式装备上。

（6）小齿轮轴系统为一独立单元，齿轮齿隙易调整，安装、维修方便。

（7）为便于控制操作，可安装主轴位置传感器。为便于维修，可选用上横梁液压分离装置、上横梁自动润滑装置和顶部外壳旋转装置。

（8）可安装平衡缸，当主轴偶然向上运动时，使轴瓦和活塞紧密接触而得到保护。

沈阳北方重工集团（以下称沈重）是我国旋回破碎机的主要生产厂家，该集团于1986年从美国富乐公司（FULLER）引进了TRAYLOR旋回破碎机的设计制造技术，其中包括1371.6~1879.6mm（54~74in）、1371.6~2133.6mm（54~84in）、1524~2260.6mm（60~89in）、1524~2794mm（60~110in）和1828.8~2362.2mm（72~93in）五个规格，主要作为大型露天矿山和选矿厂的粗碎设备。相关数据见表3－1和表3－2。

表3－1 PXF型旋回破碎机技术性能和参数（沈重）

型号规格	给料口尺寸/mm	排料口尺寸/mm	最大给料尺寸/mm	生产能力①/t·h^{-1}	主电动机			
					型号	功率/kW	转速/r·min^{-1}	电压/V
PXF5475	1372	152	1150	1740	YR400－12/1180	400	490	6000
PXF5484	1372	203	1150	2500	YR500－12/1180	500	490	6000
PXF6089	1524	178	1300	3000	YR118/46－12	500	490	6000
PXF60110	1524	178	1300	4000	YR400－12	355×2	490	6000
PXF7293	1829	178	1550	2620	YR500－12/1730	500	295	6000

① 生产能力以矿石松散密度1.6t/m^{3}为依据。

表 3-2 PXF 型旋回破碎机主要零部件质量（沈重） （kg）

型号规格	机器总质量	主要部件质量								
		传动部	下机架部	下机架护板部	偏心套部	破碎圆锥部	中机架部	上机架部	中机架衬板部	横梁部
PXF5475	247000	2980	368900	6720	7400	46590	25341	45260	24260	25830
PXF5484	300000	3490	45760	12000	9965	54690	42000	60250	22215	30960
PXF6089	369000	4720	53430	9790	12020	72550	49770	72350	30090	40040
PXF60110	593000	9200	122370	15250	23010	123365	65640	102000	43930	49000
PXF7293	485000	6590	74800	11938	7795	94900	32465	123670	50000	46010

国外的旋回破碎机著名厂家主要有美卓矿机、斯维达拉公司、山特维克以及富勒史密斯等。美卓矿机旗下的 Superior 旋回破碎机是矿山和石料行业全球公认技术领先的旋回破碎机著名品牌。

3.1.2.3 圆锥破碎机

A Sandvik 圆锥破碎机

瑞典 Sandvik 高科技集团公司生产的 H8800 型圆锥破碎机具有以下四个特点：

（1）拥有排矿口自动调节系统，这个系统能够不停地监视破碎机的运转情况，如果破碎机超出允许的运转范围，那么设定值被自动调节，以便破碎机能再次在允许的极限范围内运转，这样，破碎机可始终处于挤满给料状态，大大增加了物料之间的“层压破碎”比例，同时破碎机能够在尽可能小的排矿口下工作，从而实现了该设备高产量、细排料、高可靠性和低运行成本的特点。

（2）破碎机衬板形状特殊、呈圆滑的曲线形，所以不易棚矿。

（3）可以根据所处理的矿石性质、矿量的大小灵活选择合适的偏心距。

（4）结构简单，操作、维护、检修方便。

H8800 型圆锥破碎机的主要技术参数见表 3-3。

表 3-3 H8800 型圆锥破碎机的主要技术参数

规格型号	H8800 型	偏心距/mm	24~70
腔 型	中粗	最大压力/MPa	6
最大给矿粒度/mm	350	电动机功率/kW	600
排矿口调整范围/mm	22~60	电动机转速/r·min^{-1}	600
动锥底部直径/mm	2016	电动机电压/V	6000
动锥转速/r·min^{-1}	230	生产能力/t·h^{-1}	1200~1600
偏心套转速/r·min^{-1}	105	设备总质量/t	75

齐大山选矿厂破碎工艺流程进行了改造和完善，中碎作业原有的 3 台 ϕ2200mm 液压单缸圆锥破碎机改为 1 号和 2 号共两台 H8800 型圆锥破碎机，这两台设备均主要由上架体、下架体、主轴、水平轴、定锥、动锥、底部液压缸、传动装置和排矿口调节系统等部分组成。不同之处是 2 号 H8800 型圆锥破碎机采用的 ASRi 排矿口调节系统，是 1 号 H8800 型圆锥破碎机 ASR 排矿口调节系统的升级产品。齐大山选矿厂 H8800 型圆锥破碎机和 ϕ2200mm 圆锥破碎机指标对比结果见表 3-4。

表3-4 齐大山选矿厂 H8800 型圆锥破碎机和 ϕ2200mm 圆锥破碎机指标对比结果

项 目	H8800 型破碎机		ϕ2200mm 圆锥破碎机
	生产指标	设计指标	
排矿粒度/mm	40~50	38~45	50~60
偏心距/mm	40		
处理量/$t \cdot h^{-1}$	1200~1600	1200~1600	600~750
工作压力/MPa	3~5.2		
功率/kW	340~400		264
可开动率/%	95	95	80
产品粒度（-20mm）/%	54.64	45.00	35.22
产品粒度（+75mm）/%	2.32	5.00	22.91

从表3-4可以看出，H8800型圆锥破碎机处理量、可开动率达到了设计水平，尽管排矿口尺寸稍大于设计指标，但产品粒度明显优于设计指标。-20mm粒级含量提高9.64%，+75mm粒级含量降低2.68%；与ϕ2200mm液压单缸圆锥破碎机相比，H8800型圆锥破碎机可开动率提高15%，台时处理量提高1倍以上，产品粒度大为改观，-20mm粒级含量提高19.42%，+75mm粒级含量降低20.59%。由于中碎产品粒度改善，一选车间入磨粒度也有明显改善，-20mm粒级含量由80%提高到90%，使一段球磨机台时处理量得到提高。

B Nordberg HP 系列圆锥破碎机

传统圆锥破碎机存在着单机产量低、能耗高、细粒级含量低等不足之处。2001年，Nordberg和Svedala合并成为Metso Minerals（美卓矿机），其生产的Nordberg HP系列圆锥破碎机采用现代液压和高能破碎技术，破碎能力强，破碎比大。HP圆锥破碎机通过采用大破碎力、大偏心距、高破碎频率以及延长破碎腔平行带等技术措施，改进了传统机型的不足。鞍钢调军台选矿厂、齐大山选矿厂、太钢尖山选矿厂、宝钢选矿厂、武钢程潮选矿厂等引进使用了该设备，最终入磨矿石粒度达到-12mm粒级占95%，-9mm粒级占80%。HP圆锥破碎机的内部结构如图3-3所示。

HP圆锥破碎机是美卓矿机HP系列圆锥破碎之一，该设备由上架体、下架体、动锥、定锥、主轴、水平轴、紧锁缸、释放缸、调整环、传动装置、液压锁紧和液压马达调整系统、液压和润滑站、TC1000自动控制系统等组成，结构较为复杂。其排矿口调整通过液压马达驱动，升高或降低调整环内的定锥来实现。在超负荷条件下，超大破碎力可使调整环升起从而实现过铁保护。

该设备具有以下特点：

（1）在破碎力、大偏心距、高破碎频率与挤满给矿颗粒间层压粉碎相结合，使矿石颗粒在破碎腔内不仅被挤压破碎，而且受到很强的研磨作用，因此产生大量粉矿。

（2）自动化控制水平较高，操作方便，可自动处理破碎机各种监测装置传来的信号，使其在设定的极限范围内发挥最大效率。

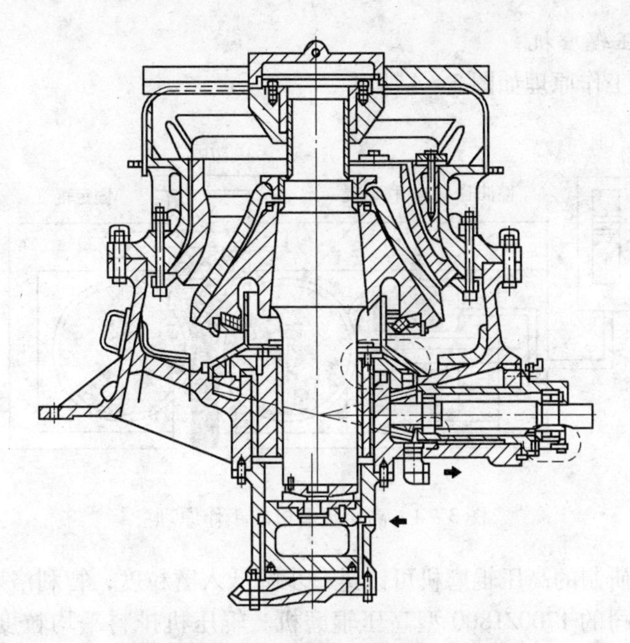

图 3-3 HP 圆锥破碎机的内部结构

HP800 型圆锥破碎机的技术参数见表 3-5。

表 3-5 HP800 型圆锥破碎机的技术参数

给矿口宽度/mm	150	偏心套转速/r·min^{-1}	310
电动机功率/kW	630	生产能力/t·h^{-1}	550~600
最大给矿粒度/mm	100	设备总质量/t	64
排矿口调整范围/mm	15~30	电动机型号	YKK5002-6
动锥底部直径/mm	1836	电动机转速/r·min^{-1}	980
动锥高度/mm	1565	电动机电压/V	6000

宝钢碎矿系统采用 1 台 HP800 型圆锥破碎机代替 3 台破碎机，将二段一闭路破碎流程改造为二段一闭路流程，在不降低产品粒度和处理量的情况下，节电效果十分显著，改造前后碎矿设备的对比结果见表 3-6。

表 3-6 宝钢磁矿系统改造前后碎矿设备对比结果

对比项目	改造前	改造后
中　碎	PYD ϕ2200mm，2 台，280kW	PYD ϕ2200mm，2 台，280kW
细　碎	PYD ϕ2200mm，4 台，280kW	PYD ϕ2200mm，2 台，280kW
闭路细碎	7in 西蒙斯，1 台，400kW	HP800 圆锥，1 台，600kW
筛　分	2400mm×6000mm，5 台，30kW	2400mm×6000mm，5 台，30kW
运行设备电动机功率/kW	2230	1870
系统处理量/t·h^{-1}	1000~1200	1000~1200
筛下产品粒度	-15mm，85%~86%	-15mm，85%~86%

3.1.2.4 高压辊磨机

高压辊磨机的工作原理如图3-4所示。

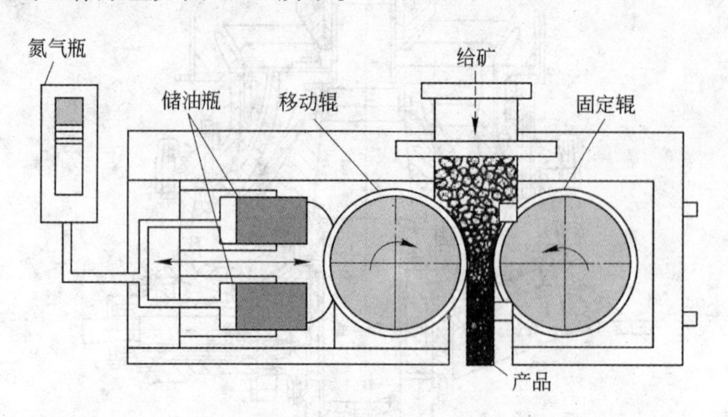

图3-4 高压辊磨机的工作原理

德国洪堡公司研制的高压辊磨机可以进一步降低入磨粒度，智利洛斯科罗拉多斯铁矿安装了德国洪堡公司的1700/1800型高压辊磨机。辊压机排料平均粒度为-2.5mm粒级占80%，辊压机可代替两段破碎，如果不用辊压机，当处理量为120t/h、破碎粒度-6.5mm时，需安装第三段和第四段破碎。同时，用辊压机将矿石磨碎到所需细度的功指数比用圆锥破碎机时要低，其原因一方面是前者破碎产品中细粒级产率高，另一方面是其中粗颗粒产生了更多的裂隙。

东北大学研制的工业机型（1000mm×200mm）在马钢姑山应用表明，可使球磨给矿由原来的12~0mm下降为-5mm粒级占80%的粉饼，从而大幅度提高生产中球磨的台时能力。但是，辊面材料损坏后只能采用表面焊接法修补，表面材质难以满足要求。所需工作压力大，矿石中混杂的铁质杂质都将对辊面材质产生致命的损伤，因而阻碍了该设备在铁矿选矿领域的推广应用。

目前马钢南山矿引进了德国的Koppern公司的高压辊磨机，取得了较好的应用效果。随着低品位、难处理矿产资源的开发利用，高压辊磨机在我国金属矿山的应用将逐渐增加。

3.1.2.5 球磨机

球磨机是在其筒体内装入一定数量的钢球作为研磨介质。利用钢球在筒体内的运动将物料粉碎。球磨机按排料方式的不同主要分为格子型和溢流型两种。

A 格子型球磨机

格子型球磨机的结构构造如图3-5所示，它主要由筒体部、给矿部、排矿部、传动部、轴承和润滑系统等六个部分组成。

筒体由厚钢板焊接而成，两端焊有法兰盘，分别与磨机的端盖联结。筒体上开有1~2个人孔。便于更换衬板和检查，其形状多为椭圆形和矩形。筒体内壁装有耐磨衬板，以提升钢球和保护筒体之用，衬板主要材料有高锰钢、高铬钢、耐磨铸铁和橡胶。橡胶衬板具有使用寿命长，生产费用低，质量小，安装时间短，更换安全及噪声小等突出优点。目前国外以前广泛采用的湿式磨矿机，国内建材、化工部门也已推广使用，效果显著。

给矿部分由轴颈的端盖4和联合给矿器1以及轴颈内套2等组合成。给矿器用于向筒

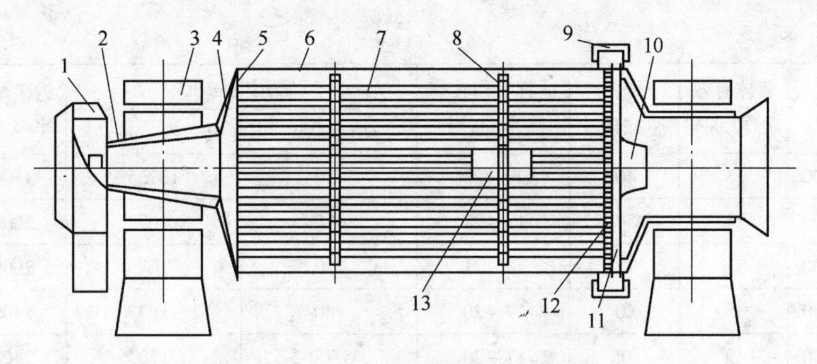

图 3－5 格子型球磨机的结构构造

1—联合给矿器；2，10—轴颈内套；3—主轴承；4，11—端盖；5—端盖衬板；6—筒体；7—衬板；8—楔形压条；9—大齿轮；12—扇形格子板；13—人孔

体内部输送原矿和分级返砂。选矿厂球磨机采用的给矿器形式有鼓式、蜗形以及联合给矿器三种。

排矿部分由中空轴颈的端盖 11、扇形格子板 12、中心衬板和轴颈内套 10 等零件组成。扇形格子板的箅孔大小和排列方式对球磨机的生产能力和产品细度都有很大影响。箅孔大小应能阻止钢球和未磨碎的粗颗粒在排矿时排出，又能保证含有合格粒度的矿浆顺利排出。这种排矿方式称为强迫排矿。由于是强迫排矿，因此排矿速度快，并减少了矿石过粉碎，而且增加了单位容积产量。这种形式的磨矿机比同一规格的溢流型磨矿机产量高 10%～25%，一般用于磨矿粒度较粗的一段磨矿。

格子型球磨机的技术特征见表 3－7。

表 3－7 格子型球磨机的技术特征

规格/mm × mm	筒体有效容积/m^3	最大装球量/t	适宜工作转速/$r \cdot min^{-1}$	需用电动机		返矿勺头半径/mm	机器质量/t
				功率/kW	转速/$r \cdot min^{-1}$		
湿式 ϕ900 × 900	0.45	1	35～40	7	750	900	4.4
干式 ϕ900 × 900	0.45	0.8	35～40	6	750		4.4
湿式 ϕ900 × 1800	0.9	2	35～40	13	750	900	5.4
干式 ϕ900 × 1800	0.9	1.6	35～40	11	750		5.4
湿式 ϕ1200 × 1200	1.1	2.5	30～34	19	750	1200	11.4
干式 ϕ1200 × 1200	1.1	2	30～35	15	750		11
湿式 ϕ1200 × 2400	2.2	5	30～34	38	750	1200	13.4
干式 ϕ1200 × 2400	2.2	4	30～35	30	750		12.5
湿式 ϕ1500 × 1500	2.2	5	27～30	40	750	1400	13.7
干式 ϕ1500 × 1500	2.2	4	27～30	32	750		13
湿式 ϕ1500 × 3000	4.4	10	27～30	80	750	1400	17
干式 ϕ1500 × 3000	4.4	8	27～30	64	750		16.5
湿式 ϕ2100 × 2200	6.6	15	23～26	132	750	1500	47
湿式 ϕ2100 × 3000	9	20	23～26	180	750	1500	50.6
湿式 ϕ2700 × 2100	10.4	23	20～23	250	750	1800	69

续表 3－7

规格/mm×mm	筒体有效容积/m³	最大装球量/t	适宜工作转速/r·min⁻¹	需用电动机		返矿勺头半径/mm	机器质量/t
				功率/kW	转速/r·min⁻¹		
湿式 ϕ2700×3600	18	40	20～23	430	187.5	1800	77
湿式 ϕ3200×3500	24	54	18～21	615	167	2000	100
湿式 ϕ3200×4500	31	72	18～21	790	167	2000	138
湿式 ϕ3600×4000	35	80	17～20	980	167	2400	144
湿式 ϕ3600×5500	49	105	17～20	1300	150	2400	151

B　溢流型球磨机

溢流型球磨机的构造如图 3－6 所示。由图 3－6 可见，它的构造比格子型简单，除排矿端不同外，其他都与格子型球磨机大体相似。溢流型球磨机因其排矿是靠矿浆本身高过中空轴下边缘面自流溢出，无需另外安装沉重的格子板。此外，为防止球磨机内小球和粗粒矿块同矿浆一起排出，在中空轴颈衬套的内表面镶有反螺旋叶片起阻挡作用。

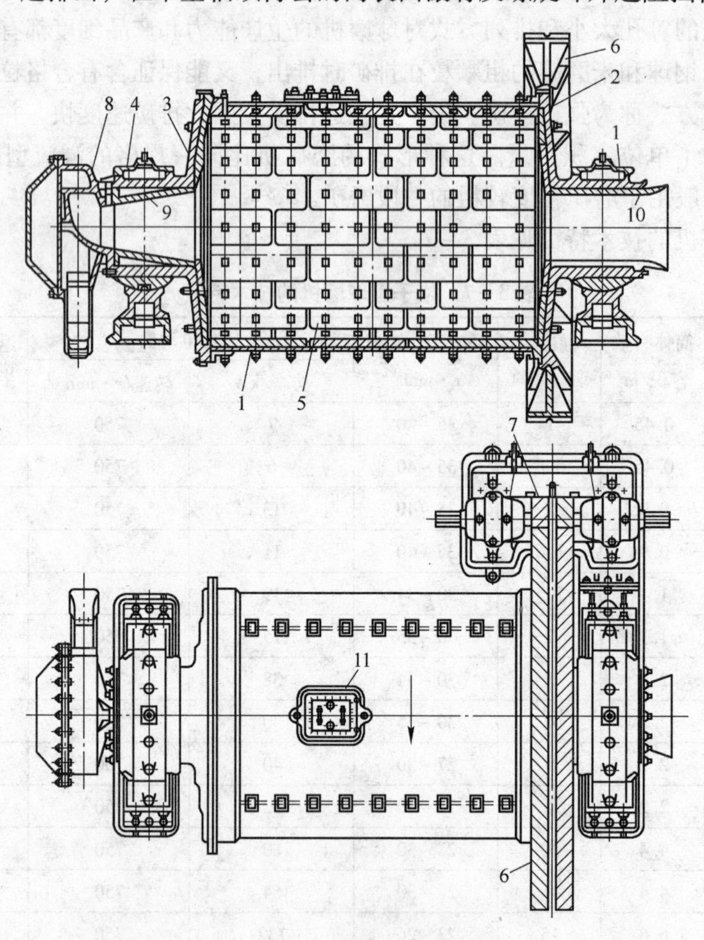

图 3－6　溢流型球磨机的构造

1—筒体；2，3—端盖；4—轴承；5—衬板；6—大齿轮；7—小齿轮；8—给料器；9—给料漏斗；10—排料漏斗；11—人孔

溢流型球磨机具有构造简单、管理和检修方便、作业率较高等优点。一般在磨矿细度要求高时，采用该种磨矿机。

目前大规格的球磨机在改造的选矿厂和新建的选矿厂得到比较广泛地应用。鞍钢弓长岭选矿厂采用5台ϕ5030mm×6700mm溢流型球磨机，鞍矿齐大山铁矿选矿分厂采用6台ϕ5490mm×8830mm溢流型球磨机。

3.1.2.6 棒磨机

棒磨机和溢流型球磨机类似。不同的是它采用钢棒作为磨矿介质。钢棒的直径通常为40～100mm，长度一般比筒体短20～50mm。棒磨机的锥形端盖敷上衬板后，内表面平直，可以起到防止筒体旋转时钢棒歪斜而产生乱棒现象。

棒磨机以钢棒的“线接触”产生的压碎和研磨作用来粉碎矿石。因此具有选择性的破碎作用，减少了矿石的过粉碎。其产品粒度均匀，钢棒消耗量低。由于棒磨机具有以上工作特性，通常其转速比球磨机的低一些，约为临界转速的60%～70%。充填系数一般为35%～40%。给矿粒度不宜大于25mm。

棒磨机一般用于第一段开路磨矿作粗磨作业。在钨、锡或其他稀有金属矿的重选厂或磁选厂，为了防止磨矿过粉碎，常采用棒磨机。棒磨机用于开路磨矿，可以代替短头圆锥破碎机作细碎。

球磨机与棒磨机已向大型化方向发展，即增大磨机筒体的直径和长度。根据生产实践证实，磨矿机的生产率与筒体直径的2.5～2.6次方成正比。因此，增大筒体直径及长度将是磨矿机的发展方向。

3.1.2.7 自磨机

矿石自磨机是借助矿石本身在筒体内的冲击和磨剥作用，使矿石达到粉碎的磨矿设备。用它对粗碎后的矿石进行自磨，是降低大型选矿厂破碎磨矿车间基建投资有前途的措施。

其结构由筒体、给矿、排矿、传动、轴承和润滑系统组成。与球磨机相比，其结构特点为：

(1) 筒体直径（D）大，长度（L）短，一般$D/L=3$，有利于减轻物料的轴向离析，提高磨机生产能力和强化磨碎过程的选择性。

(2) 中空轴颈的直径大，长度短。直径大是为了适应给矿块度大的需要，通常中空轴颈内径约为最大给矿的两倍左右。长度短使给矿物通畅。

自磨机可分为干式（气落式自磨机）和湿式（瀑落式自磨机）两种。它们在给矿和排矿端盖以及端盖衬板方面有所不同。干式自磨机（图3－7）端盖和筒体的中心线是垂直的，筒体上装有T形提升衬板、压条衬板等，端盖上装有两圈环状的波峰衬板。提升衬板主要具有提升矿石、改变矿石的运动状态等作用，它直接影响磨机的磨矿效果。波峰衬板的主要作用是增加矿石相互碰撞的机会，且使矿石在磨机内得到合理的分布。湿式自磨机（图3－8）的端盖与筒体中心线约成15°夹角，且端盖为锥形，锥角约为150°左右，以防矿石的偏析作用。筒体上装有“凹型”提升衬板，端盖上亦装有波峰衬板。干式自磨工艺因粉尘污染，生产环境条件恶化，加上干式分级作业效果不佳已逐步被淘汰。

另外，湿式自磨机采用格子板排矿，磨矿产品在水中进行分级。湿式自磨工艺便于操作，尤其适合处理含泥多的矿石，可以避免常规破碎、磨矿工艺中含泥多而发生的料口及破碎腔堵塞等事故，保证生产正常进行。湿式自磨工艺中遇到的主要问题是顽石的处理。

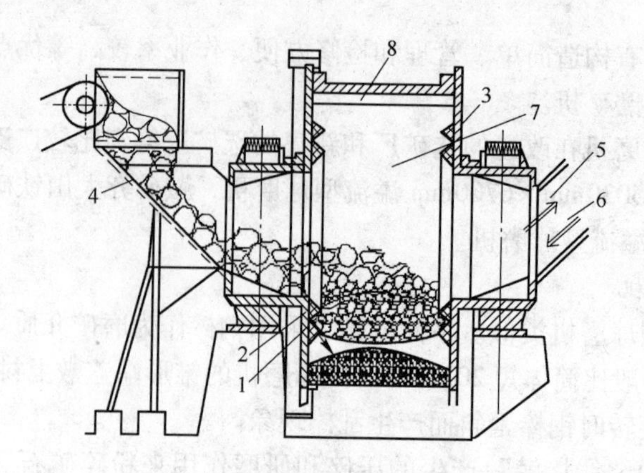

图 3-7 干式自磨机

1，2，3—楔形衬板；4—进料槽；5—排出气流；6—返回自磨机中的粗粒；7—粉碎区；8—提升衬板

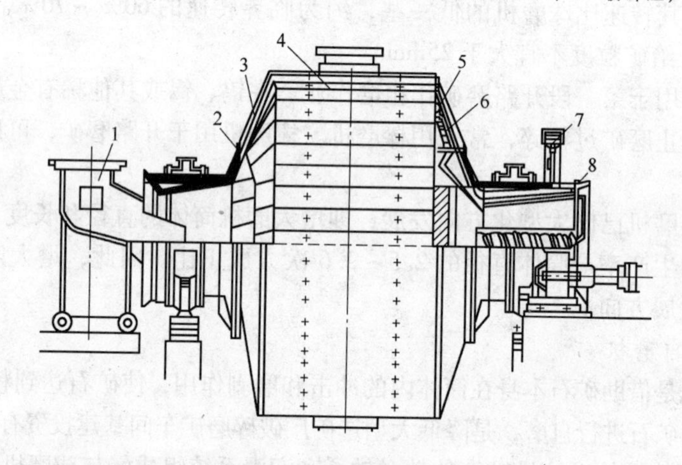

图 3-8 湿式自磨机

1—给矿小车；2—给矿端波峰衬板；3—给矿端衬板；4—筒体提升；5—排矿端衬板；6—排矿格子板；7—大齿圈；8—圆筒筛（自返装置）

我国设计和制造的自磨机规格和基本参数见表 3-8。

表 3-8 我国设计和制造的自磨机的规格和基本参数

规格及名称	筒体尺寸		给矿粒度 /mm	转速 /r·min⁻¹	处理能力 /t·h⁻¹	主电动机		机器总质量（不计电动机）/t
	直径/mm	长度/mm				功率 /kW	转速 /r·min⁻¹	
$\phi 3000 \times 1000$ 干式自磨机	3000	1000		19.5		95	730	
$\phi 4000 \times 1400$ 干式自磨机	4000	1400		18	30~35	240	735	81.5
$\phi 6000 \times 2000$ 干式自磨机	6000	2000		14.4	100~150	800	125	197.5
$\phi 4000 \times 1400$ 湿式自磨机	4000	1400	<350	17		245	735	63.94
$\phi 5500 \times 1800$ 湿式自磨机	5500	1800	<350	15		900	167	155

3.1.3 分级技术及设备

磨矿流程中的主要问题之一是提高分级效率。我国矿山选矿厂的磨矿流程与国际先进水平的差距表现之一是，国外普遍采用水力旋流器与球磨机闭路，而国内只有细磨段普遍采用水力旋流器分级，粗磨段大多数选矿厂仍然使用螺旋分级机分级，只有少数选矿厂采用水力旋流器分级，如德兴铜矿大山选矿厂、鞍钢调军台选矿厂和金川集团有限公司选矿厂等。由于分级效率一般都小于筛分效率，新型细筛的研制与应用成为一个热点。国内一些重有色金属矿山用高频振动细筛进行细粒分级，以减小过磨。

下面介绍几种目前铁矿选矿厂常用的分级设备。

3.1.3.1 螺旋分级机

螺旋分级机的构造如图 3－9 所示，它是在一个倾斜的半圆形槽内安装有纵向长轴，轴上安有螺旋叶片，通过传动机构带动旋转。螺旋分级机的上端有传动机构，下端有螺旋提升装置。螺旋分级机的下部是沉降区，在沉降区细粒随溢流排出，粗粒沉于槽底，被螺旋运向上方，返回磨矿机中再磨。

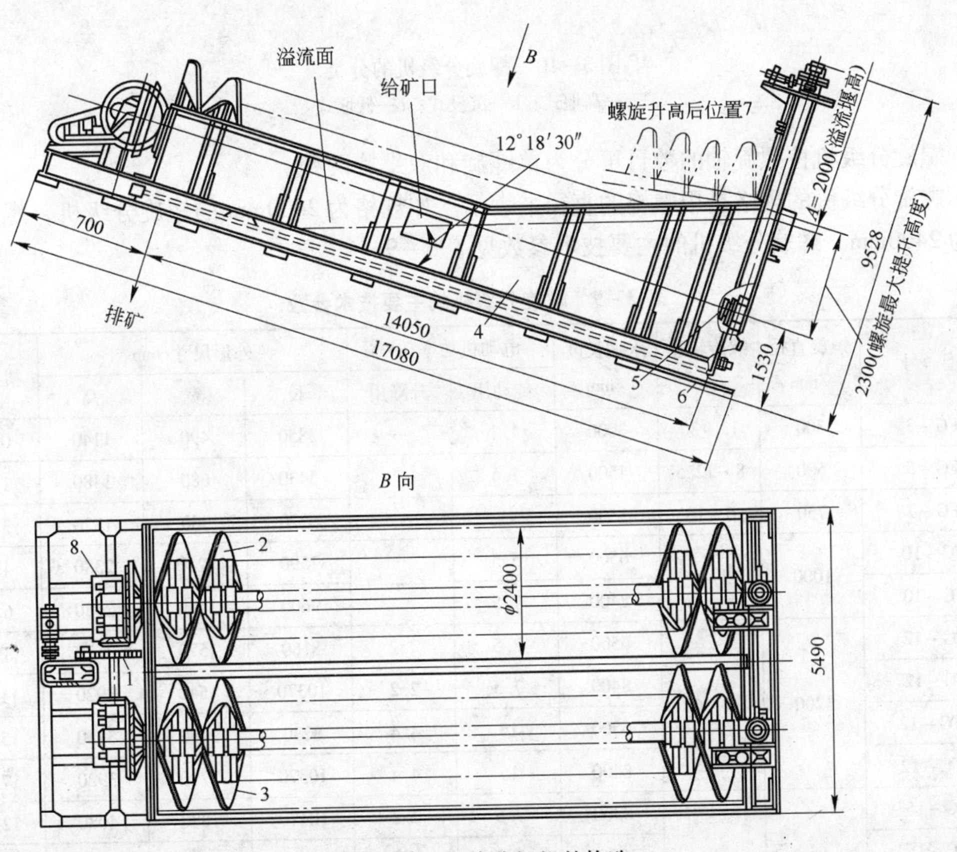

图 3－9 螺旋分级机的构造

1—传动装置；2，3—左、右螺旋；4—水槽；5—下部支座；6—放水阀；7—升降结构；8—上部支承

根据螺旋分级机溢流堰的高低，可分为高堰式、低堰式和沉没式三种。

（1）高堰式。高堰式螺旋分级机溢流堰高于螺旋尾部轴承，而低于螺旋的上缘，如图3－10a所示。沉降面积较小，分级粒度较粗，适于分级大于0.15mm粒级的产品。常用于一般磨矿的流程中。

（2）沉没式。沉没式螺旋分级机溢流端的螺旋叶片完全浸没在矿浆面下边，如图3－10b所示。分级面积大，分级面平稳，溢流产量高、粒度细，适用于分级小于粒级的产品。常用于二段磨矿的流程中。

（3）低堰式。低堰式螺旋分级机溢流堰低于螺旋尾部轴承之下，如图3－10c所示。这种分级机分级面积小，螺旋对矿浆面搅动大，溢流产量低，故不适于作分级用，常用于洗矿。

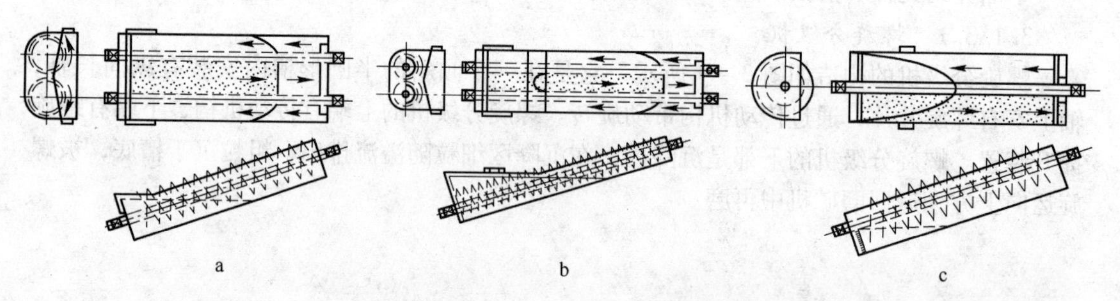

图3－10 螺旋分级机的分类
a—高堰式；b—沉没式；c—低堰式

螺旋分级机按螺旋轴的数目可分为单螺旋和双螺旋两种。

螺旋分级机的规格是用螺旋的直径来表示。如规格为2400mm的螺旋分级机，螺旋直径为2400mm。螺旋分级机的主要技术参数见表3－9。

表3－9 螺旋分级机的主要技术参数

型号	螺旋直径/mm	螺旋转速/mm	水槽长度/mm	电动机功率/kW		外形尺寸/mm			机重/t
				传动用	升降用	长	宽	高	
FG－3	300	12～30	3000	1.1	—	3850	490	1140	0.7
FG－5	500	8～12.5	4500	1.1	—	5430	680	1480	1.9
FG－7	750	6～10	5500	3	—	6720	980	1820	3.1
FG－10	1000	5～8	6500	5.5	—	7590	1240	2380	4.9
FC－10			8400	7.5		9600	1240	2680	6.2
FG－12	1200	4～6	6500	7.5	2.2	8180	1570	3110	8.5
FC－12			8400	7.5	2.2	10370	1540	3920	11.0
2FG－12			6500	15	4.4	8230	2790	3110	15.8
2FC－12			8400	15	4.4	10370	2790	3920	17.6
FG－15	1500	4～6	8300	7.5	2.2	10410	1880	4080	12.5
FC－15			10500	7.5	2.2	12670	1820	4890	16.8
2FG－15			8300	15	4.4	10410	3390	4080	22.1
2FC－15			10500	15	4.4	12670	3370	4890	30.7

续表 3-9

型 号	螺旋直径/mm	螺旋转速/mm	水槽长度/mm	电动机功率/kW		外形尺寸/mm			机重/t
				传动用	升降用	长	宽	高	
FG-20	2000	3.6~5.5	8400	11~15	3	10790	2530	4490	20.5
FC-20			12900	11~15	3	15610	2530	5340	28.5
2FG-20			8400	22~30	6	11000	4600	4490	35.5
2FC-20			12900	22~30	6	15760	4600	5640	48.7
FG-24	2400	3.67	9130	15	3	11650	2910	4970	26.8
FC-24			14130	18.5	4	16580	2930	7190	41.0
2FG-24			9130	30	6	12710	5430	5690	45.8
2FC-24			14130	37	8	17710	5430	8000	67.9
2FG-30	3000	3.2	12500	40	8	16020	6640	6350	73.0
2FC-30			14300	—	—	17091	—	8680	84.8

螺旋分级机具有构造简单、工作可靠、处理量大、分级区平稳、分级效率高、操作方便、安装角度大、易于与球磨机组成闭路作业，返砂中含水量低等优点，因此被广泛应用。它的缺点是下端轴承易磨损、占地面积大等。螺旋分级机除普遍用于金属矿山选矿厂湿式磨矿的预先分级和检查分级作业外，还在非金属、建材、化工、煤炭等部门用于分级、洗矿、脱泥、脱水等作业中。

攀钢集团矿业公司设计研究院研制出了新型多段圆锥螺旋分级机并获得国家专利，该设备的特点是将传统的圆柱形螺旋变为圆锥形，将原来的单级变为多级（至少两级，视情况可采用三级、四级等）。小型样机进行的实验室试验表明，新型螺旋分级机的分级质效率可达65%以上（传统螺旋分级机为30%）。马鞍山矿山研究院将传统螺旋分级机与湿式筛分相结合，研制了螺旋分级筛分机。该设备由马钢姑山铁矿 ϕ1.5m 高堰式双螺旋分级机改造而成，与 ϕ2.7m×3.6m 球磨机闭路工作。1997 年的工业试验结果表明，0.076mm 分级质效率提高了 12.48%，使磨机处理量提高了 13.73%，并且减少了过磨。该设备结构简单，运转可靠，改造费用低廉。昆明理工大学研制了螺旋管筛分机。其工作部件为螺旋管状筛，固定在主轴上，与水平成一定角度。螺旋管断面形状可以是圆形和多角形，筛网可以是单层和三层叠加。螺旋管状筛在驱动系统带动下旋转，矿浆给料经螺旋管下端的给料器给入螺旋管中，筛下物料在槽体中形成一定的液面高度，使螺旋管下部浸没在矿浆中。筛上物料一边被筛分，一边随螺旋管向上运动，经提升管进入返砂槽，返回磨机进一步粉磨。在攀枝花钢铁集团矿业公司选矿厂进行了半工业试验，试验设备螺旋直径为1600mm，螺旋管直径为400mm，筛孔尺寸为0.75mm，电动机功率为5.5kW。试验结果表明，在转速为15r/min（最佳值）、平均给矿量为23.5t/h、平均给料浓度为29.7%、给料中 -450μm 粒级平均含量为82%的情况下，-450μm 粒级平均筛分效率可达95.32%，给料浓度对筛分效果不会造成大的影响。

3.1.3.2 水力旋流器

水力旋流器（图3－11）是利用旋转矿浆流，使矿浆中的固体颗粒在离心力场中完成分级过程，还可用于浓缩、脱水以及分选等作业。

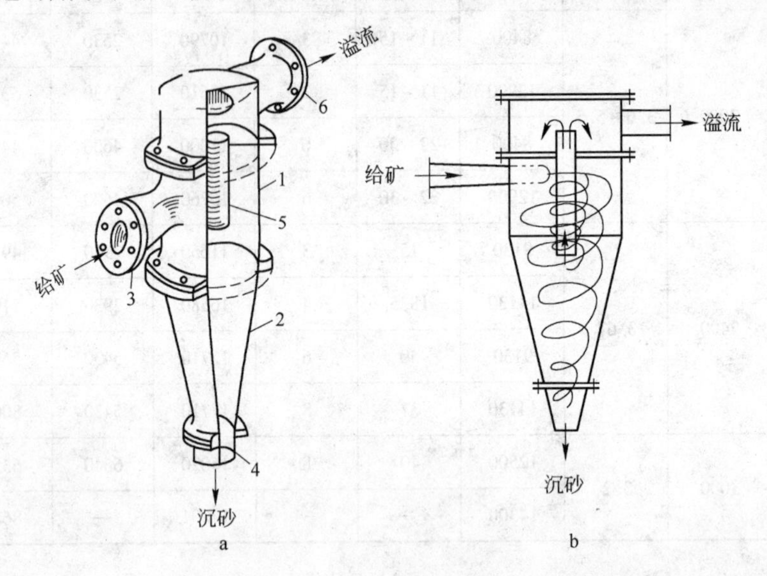

图3－11 水力旋流器

a—水力旋流器构造；b—水力旋流器构造的工作情形

1—圆柱体；2—锥体；3—给矿管；4—沉砂口；5—溢流管；6—溢流管口

水力旋流器的主体结构是由一个空心圆柱体和圆锥体联结而成。圆柱体的直径代表水力旋流器规格，规格为50～1000mm。水力旋流器空心圆柱体的中央插入一个溢流管，沿圆柱体的切线方向接有给料口。在空心圆锥体的下端有供排放底流用的沉砂口，从溢流管出来的溢流经溢流口流走。

矿浆在压力作用下，沿给矿管给入水力旋流器内，随即在圆筒形器壁限制下做回转运动。外层矿浆在回转中向下运动，称为外螺旋流。随着向下流动空间断面减小，内层矿浆被迫转而向上流动，称为内螺旋流。粗颗粒因惯性离心力大而被抛向器壁，并逐渐向下流动由底部排出成为沉砂；细颗粒向器壁移动的速度较小，被朝向中心流动的液体带动由中心溢流管排出，成为溢流。

水力旋流器的优点是构造简单，没有运动部件，体积小，占地面积少，生产率高。缺点是沉砂嘴磨损快，工作不够稳定，因此，生产指标容易波动。

水力旋流器广泛用于分级粒度为0.003～0.25mm的湿式分级作业，常与二段溢流型球磨机构成闭路磨矿作业，在大型选矿厂也有用作与一段球磨机构成闭路磨矿作业。水力旋流器也可用作分级粒度小于15μm的浓缩脱水作业。

水力旋流器的给矿方式有静压和动压两种。静压给矿的压力低，压强波动大，分级效率一般为30%～35%。大石河选矿厂三系列二段磨矿作业改静压给矿为动压给矿，给矿压力为0.068～0.096MPa，使水力旋流器分级效率提高到45%～50%，有利于改善磨矿机的工作状态。

水力旋流器的主要技术参数见表3－10。

表 3－10 水力旋流器的主要技术参数

型号规格	筒体内径 /mm	锥角 /(°)	溢流管直径 /mm	底流口直径 /mm	允许最大给料粒度/mm	给料压力 /MPa	处理能力 /$m^3 \cdot h^{-1}$	分级粒度 /μm	单机质量 /kg
FX660	660	20	180～240	80～150	16	0.03～0.2	250～350	74～220	990
FX610	610	20	170～220	75～120	13	0.03～0.2	200～300	74～220	830
FX500	500	20	130～200	35～100	10	0.03～0.3	140～220	74～200	495
		15						74～150	540
FX350	350	20	80～120	30～70	6	0.04～0.3	60～100	50～150	220
		15						50～120	235
FX300	300	20	65～115	20～50	5	0.04～0.3	45～85	50～150	108
		15						40～100	169
FX250	250	20	60～100	16～45	3	0.06～0.35	40～60	40～100	79
		15						40～100	84
		10						30～100	92
FX200	200	20	40～65	16～32	2	0.06～0.35	25～40	40～100	54
		15						30～100	59
		10						30～100	66
FX150	150	20	30～45	8～22	1.5	0.06～0.35	11～20	30～74	32
		15						30～74	36
		8						30～74	42
FX125	125	17	25～40	8～18	1	0.06～0.35	8～15	20～100	10
		8						20～74	12
FX100	100	20	20～40	8～18	1	0.06～0.35	5～12	20～100	8
		15						20～100	13
		8						20～100	30
FX75	75	15	15～22	6～12	0.6	0.1～0.4	2～5	20～74	4.2
		6						5～40	7
FX50	50	15	11～16	3～8	0.3	0.1～0.4	1～2	10～74	2
		6						5～30	2.5

3.1.3.3 细筛

A Derrick 重叠式高频细筛

20 世纪 50 年代初期，美国德瑞克公司德瑞克先生发明的第一台三路给料高频振动细筛是个创新和发明，提高了筛分处理能力和筛分效率，但是当时筛网使用金属丝编织而成，开孔率低，使用寿命短。随着不断的改进，到 90 年代后期，最细孔径可达 0.1mm，开辟了提高磁性铁精矿品位，降低了 SiO_2 含量的新途径。这个控制铁精矿中 SiO_2 含量的方法最简便，铁矿物细，铁—石英连生体粗，用 0.1mm 筛网筛分即可把连生体留在筛上，大幅度降低筛下铁精矿中 SiO_2 含量。2000 年后在我国也很快得到了应用，效果很好，如莱钢鲁南、太钢尖山、峨口等选矿厂，该筛网使用寿命可达 9～12 个月。

德瑞克细粒筛分技术特点：

（1）严格按照选定筛孔几何尺寸分级；

（2）筛分效率高达80%以上；

（3）全封闭强力振动电动机7.3g，避免杂质侵入，提高设备作业率；

（4）浮动弹性支承传递给基础动负荷仅3%～5%；

（5）耐磨防堵聚酯筛网，不堵孔，不糊孔；

（6）聚酯筛网孔径最细可达0.075mm，开孔率30%以上，寿命6～12个月或更长。

全球首台以最小占地面积、最小能耗（功率仅3.75kW），获得最大处理能力的高频细筛，最大可实现五路重叠式布置（图3－12a）。目前使用浮选方法生产含硅4%的铁精矿，最后一段磁选供给浮选的精矿含硅5.78%。采用德瑞克五路重叠式高频细筛，配置DF165夹层防堵筛网，每台处理能力120t/h，筛下铁精矿含硅在3%以下，从而取代现有的浮选工艺，简化流程后节省了大量的生产成本和浮选药剂消耗，提高了铁精矿质量，增强了市场竞争力，经济效益非常显著。

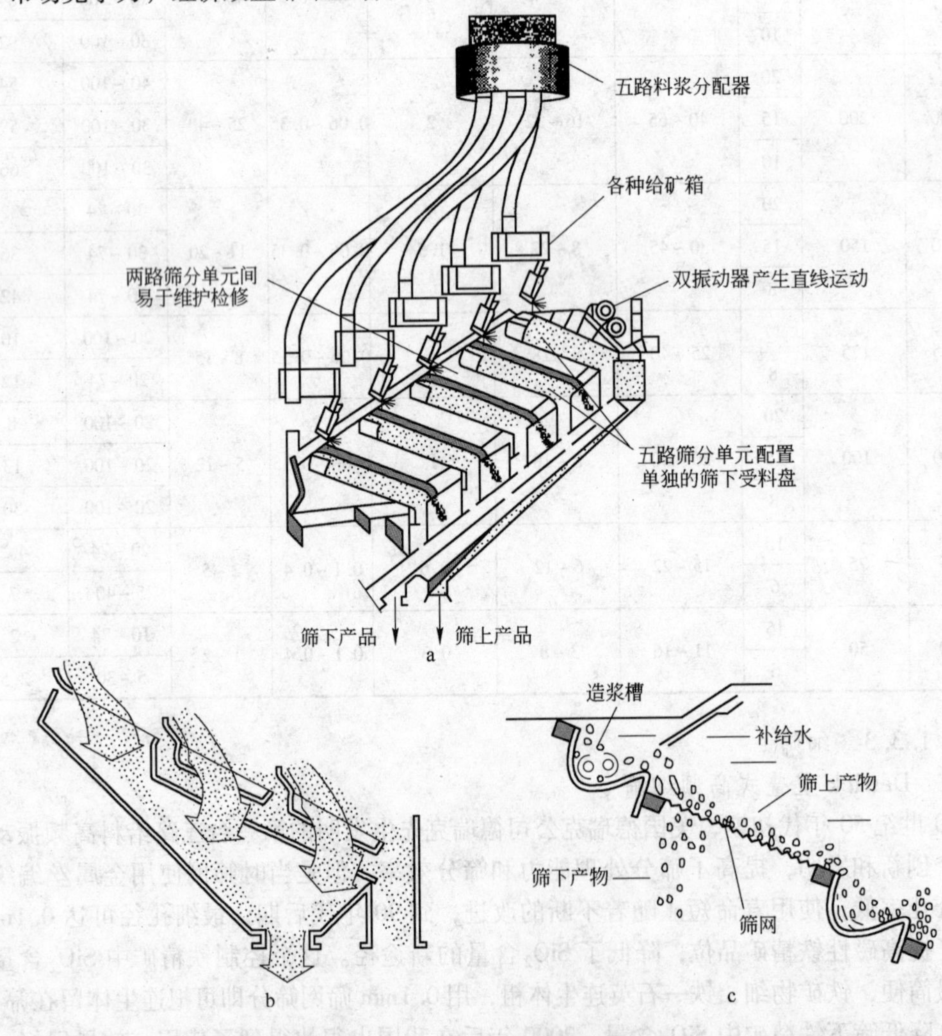

图3－12 Derrick高频振动细筛

a—Derrick五路重叠式振动细筛；b—Derrick三路重叠式振动细筛；c—Derrick重复造浆的高频振动细筛

Derrick 三路重叠式高频振动细筛（图 3－12b）由三段相互独立的筛面组成，相当于 3 台传统细筛安装在同一活动筛框内，整个筛子由一个振动器驱动。每段筛面配置单独的给料箱，由一个高效分配器同时向 3 个给料箱均衡供料。该筛分方式使筛分面积得到最有效的利用。它能准确地进行湿式细粒物料分级，筛分效率高，处理能力大，特别适合筛上产率高的细粒物料的分级。

Derrick 重复造浆的高频振动细筛（图 3－12c）采用单一的给料箱，每段筛网之间配置有衬耐磨橡胶的造浆槽。借助喷水装置，使筛上产物在造浆槽内彻底翻转和碎散，再经过筛面筛分使粗、细颗粒分离，该筛分方式使浆体得到充分的搅拌，从而达到提高筛分效率。该设备的特点是设计有耐磨衬胶的重复造浆槽，补加水彻底冲洗粗粒表面的细粒物料，增加筛下产物的回收率，单台设备提供多次分级，筛分效率更高。

山西太钢尖山铁矿将 8 台 2SG48－60W－5STK 型 Derrick 细筛安装在三段磨矿分级处，目的是为了控制最终铁精矿 +0.147mm 在 0.25% 以内，满足管道输送要求，并且节省 1 台三段球磨机用于加工外购矿石。应用结果表明，最终精矿 +0.147mm 粒度控制在 0.25% 以内；在三段克服了“磨机胀肚”的同时，并实现了节省一台球磨机；筛网不堵孔，不结垢，大大降低磨矿成本，效益显著。2005 年 12 月该矿又购置 8 台德瑞克细筛用于新建选矿厂的二、三段磨矿分级，以及控制精矿粒度满足管道输送要求。

B　GPS 高频振动细筛

长沙矿冶研究院研制的 GPS 高频振动细筛 1984 年通过冶金工业部技术鉴定，并获冶金工业部科技成果奖。GPS 高频振动细筛在振动细筛关键技术“高频振动器的连续运转能力”、“橡胶弹簧悬挂支承”（隔振好，不需要混凝土地基）等方面处于国内领先水平，其系列产品在有色金属矿山、黑色金属矿山、建材玻璃砂生产、金属粉末制取、矿产品深加工等行业推广应用已达 100 多台，是细粒物料筛分分级的有效设备。GPS 系列高频振动细筛主要技术参数见表 3－11。

表 3－11　GPS 系列高频振动细筛主要技术参数

型　号	振动频率 /min^{-1}	筛面规格(mm×mm)－筛面段数×层数	分离粒度 /mm	生产能力 /$t \cdot h^{-1}$	驱动功率/kW
GPS－900－3	2850	700×900－3×1	0.045～2.0	2～16	1.5
GPS－1200－3		700×1200－3×1		5～20	2.2
GPSⅡ－1200－3		1000×1200－2×2		7～30	2.2
GPS－1400－3		700×1400－3×1		8～25	3.0
GPSⅡ－1400－2		1000×600－1×2		8～30	3.0
GPS（筛板）－4		1000×600－1×2	0.085～4	12～25	2.2
GPS（筛板）－6		1000×600－1×2		15～35	3.0

GPS 高频振动细筛的主要特点如下：

（1）稳定可靠，真正能连续运转的高频振动器。

（2）高振次、低振幅，能有效降低矿浆中的表面张力，有利于细、重物料的析离分层而加快细、重物料透筛，筛下产物正富集效果显著。

（3）多路给矿，筛面利用率高，设备处理能力大，功耗低。

（4）橡胶弹簧支承筛框，隔振吸声，噪声低，设备动负荷小，不需大型混凝土基础。

（5）根据要求可选用高分子耐磨筛板或不锈钢叠层筛网。

GPS 高频振动细筛的主要应用范围如下：

（1）铁矿选矿厂。GPS 高频振动细筛代替二段螺旋分级机、弧形筛、旋流器等，用于铁精矿控制分级。由于高频振动细筛筛分效率高，筛下产物正富集效果显著，从而提高了精选入选品位，在磨矿机处理能力相同时，可稳定提高精矿品位 0.5% ~3%；由于分级效率的提高，减少了有用矿物过磨，精矿平均粒度增粗，从而使精矿过滤条件改善，滤饼水分降低 0.5% ~1%。

（2）钨、锡、钽、铌矿选矿厂。GPS 高频振动细筛代替螺旋分级机、旋流器分级，或与它们组合分级，既控制了入选粒度，又有效地解决了脆性的、大密度的已单体解离有用矿物在沉砂中反富集而导致过磨的问题，可显著降低有用矿物过粉碎，提高选矿效率，使回收率提高 8% ~15%。

（3）玻璃原料石英砂、长石矿选矿厂。GPS 高频振动细筛用于棒磨—筛分流程。石英砂棒磨产品粒级宽、棱角多，属难筛物料，采用高频振动细筛可稳定生产出合格产品。

（4）高岭土选矿厂。GPS 高频振动细筛用于控制最终产品粒度或高梯度磁选机前隔粗，筛孔 0.043mm。

（5）金属粉末制取。GPS 高频振动细筛生产 0.038 ~0.351mm 金属粉末。

部分 GPS 高频振动细筛在金属矿、非金属矿选矿厂应用实例见表 3 -12。

表 3 -12 部分 GPS 高频振动细筛在金属矿、非金属矿选矿厂应用实例

序号	使用厂矿	台数	筛分粒度/mm	台时产量/t · h^{-1}	备 注
1	攀钢矿业公司选矿厂	63	0.10 ~0.15	17 ~26	GPS（SB）-6B
2	太钢尖山铁矿选矿厂	15	0.085	20	GPS（SB）-6A
3	新余钢铁公司良山铁矿	14	0.1	18 ~22	GPS（SB）-6
4	吉林省和龙市天池矿业有限公司	12	0.1	18	GPS（SB）-6
5	江西云蕾经贸公司	38	0.085 ~0.2	16 ~27	GPS（SB）-6
6	四川会理基金天艾莎铜业公司	2	0.25	25	GPS（SB）-6
7	江西省萍乡市萍兴矿业公司	3	0.1	20	GPS（SB）-6
8	攀枝花市洪友矿业有限公司	6	0.1	25	GPS（SB）-6A
9	广东怀集矿业公司	8	0.08 ~0.10	25	GPS（SB）-6
10	湖南锰业公司	8	0.074 ~0.40		
11	郴州万翔矿业	2	0.15	15	GPS（SB）-6
12	江西省萍乡市红光矿业公司	3	0.1	20	GPS（SB）-6
13	扬州首泰矿业公司	14		18 ~20	GPS（SB）-6
14	天津日板玻璃厂雷庄砂矿	8	0.7	15 ~30	GPS -1200 -3
15	唐山滦县精华类砂岩矿	8	0.6	15 ~30	GPS -1200 -3
16	四川乐山天盛矿业公司	2		15 ~30	GPS -1200 -3
17	深圳蓝玻文昌砂矿	8		15 ~30	GPS -1400 -3
18	洛玻方山砂岩矿	4		15 ~30	GPS -1200 -3

C MVS 振网筛

唐山陆凯公司组织研制生产出了 MVS 振网筛（钢丝筛），筛孔最细可达到 0.1mm、0.09mm，在我国攀枝花选矿厂、鞍山大孤山、弓长岭、本钢歪头山、南芬、武钢程潮等磁铁矿石选矿厂得到了广泛应用。对我国提铁降硅、提高精矿质量起到了重要作用。它是通过低频电磁激振器，直接激振筛网入料端、出料端的筛网钩板，使筛网整体产生振动；同时高频电磁激振器通过筛网下方的橡胶帽激振筛网。这样筛面便产生了复合振动，有利于物料的输送及分级，并且出料端无物料堆积。筛面采用 3 层不锈钢丝编织网，下层为粗丝大孔的托网，与激振装置直接接触，在托网上面张紧铺设由 2 层不锈钢丝编织网黏结在一起的复合网，复合网的上层和物料接触，根据筛分工艺要求确定网孔尺寸，复合网的下层为筛孔尺寸远大于上层网孔的底网，复合网具有很高的开孔率，具有一定的刚度。

其主要特点有：（1）只有筛网振动，筛箱不振动，基础受力小；（2）振动频率高达 50Hz，振幅 1 ~ 2mm，筛分效率高，筛网不易堵；（3）设计在近共振状态工作，电耗低，节能；（4）沿筛子纵向设置多组振动器和传动装置，可分别独立运转，独立调节控制；（5）筛子倾角可方便地调节；（6）筛面由托网和其上的双层复合网 3 层筛网组成，复合网上层为工作网；（7）共有 8 种机构形式，20 多种规格。MVS 系列电磁振动高频振网筛的结构如图 3 – 13 所示，其主要技术参数见表 3 – 13。

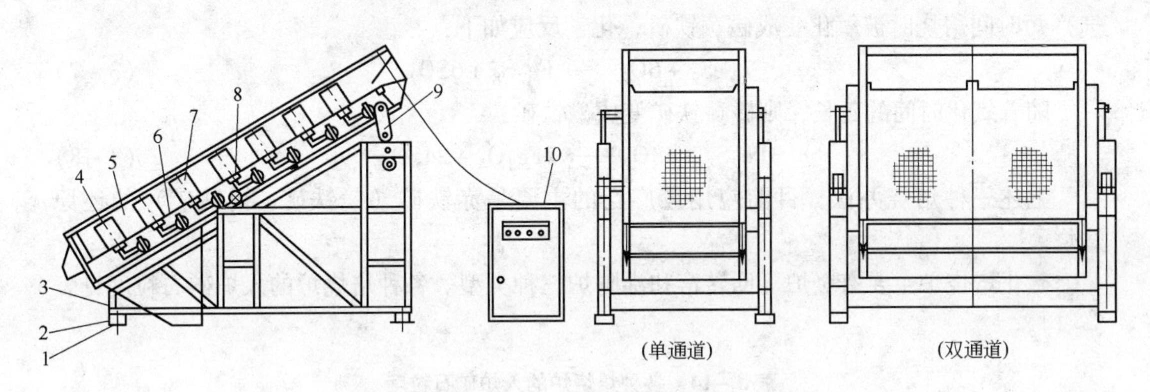

图 3 – 13 MVS 系列电磁振动高频振网筛的结构

1—底座；2—橡胶减振弹簧；3—机架；4—低频电磁激振器；5—筛箱；6—筛网；7—高频电磁激振器；8—支撑；9—角度调节杆；10—电控箱

表 3 – 13 MVS 系列电磁振动高频振网筛主要技术参数

型 号	筛面层数	筛面面积/m^2	外形尺寸/mm × mm × mm	给料浓度/%	处理量/$t \cdot h^{-1}$	功率/kW
MVS2020	1	4	2778 × 2676 × 2623	30 ~ 45	15 ~ 25	1.2
MVS2420	1	4.8	2778 × 3076 × 2623		20 ~ 30	1.2

3.1.4 磁化焙烧技术及设备

对于赤铁矿、褐铁矿、菱铁矿、黄铁矿等弱磁性氧化铁矿，经过焙烧预处理可将其转变为强磁性的磁铁矿，从而用弱磁场磁选法处理，因此，这种预处理常称为磁化焙烧，是一种热化学处理赤铁矿的方法。

磁化焙烧是矿石加热到一定温度后在相应气氛中进行物理化学反应的过程。根据矿石不同，化学反应不同。磁化焙烧按其原理可分为还原焙烧、中性焙烧和氧化焙烧等。

（1）还原焙烧。还原焙烧适用于处理赤铁矿和褐铁矿。常用的还原剂有 C、CO 和 H_2 等，工业上最常用的是煤气、重油和煤。焙烧温度一般在 700～850℃，还原焙烧过程中赤铁矿的化学反应如下：

$$3Fe_2O_3 + C \longrightarrow 2Fe_3O_4 + CO \quad (3-1)$$

$$3Fe_2O_3 + CO \longrightarrow 2Fe_3O_4 + CO_2 \quad (3-2)$$

$$3Fe_2O_3 + H_2 \longrightarrow 2Fe_3O_4 + H_2O \quad (3-3)$$

褐铁矿在加热过程中首先排出化合水，变成不含水的赤铁矿，然后按上述反应被还原成磁铁矿。

（2）中性焙烧。中性焙烧适用于处理菱铁矿。菱铁矿在不通空气或通入少量空气的条件下，加热到 400～700℃时，被分解为磁铁矿，化学反应如下：

$$3FeCO_3 \longrightarrow 2Fe_3O_4 + 2CO_2 + CO \text{（不通空气）} \quad (3-4)$$

$$2Fe_2O_3 + 1/2O_2 \longrightarrow Fe_2O_3 + 2CO_2 \text{（通入少量空气）} \quad (3-5)$$

$$3Fe_2O_3 + CO \longrightarrow 2Fe_3O_4 + CO_2 \quad (3-6)$$

（3）氧化焙烧。氧化焙烧适用于处理黄铁矿。黄铁矿在氧化气氛中（或通入大量空气）短时间焙烧时被氧化变成磁黄铁矿，化学反应如下：

$$7FeS_2 + 6O_2 \longrightarrow Fe_7S_8 + 6SO_2 \quad (3-7)$$

随着氧化时间的延长，则磁黄铁矿变成磁铁矿：

$$3Fe_7S_8 + 38O_2 \longrightarrow 7Fe_3O_4 + 24SO_2 \quad (3-8)$$

上述三种焙烧办法，目前应用较广泛的主要是赤铁矿（镜铁矿、褐铁矿）的还原焙烧。

磁化焙烧炉主要有竖炉、回转窑和沸腾炉三种类型。各种焙烧炉的入炉矿石粒度见表 3－14。

表 3－14 各种焙烧炉的入炉矿石粒度

炉 型	入炉矿石粒度/mm
竖 炉	75～10
回转窑	30（20）～0
沸腾炉	5（3）～0

3.1.4.1 竖炉

竖炉主要是处理块矿的一种炉型，利用竖炉进行大规模工业磁化焙烧生产是 1926 年始建于我国鞍山，故称为“鞍山式竖炉”。鞍山钢铁公司、鞍山黑色冶金矿山设计研究院和酒泉钢铁公司等单位，在多年研究、设计和生产实践中，对炉体结构和辅助设备，曾不断进行改进。目前，在我国各种类型竖炉仍在顺利运行和生产，其生产矿石处理量见表 3－15。

表 3-15 各种类型竖炉矿石处理量

项 目	容积/m^3	入炉粒度/mm	处理量/$t \cdot h^{-1}$	燃 料
鞍山钢铁公司	50	75~20	12~15	高炉、焦炉混合煤气
	70	75~20	16~18	高炉、焦炉混合煤气
包头钢铁公司	50	75~20	10.5	高炉煤气
酒泉钢铁公司	100	75~12	19.4	高炉煤气
宣化钢铁公司	100		30~140（设计）	

竖炉是由炉顶上部的给料系统、炉体、炉体下部的排矿系统和抽烟系统四部分所组成。炉体内部从上到下分为预热带、加热带和还原带三部分。从断面上看，炉膛上部较宽，向下逐渐收缩，到加热带最窄处（炉腰）后又逐渐扩大到还原带的最宽处。矿石在炉内停留时间为6~10h。

$50m^3$竖炉的有效容积为$50m^3$，炉体外形尺寸为长6.6m，宽5.3m，高9.7m。加热带的最窄处为0.45m，还原带的最宽处为1.76m。鞍山式竖炉的炉体结构及断面布置如图3-14所示。

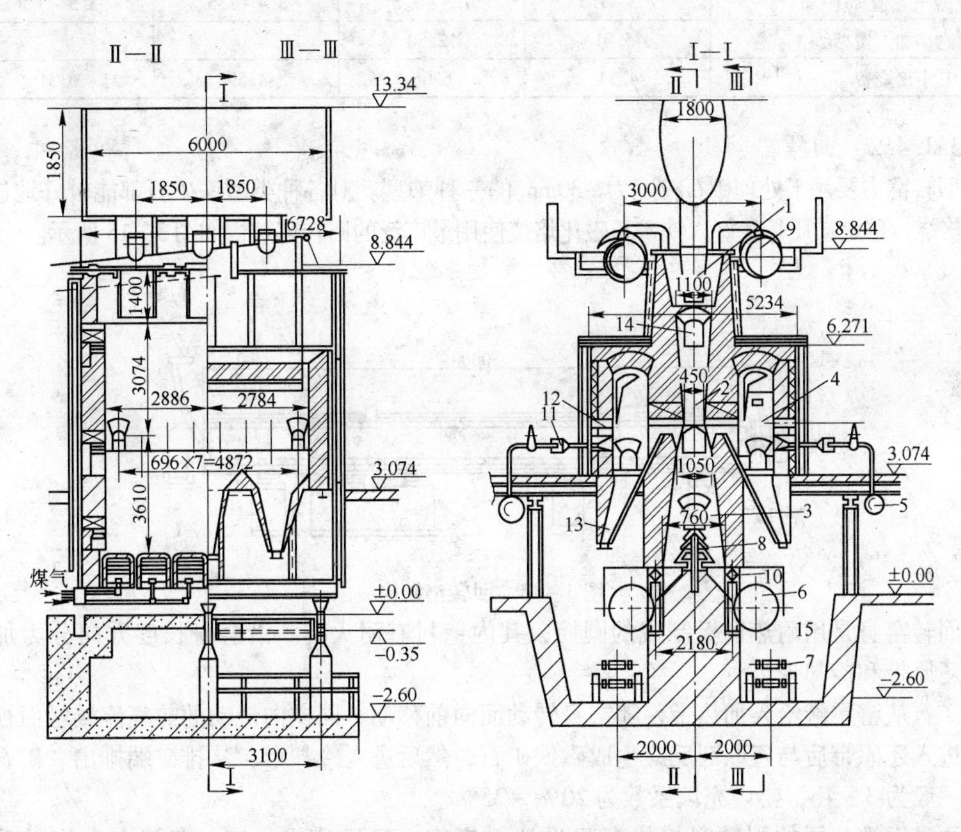

图 3-14 鞍山式竖炉的炉体结构及断面布置

1—预热带；2—加热带；3—还原带；4—燃烧室；5—煤气管道；6—排矿辊；7—搬出机；8—还原煤气喷出塔；9—废气管道；10—水箱；11—加热煤气烧嘴；12—看火孔；13—灰斗；14—修理人孔；15—水封槽

竖炉焙烧磁选技术经济指标见表3-16。

表 3－16 竖炉焙烧磁选技术经济指标

项 目		鞍钢烧结总厂	鞍钢齐大山选矿厂	酒钢选矿厂	包钢选矿厂
焙烧矿量/kt·a⁻¹		2300	5000	2650	3400
焙烧炉台数	$50m^3$	2	40		18
	$70m^3$	27	10		2
	$100m^3$			20	
矿床类型		鞍山式赤铁矿	鞍山式赤铁矿	镜铁山式	白云鄂博式
矿石种类		赤铁矿	赤铁矿、磁铁矿	镜铁矿、菱铁矿	赤铁矿、磁铁矿
选矿方法		焙烧磁选及浮选	焙烧磁选	焙烧磁选	焙烧磁选
原矿品位/%		31.83	30.22	39.98	约31
精矿品位/%		65.82	62.43	56.88	约58
尾矿品位/%		11.07	10.20	22.78	
铁回收率/%		78.41	18.60	72.32	约70
煤气性质		混合煤气	高炉煤气	高炉煤气	高炉煤气
耗热量/$GJ \cdot t^{-1}$		1.050	1.087	1.328	1.338
煤气热值/$MJ \cdot m^{-3}$		7.3～7.5	7.3～7.5	3.4～3.5	3.5～3.8
选矿加工费/元·t^{-1}		15.01	12.80		
其中焙烧费/元·t^{-1}		4.54	6.05	4.59	6.31

3.1.4.2 回转窑

回转窑主要用于处理矿石粒度为－30mm的一种炉型。对各种类型铁矿石都能较好地进行磁化焙烧，焙烧矿质量较好。铁矿石磁化焙烧使用最广泛的回转窑结构如图3－15所示。

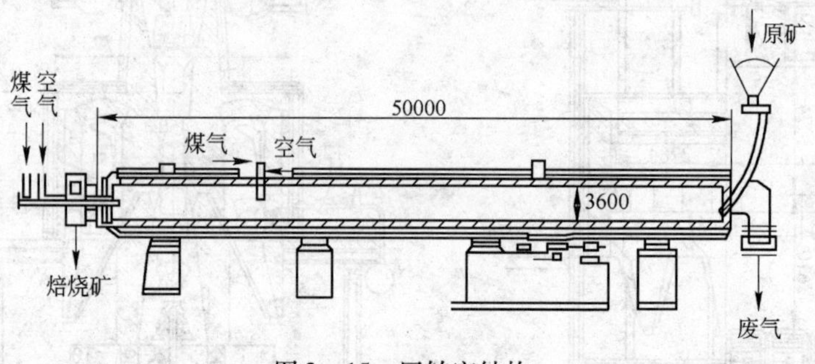

图3－15 回转窑结构

回转窑身是用耐热铜板制成的圆筒，其内壁衬有耐火砖。沿窑身长度方向分为加热带、还原带和冷却带。

矿石从窑尾端给入加热带，随窑身转动而向前移动，同逆向流动的热气流接触而被加热。进入还原带后与还原剂反应生成磁铁矿石，然后进入冷却带，从排矿端排出。矿石在窑内一般为3～4h，窑内充填系数为20%～25%。

酒泉钢铁公司的回转窑焙烧车间设计6座窑，已经建成一座。车间内由加料系统(矿石和煤)、收尘系统、焙烧窑系统、排料系统、煤制粉系统和环水系统组成。回转窑外径3.6m，内径3.1m，长50m，有效容积约377.4m^3，窑内衬有高铝砖，窑倾斜角为5%，窑身安装有8个风嘴和4组温度测定装置，窑身转速为1.37r/min。还原用烟煤。加热用焦炉煤气。其操作工艺指标见表3－17。

表3-17 酒泉钢铁公司回转窑操作工艺指标

项目		数量	
入炉矿石	铁品位/%	31.92	30.93
	粒度/mm	10~0	10~0
	水分/%	4.82	4.83
	给矿量/t·(台·h)$^{-1}$	32.18	32.23
单位容积生产率/t·(m^3·d)$^{-1}$		2.05	2.05
还原剂(煤)	粒度/mm	5~0	5~0
	水分/%	3.41	3.41
	用量/%	0.98	1.01
加热煤气	用量/m^3·t^{-1}	92.73	89.30
	热值/kJ·m^{-3}	16488.8	16805.1
	压力/kPa	35.73	33.60
空 气	用量/m^3·h^{-1}	12000~15652	12000~15652
	压力/kPa	29.864	29.864
窑尾废气成分/%	CO_2	9.6	0.14
	O_2	6.5	12.6
	CO、H_2、CH_4	5.1	7.2
窑内温度/℃	还原带	657~697	637~759
	预热带	301	298
	废 气	206	200
窑尾气压/Pa		826.59	599.95

回转窑磁化焙烧的生产指标见表3-18。

表3-18 回转窑磁化焙烧的生产指标

项 目	酒泉钢铁公司	柳钢屯秋铁矿
回转窑规格/m	ϕ3.6×50	ϕ2.3×32
处理量/t·(台·h)$^{-1}$	32.2	7~9
加热用燃料	焦炉煤气	褐煤
还原用燃料	烟煤	褐煤
燃耗/GJ·t^{-1}	1.738	2.51
还原温度/℃	550~700	700~850
加热温度/℃	700~800	850~900
废气温度/℃	200~300	250~300
入炉矿石类型	镜铁山式铁矿	鲕状赤铁矿
原矿粒度/mm	10~0	15~0
原矿品位/%	31.5	40.37
焙烧矿品位/%	35.5	40.57
精矿品位/%	58.20	51.37
尾矿品位/%	12.7	21.26
铁回收率/%	84.5	81.26
灰尘量/%	2.81	

3.2 磁选方法及设备

3.2.1 磁选基本原理

在不均匀磁场中，利用矿物之间磁性的差异使不同矿物实现分离的选矿方法称为磁选。磁选法是分选黑色金属矿石，特别是磁铁矿石和锰矿石的主要方法。磁选法在有色和稀有金属矿石选矿中应用也相当广泛，并在非金属矿物原料的选矿、冶金产品的处理等，磁选法也得到了应用。随着高梯度磁选、磁流体选矿、超导强磁选等的发展，磁选法的应用已扩大到化工、医药、环保等领域中。

磁选是在磁选机中进行的。如图 3－16 所示，当矿浆进入分选空间后，磁选矿粒在不均匀磁场作用下被磁化，从而受磁场吸引力的作用，使其吸在圆筒上，并随之被转筒带至排矿端，排出成为磁性产品。非磁性矿粒，由于所受磁场作用很小，仍残留在矿浆中，排出后成为非磁性产品。

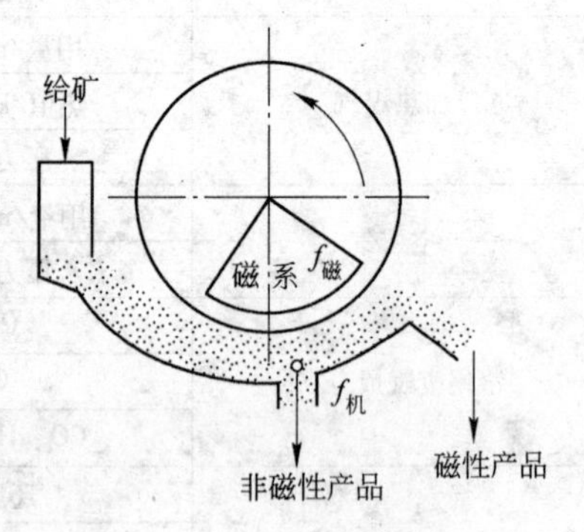

图 3－16 矿粒在磁选机中分离的示意图

矿物颗粒通过磁选机磁场时，同时受到磁力和机械力（重力、离心力、介质阻力、摩擦力等）的作用。磁性较强的矿粒所受的磁力大于其所受的机械力。而非磁性矿粒所受磁力很小，则以机械力占优势。由于作用在各种矿粒上的磁力和机械力的合力不同，使它们的运动轨迹也不同，从而实现分选。

欲分离出磁性矿粒，其必要条件是磁性矿粒所受磁力 $f_{磁}$ 必须大于它方向相反的机械力的合力 $\Sigma f_{机}$，即

$$f_{磁} > \Sigma f_{机} \tag{3-9}$$

如果要使磁性较强和磁性较弱的两种矿物分开，必须使磁性较强的矿粒所受的磁力大于与磁力相反方向机械力的合力，而磁力较弱的矿粒所受的磁力必须小于与磁力反向的机械力的合力，即必须满足下列条件：

$$f_{1磁} > \Sigma f_{机} > f_{2磁} \tag{3-10}$$

式中 $f_{1磁}$，$f_{2磁}$——分别为作用在磁性较强、磁性较弱的矿粒上的磁力。

式（3－10）不仅说明了不同磁性矿粒的分离条件，同时也说明了磁选的实质，即磁选是利用磁力与机械力对不同磁性矿粒的不同作用而实现的。

3.2.2 矿物的磁性

3.2.2.1 *矿物按磁性分类*

矿物磁性是矿物磁选的依据。由于自然界中各种物质的原子结构不同，故具有不同的磁性。物理学中，常把物质划分为逆磁性、顺磁性、铁磁性（亚铁磁性、反铁磁性）三大类。

在磁选实践中，通常按物质比磁化系数的大小，把所有矿物分成强磁性矿物、弱磁性矿物和非磁性矿物。

（1）强磁性矿物。强磁性矿物的物质比磁化系数$\chi > 3.8 \times 10^{-5} m^3/kg$。在磁场强度$H$为120kA/m的弱磁场磁选机中可以选出。属于强磁矿物的主要有磁铁矿、磁赤铁矿（γ-赤铁矿）、钛磁铁矿、磁黄铁矿和新铁尖晶石等。强磁矿物大都属于亚铁磁性物质。

（2）弱磁性矿物。弱磁性矿物的物质比磁化系数χ为$7.5 \times 10^{-6} \sim 1.26 \times 10^{-7} m^3/kg$。在磁场强度$H = 800 \sim 1600kA/m$的强磁场磁选机中可以选出。这类矿物主要有：大多数铁锰矿物，如赤铁矿、镜铁矿、褐铁矿、菱铁矿、水锰矿、硬锰矿、软锰矿等；一些含钛、铬、钨矿物（如钛铁矿、金红石、铬铁矿、黑钨矿等），部分造岩矿物（如黑云母、角闪石、绿泥石、绿帘石、蛇纹石、橄榄石、石榴子石、电气石、辉石等）。弱磁性矿物大都属于顺磁性物质，也有个别的属于反铁磁性物质。

（3）非磁性矿物。非磁性矿物的物质比磁化系数为$\chi < 1.26 \times 10^{-7} m^3/kg$。在目前的技术条件下，不能用磁选法回收。这类矿物主要有：部分金属矿物（如方铅矿、闪锌矿、辉铜矿、辉锑矿、红砷镍矿、白钨矿、锡石、金等），大部分非金属矿物（如自然硫、石墨、金刚石、石膏、萤石、刚玉、高岭土、煤等），大部分造岩矿物（如石英、长石、方解石等）。非磁性矿物有些属于顺磁性物质，也有些属于逆磁性物质（方铅矿、金、辉锑矿和自然硫等）。

此外，矿物的磁性受很多因素影响，不同产地、不同矿床的同一矿物其磁性往往不同，有时甚至有较大差别。由于它们在生成过程中的条件、杂质含量、结晶构造等不同所引起的。所以，对于一个具体的矿物，其磁性大小必须通过实际测定才能准确得出。

3.2.2.2 *矿物磁性对磁选过程的影响*

矿物磁性对磁选过程有一定的影响。应回收到磁选产品中的矿粒的磁化率决定磁选机（弱磁场的或强磁场的）磁场强度的选择。

细粒或微细粒的磁铁矿或其他强磁选矿物（如硅铁、磁赤铁矿、磁黄铁矿）进入磁选机的磁场时，沿着磁力线取向形成磁链或磁束。细的磁链的退磁因子比单个颗粒的小，而它的磁化率或磁感应强度却比单个颗粒高。在磁选机磁场中形成的磁链对回收微细的磁性颗粒，特别是湿选时有好的影响。因为磁链的磁化率高于单个磁性颗粒的磁化率，而且在磁场比较强的方向上，水介质对磁链的运动阻力却小于单独颗粒的阻力。生产实践也证明，磁铁颗粒在磁选过程中很少以单个颗粒出现，而绝大多数是以磁链存在的。

形成的磁链对磁性产品的质量有坏的影响，非磁性颗粒特别是微细的非磁性颗粒混入到磁链中而使磁性产品的品位降低。磁选强磁选矿石或矿物时，除了颗粒的磁化率外，起重要作用的还有颗粒和矫顽力。由于它们的存在，使得经过磁选机或磁化设备磁场的强磁性矿石或精矿，从磁场出来后常常保存自己的磁化强度，结果细粒和微细粒颗粒形成磁团或絮团。这种性质被应用于脱泥作业以加速强磁性矿粒的沉降。为了达到这个目的，在脱泥前把矿浆在专门的磁化设备中进行磁化处理或就在脱泥设备（如磁洗槽）中的磁场直接进行磁化。磁团聚的坏作用除表现在影响磁性产品的质量外，还表现在磁选的中间产品的磨矿分级上。在采用阶段磨矿阶段选别流程时，由于一部分磁链或磁团进入分级机溢流中使分级粒度变粗，影响第二阶段磨矿分级作业的分级效果，使选分级别下降。因此在第二阶段磨矿分级作业前对先前的经过磁选设备或磁化设备磁场的强磁性物料（中间产品）须安装破坏矿浆磁团聚的脱磁设备。在过滤前，对微细磁性精矿脱磁，可以降低滤饼水分和提高过滤机的处理能力。

在恒定磁场的磁选机中，无论干选或湿选法分离相当纯的磁铁矿矿粒和连生体，效率都不够高。为了提高分离效率，或采用旋转交变磁场的磁选机，或结合其他选矿方法（如浮选法）以除去磁选精矿中的连生体和单体的脉石。

选别弱磁性矿石时，如所用的强磁场磁选机的磁场力分布很不均匀，被分离成分的比磁化率的最小比值不得低于4~5。低于此值时，磁性产品将含有较多的连生体。如磁选机的磁场力分布均匀些，被分离成分的比磁化率最小比值可以低于2.5或3，就可以选别弱磁性矿石。

磁铁矿石由于受到氧化作用其磁性减弱，氧化程度越深，磁性越弱。磁铁率MFe/TFe≥85%的磁铁矿石用磁选法处理，可以获得良好的选别效率；MFe/TFe＝15%~85%的混合矿石，应采用磁选结合其他选别方法；MFe/TFe≤15%的赤铁矿石，应采用磁选结合其他选别方法或采用单一浮选法处理。

3.2.3 磁选设备

磁选机的类型很多，分类的方法也很多。通常根据以下一些特征来分类：

（1）根据磁选机磁场强弱可分为弱磁场磁选机、中磁场磁选机、强磁场磁选机。

1）弱磁场磁选机的磁极表面磁场强度为80~240kA/m，用于分选强磁性矿石；

2）中磁场磁选机的磁极表面磁场强度为240~640kA/m，用于分选中磁性矿石；

3）强磁场磁选机的磁极表面磁场强度为640~1600kA/m，用于分选弱磁性矿。

（2）根据分选介质可分为干式磁选机、湿式磁选机。

1）干式磁选机在空气中选分，主要用于选分大块、粗粒强磁性矿石和较细粒弱磁性矿石，有时也用于分选细粒强磁性矿石；

2）湿式磁选机在水或磁性液体中选分。主要用于选分细粒强磁性矿石和细粒弱磁性矿石。

（3）根据排出磁性产品的结构特征可分为滑轮式、圆筒式、圆锥式、带式、辊式、盘式和环式等。

常用磁选设备见表3－19。

表3－19 常用磁选设备

设备分类	选别方式	设备名称	用途	入选粒度/mm
弱磁场磁选设备	干式	悬挂磁铁（永磁）	一般安装于胶带运输机首轮上方，从非磁性物料中清除铁器以保护后续设备或使后续作业顺利进行	>50
		悬挂电磁铁	一般安装于胶带运输机首轮上方，从非磁性物料中清除铁器以保护后续设备或使后续作业顺利进行；但电磁铁多与金属探测器配合使用，探测器有信号时，磁铁才接通电源工作	>50
		磁滑轮	代替胶带运输机首轮，用于磁铁矿石的预选，抛弃废石或用于非磁性物料除铁	>10
		永磁筒式磁选机	用于粗粒嵌布的磁铁矿石的选别	>2

续表 3－19

设备分类	选别方式	设备名称	用途	入选粒度/mm
弱磁场磁选设备	湿式	永磁筒式磁选机（顺流型）	磁铁矿石的粗选和精选	6～0
		永磁筒式磁选机（逆流型）	磁铁矿石的粗选和扫选	0.5～0
		永磁筒式磁选机（半逆流型）	磁铁矿石的粗选和精选	0.2～0
		永磁旋转磁场磁选机	磁铁矿精矿再选	0.5～0
		振动磁选机	磁铁矿精矿再选	0.5～0
		磁力脱泥槽	细粒磁铁矿石选别、磁选精矿矿浆浓缩	0.2～0
		磁团聚重选机	磁铁矿石选别	0.3～0
强磁场磁选设备	干式	盘式强磁场磁选机	选分稀有金属矿物如黑钨矿、钛铁矿、锆英石等	－2
		电磁感应辊式	选分赤铁矿、软锰矿、菱锰矿等	5～20
		永磁对辊式	选分含多种矿物的稀有金属和有色金属矿石	－3
		永磁圆筒式	弱磁性矿物	
	湿式	电磁感应辊式	选分锰矿石，赤、褐、镜、菱铁矿、钨锡分离	5～0
		盘式（SHP 型）	选分弱磁性铁矿石	1～0
		平环式（SQC 型）	选分弱磁性铁矿石	1～0
		立环式	选分弱磁性铁矿石	1～0.02
		周期式高梯度磁选机	从非金属矿物中除去铁钛矿物杂质	－0.5
		连续式高梯度磁选机	从非金属矿物中除去铁钛矿物杂质	－0.5
		脉动高梯度磁选机	选分赤铁矿、假象赤铁矿	－0.5

3.2.3.1 磁滑轮

磁滑轮（又称磁辊筒）有永磁和电磁两种。图 3－17 所示为永磁磁滑轮。

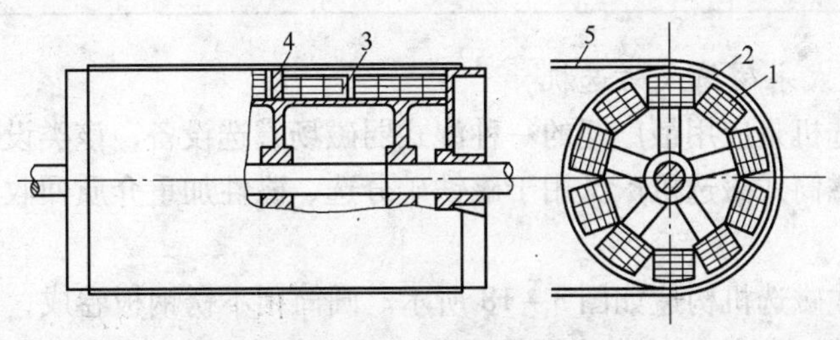

图 3－17 永磁磁滑轮

1—多极磁系；2—圆筒；3—磁导板；4—铝环；5—皮带

A 设备结构

磁滑轮主要由锶铁氧体组成磁包角 360°的多极磁系，套在磁系外面的由非导磁材料制成的旋转套筒组成，磁系与圆筒固定在同一个轴上，安装于皮带的首端，代替首轮使用。

B 磁系和磁场特性

沿物料运动方向磁极有交变的，也有单一的。当处理的物料粒度小于120mm时，采用交变极性有利于提高选矿效率。交变磁场特性的特点是磁极间隙中间和极面上磁场强度最低，磁极边缘处最高。距极面越远，同距离处磁场强度变化越小，离极面太近的磁场对分选粗粒物料起不了太大作用。

C 分选过程

矿石均匀地给在皮带上，当矿石经过磁滑轮时，非磁性或磁性很弱的矿粒在离心力和重力作用下脱离皮带面；而磁性较强的矿粒受磁力的作用被吸在皮带上，并由皮带带到磁滑轮的下部，当皮带离开磁滑轮伸直时，由于磁场强度减弱而落入磁性产品或精矿槽中。

D 应用

磁滑轮适于选分大块（200～10mm）强磁性矿石，在大多数情况下，只能选出最终尾矿和尚需进一步处理的粗精矿。在铁矿山应用较多的是提高矿石回采率同降低废石混入率的矛盾。特别是坑内薄矿体的开采，废石混入率达20%以上，不正常时达50%以上，造成原矿的严重贫化，增加选矿费用。如原矿是富矿，便降低了入炉矿石品位，甚至不能入炉。故这种设备可用在原矿入选前或富矿入炉前选出混入的废石。对有些磁铁矿矿床，对采出矿石用磁滑轮预选，丢弃大量废石。

永磁磁滑轮由于具有结构简单，不消耗电能，工作可靠，维修方便，因此应用广泛。CT型永磁磁力滚筒的技术性能见表3－20。

表3－20 CT型永磁磁力滚筒的技术性能

型 号	筒体尺寸 /mm×mm	皮带宽度 /mm	筒表面磁场强度 /$kA \cdot m^{-1}$	入选粒度 /mm	处理能力 /$t \cdot h^{-1}$	质量/kg
CT－66	630×600	500	120	10～75	110	724
CT－67	630×750	650	120	10～75	140	851
CT－89	800×950	800	124	10～100	220	1600
CT－811	800×115	1000	124	10～100	280	1850
CT－814	800×1400	1200	124	10～100	340	2150
CT－816	800×1600	1400	124	10～100	400	2500

3.2.3.2 湿式永磁筒式磁选机

永磁筒式磁选机是应用最广泛的一种湿式弱磁场磁选设备，该类设备国内外都已系列化、大型化。永磁筒式磁选机广泛用于磁铁矿分选、磁性加重介质回收及为湿式强磁选给矿准备。

湿式永磁筒式磁选机构造如图3－18所示。圆筒用不锈钢板卷成，筒表面加一层耐磨材料（橡胶或铜线）保护，并防止圆筒磨损，并可加强圆筒对磁性矿物的附着和携带作用。圆筒由电动机经减速器带动旋转。磁系由铁氧体磁块黏合（或用螺钉固定在磁导板上）而成，装在圆筒内，固定在主轴上，磁极的极性沿圆周交替排列。

在选分过程中，磁系固定不动。底箱是用非磁性材料或导磁性能差的材料（如不锈钢板、铜板、硬质塑料板、木板等）制成。底箱下部是给矿区，其中插有冲散水管，用来调节选别矿浆浓度，使矿粒以“松散”状态进入选分空间，这样不但能防止矿浆中矿粒的沉淀，而且能提高选分效果。

矿浆进入磁选机底箱后，在冲散水管喷出的水（吹散水）作用下，呈松散悬浮状态进入给矿区。磁性矿粒在磁选机磁场作用下被吸在圆筒表面上，随圆筒一起转动。离开磁系后，磁场强度降低，此处设有冲洗水管，将磁性矿粒冲入精矿槽中。非磁性矿粒或磁性很弱的矿粒，在底箱内矿浆流作用下，从尾矿堰板流进尾矿管中，形成尾矿。矿浆不断给入，精矿和尾矿不断排出，形成了一个连续的选分过程。这种磁选机多用于处理细粒浸染的磁铁矿矿石。

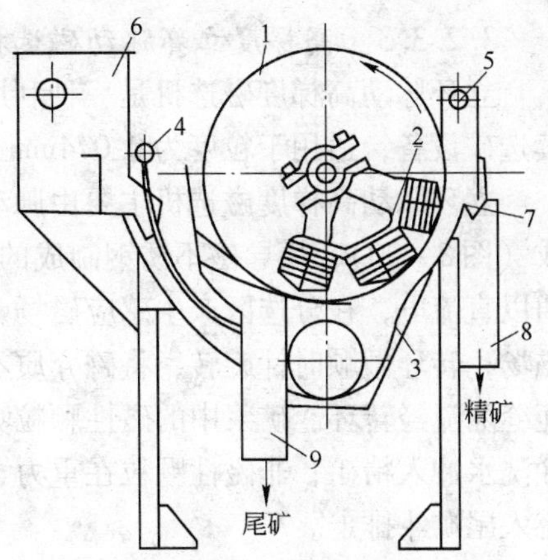

图 3-18　湿式永磁筒式磁选机构造（半逆流型）

1—圆筒；2—磁系；3—底箱；4—冲散水管；5—冲洗水管；6—给矿箱；7—接矿板；8—精矿槽；9—尾矿管

根据磁选机槽结构形式的不同，湿式圆筒磁选机有三种槽体结构形式：顺流式、逆流式和半逆流式，如图 3-19 所示。

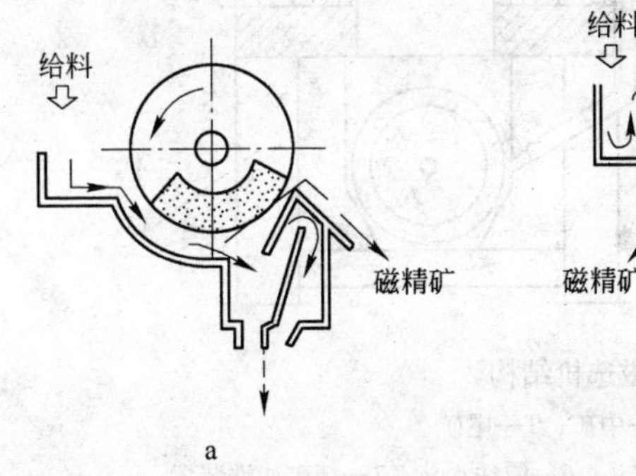

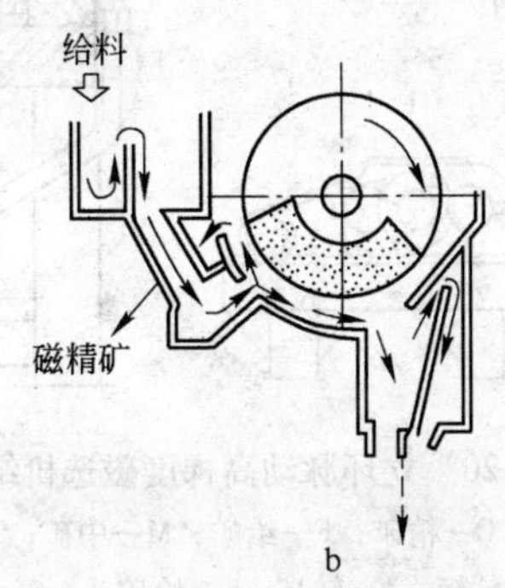

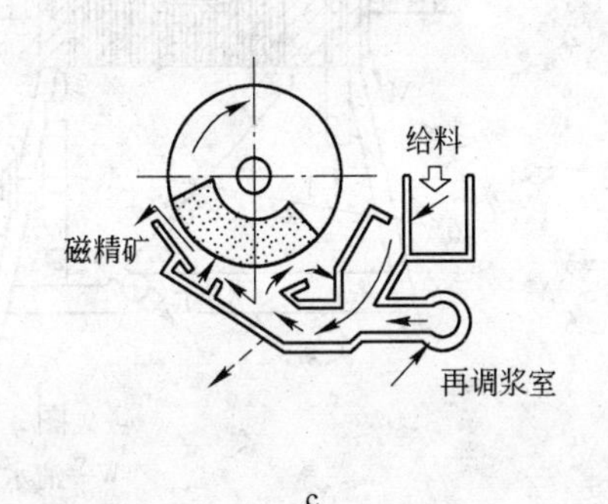

图 3-19　磁选机的三种槽体结构形式

a—顺流式；b—逆流式；c—半逆流式

国产永磁筒式磁选机对应的型号为 CTS（顺流式）、CTN（逆流式）和 CTB（半逆流式）的技术性能见表 3-21。

表 3-21　CT 型永磁筒式磁选机的技术性能

型号			筒体尺寸（$D \times L$）/mm×mm	磁场强度/$kA \cdot m^{-1}$		电动机功率/kW	筒体转速/$r \cdot min^{-1}$	处理能力	
顺流	逆流	半逆流		距极表面50mm	距极表面10mm			t/h	m^3/h
CTS-712	CTN-712	CTB-712	750×1200	700	1600	3.0	35	20~40	30~50
CTS-718	CTN-718	CTB-718	750×1800	700	1600	3.0	35	20~40	30~50
CTS-1018	CTN-1018	CTB-1018	1050×1800	1000	1700	55.5	24	60~80	70~90
CTS-1024	CTN-1024	CTB-1024	1050×2400	1000	1700	5.5	24	60~80	70~90
CTS-1230	CTN-1230	CTB-1230	1250×3000	1100	1750	7.5	18	80~100	90~120

3.2.3.3 高梯度立环脉动磁选机

立环脉动高梯度磁选机是一种利用磁力、脉动流体力和重力等综合力场选矿的新型连续选矿设备，适用于粒度为0.074mm占60%~100%的赤铁矿选矿。

立环脉动高梯度磁选机主要由脉动机构、激磁线圈、铁轭、转环和各种矿斗、水斗组成（图3-20），用导磁不锈钢制成的圆棒或钢板网作磁介质。其工作原理为：激磁线圈通以直流电，在分选区产生感应磁场，位于分选区的磁介质表面产生非均匀磁场即高梯度磁场；转环做顺时针旋转，将磁介质不断送入和运出分选区；矿浆从给矿斗给入，沿上铁轭缝隙流经转环。矿浆中的磁性颗粒吸附在磁介质表面上，被转环带至顶部无磁场区，被冲洗水冲入精矿；非磁性颗粒在重力、脉动流体力的作用下穿过磁介质堆，沿下铁轭缝隙流入尾矿斗排走。

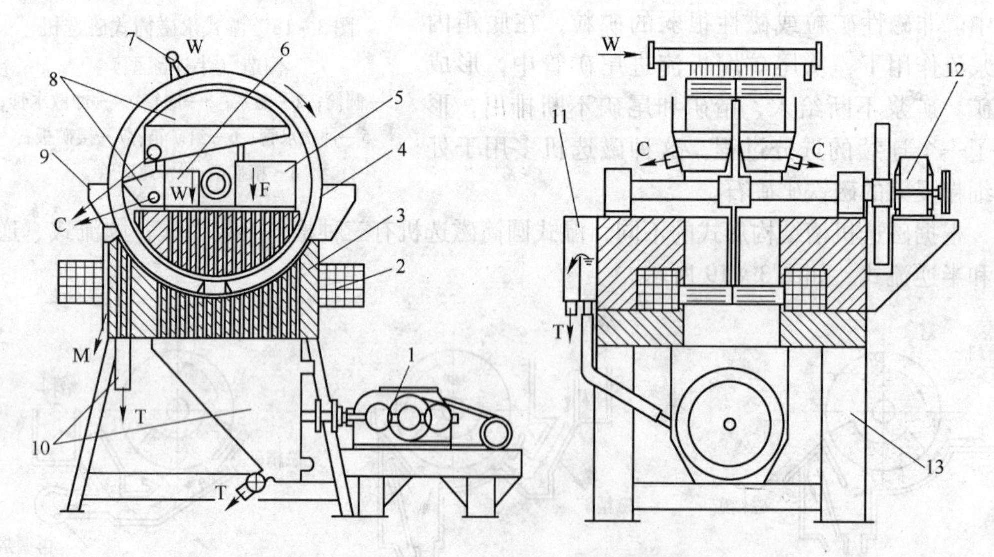

图3-20 立环脉动高梯度磁选机结构

W—清水；C—精矿；F—给矿；M—中矿；T—尾矿

1—脉动机构；2—激磁线圈；3—铁轭；4—转环；5—给矿斗；6—漂洗水斗；7—精矿冲洗装置；8—精矿斗；9—中矿斗；10—尾矿斗；11—液位斗；12—转环驱动机构；13—机架

该机的转环采用立式旋转方式，对于每一组磁介质而言，冲洗磁性精矿的方向与给矿方向相反，粗颗粒不必穿过磁介质堆便可冲洗出来。该机的脉动机构驱动矿浆产生脉动，可使分选区内矿粒群保持松散状态，使磁性矿粒更容易被磁介质捕获，使非磁性矿粒尽快穿过磁介质堆进入到尾矿中去。显然，反冲精矿和矿浆脉动可防止磁介质堵塞；脉动分选可提高磁性精矿的质量，这些措施保证了该机具有较大的富集比、较高的分选效率和较强的适应能力。

立环脉动高梯度磁选机已形成系列化，其主要技术参数见表3-22。

表3-22 立环脉动高梯度磁选机主要技术参数

型 号	2500	2000	2500（中磁）	1750	1750（中磁）
转环直径/mm	2500	2000	2000	1750	1750
背景磁感应强度/T	0~1.0	0~1.0	0~0.6	0~1.0	0~0.6

续表 3-22

型号	2500	2000	2500（中磁）	1750	1750（中磁）
激磁功率/kW	0~94	0~74	0~42	0~62	0~38
驱动功率/kW	11+11	5.5+7.5	5.5+7.5	4+4	4+4
脉动冲程/mm	0~30	0~30	0~30	0~30	0~40
脉动冲次/min^{-1}	0~300	0~300	0~300	0~300	0~300
给矿粒度/mm	0~2.0	0~2.0	0~2.0	0~1.3	0~1.3
给矿浓度/%	10~45	10~45	10~45	10~45	10~45
矿浆流量/$m^3 \cdot h^{-1}$	200~450	100~200	120~200	75~150	75~150
干矿处理量/$t \cdot h^{-1}$	80~150	50~80	50~80	30~50	30~50
机重/t	105	50	40	35	28
外形尺寸（$X \times Y \times Z$）/m×m×m	5.55×4.9×5.3	4.2×3.5×4.2	4.2×3.55×4.1	3.9×3.3×3.8	3.9×3.24×3.53

3.2.3.4 磁选柱

磁选柱属于一种电磁式低弱磁场磁重选矿机，磁力为主，重力为辅。分选原理为：磁选柱由直流电控柜供电励磁，在磁选柱的分选腔内形成循环往复，顺序下移的下移磁场力，向下拉动多次聚合又多次强烈分散的磁团或磁链，由相对强大的旋转上升水流冲带出以连生体为主并含有一部分单体脉石和矿泥的磁选柱尾矿（中矿）。磁选柱结构如图 3-21 所示。

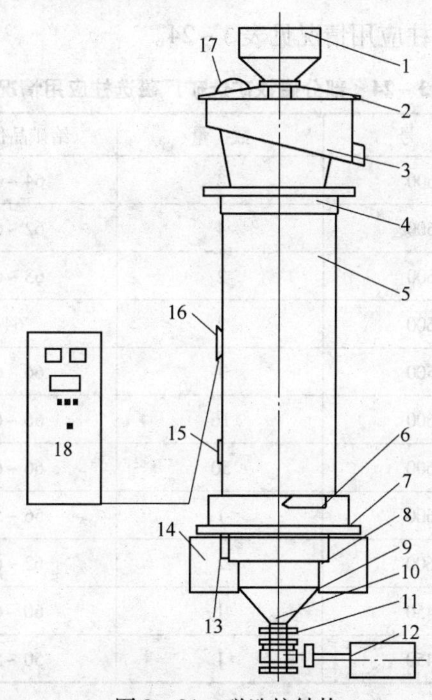

图 3-21 磁选柱结构

1—给矿斗及给矿管；2—给矿斗支架；3—尾矿溢流槽；4—封顶套；5—上分选管及上磁系；6—切向给水管；7—承载法兰；8—下分选筒及下磁系；9—下给水管；10—底锥；11—浓度传感器；12—阀门及其执行器；13—下小接线盒；14—支承板；15—上小接线盒；16—总接线盒；17—上给水管；18—电控柜及自控柜

磁选柱是一种新型高效的磁重选设备，通过聚合—分散及旋转上升水流使磁铁矿受磁力和水力联合作用，能有效分选出筒式磁选设备夹带进的单体脉石及连生体，提高精矿铁品位和降低杂质矿物含量。本钢南芬和歪头山选矿厂在铁精矿提铁降硅的工业试验中，以磁选柱为重要的精选设备，使精矿铁品位分别提高2.14%和3.76%，达到69.94%和69.70%，SiO_2含量降至3.31%和3.98%，且指标稳定，适应性强，证明了该设备的先进性与可靠性。

磁选柱的主要技术参数见表3-23。

表3-23 磁选柱的主要技术参数

型　号	CXZ26	CXZ40	CXZ50	CXZ60	CXZ70	CXZ60浓缩
磁场强度/$kA \cdot m^{-1}$	7~14	7~14	7~14	7~14	7~14	7~14
处理量/$t \cdot h^{-1}$	2~3	5~8	10~14	15~20	20~27	>40
给矿粒度/mm	-0.2	-0.2	-0.2	-0.2	-0.2	-0.2
耗水量/$t \cdot h^{-1}$	5~8	12~18	20~30	25~36	28~40	0~10
最大电耗/kW	0.6	1.6	2.2	3.0	4.0	3.0
分选筒直径/mm	φ260	φ400	φ500	φ600	φ700	φ600
外径/mm	430	620	800	900	950	900
高度/mm	1600	2600	2900	3145~3480	3200	3145

部分磁铁矿选矿厂磁选柱应用情况见表3-24。

表3-24 部分磁铁矿选矿厂磁选柱应用情况

应用厂家	型　号	数　量	给矿品位/%	精矿品位/%
通钢板石铁矿	φ600	8	64~65	≥67，可达69
通钢四方山铁矿	φ600	4	62~65	≥68.5
通钢桦甸矿业	φ600	2	63~64	≥67
恒仁铜铁矿	φ600	2	64	≥67
恒仁二户来选矿厂	φ500	1	66~67	69~71
本钢歪头山选矿厂	φ600	16	66~67	≥69.5
本钢南芬选矿厂	φ600	50	66~67	≥69.5
洋县钒钛磁铁矿	φ600	1	56~57	61~62
本溪盛蕴铁选矿厂	φ600	2	62~63	65~66
辽阳弓长岭选矿厂	φ450	1	60~62	65~66
灯塔纪家选矿厂	φ450	1	50~55	66~68

马鞍山研究院对尖山选矿厂一磁精矿进行了以磁选柱为主要生产设备的选矿试验。试验结果表明，应用磁选柱精选细筛筛下及细筛筛上再磨再选产物均可获得品位为69%以上的最终精矿。综合最终精矿品位为69.59%，产率和回收率分别为57.85%和91.72%。

由此可见，应用磁选柱精选细筛筛下及细筛筛上再磨再选产物均有较好的可选性。研究还认为，用磁选柱精选代替大部分反浮选精矿具有较好的可选性，不仅可使药耗、电耗、热耗等降低或免除，而且可以改善过滤及循环水的质量，解除或大大降低管路结垢的现象。与反浮选精矿相比，设备与基建投资稍低，经营费用明显下降。

3.2.3.5 脱磁器

强磁性矿粒经过磁化后，要保留一定的剩磁，形成矿物颗粒的磁团聚。由于磁团聚现象的存在给某些作业带来困难，以致影响选矿指标。例如，采用阶段磨矿、阶段选别流程时，一般一次磁选粗精矿在进入二次精选之前应进入二段磨矿作业进行细磨。由于粗精矿中存在的“磁团”或“磁链”给二次分级带来困难，一方面可能会造成分级粒度跑粗，另一方面会造成已解离的细磁铁矿粒又进入二次磨矿机中，出现过磨和能耗增大，影响选别指标。近年来，为了提高精矿品位，许多磁选厂采用了细筛技术，即将磁选精矿给入细筛，筛上产物进行再磨。由于磁团聚的存在使小于筛孔的细粒级别留在筛上，这样影响了精矿的质量，也增加了磨矿机的负荷，产生过磨和浪费能源。因此，在二次分级及细筛作业前必须采用脱磁设备进行脱磁，破坏磁团聚，以提高分级效率及细筛的筛分效率。

在应用强磁性物料作重介质进行选矿时，被磁选回收的重介质在重新使用之前也必须进行脱磁后才能继续使用。

常用的脱磁器主要由非磁性材料的工作管道和套在它上面的塔形线圈组成。脱磁器的工作原理是：在不同的外磁场作用下，强磁性矿物按磁感应强度 B 和外磁场强度 H 形状相似而面积不等的磁滞回线的原理进行脱磁的。当脱磁器通入交流电后，在线圈中心线方向时时变化、大小逐渐变小的磁场。矿浆通过线圈时，其中心的磁性矿粒收到反复的脱磁，最后失去磁性。

根据生产实践经验和有关资料介绍，脱磁器最大的磁场强度应为矿物矫顽磁力的5倍以上，可以得到较好的退磁效果：焙烧磁铁矿最大磁场强度应为68kA/m以上，天然磁铁矿应为48kA/m以上。当采用50Hz交流电时，应保证磁场反复变化12次以上，脱磁时间应大于0.24s。

鞍钢某选矿厂采用本钢计控厂与本溪有线电厂共同研制的新型高效脱磁器，在磁选车间的新流程中进行试验，取得了满意的成果。脱磁后旋流器的分级效率从38.74%提高到56.31%，溢流中 -0.074mm 含量从74%提高到84%，其产率从31.82%提高到49.55%，脱磁后的细筛筛分效率也从21.6%提高到55.84%，筛下产品的品位也从61.91%提高到66.31%。技术考查和生产实践证明，该选矿厂采用的中频脱磁器对提高分级设备的分级效率、细筛的筛分效率，保证整个流程的顺行，是不可缺少的关键设备之一。

目前国内一些选场所使用的脱磁器的技术性能列于表3-25中。

表3-25 脱磁器技术性能

设备规格	脱磁器		
	ϕ150mm - Ⅰ	ϕ150mm - Ⅱ	ϕ200mm
管径/m	150	150	200
矿浆通过能力/$m^3 \cdot s^{-1}$	215	215	360
最大磁场强度/$kA \cdot m^{-1}$	64	64	64

续表 3-25

设备规格		脱磁器		
		ϕ150mm-Ⅰ	ϕ150mm-Ⅱ	ϕ200mm
电源	电压/V	380	380	380
	频率/Hz	50	50	50
矿石粒度/mm		0.3~0	0.3~0	0.3~0
安装最大坡度/(°)		15	15	15
设备质量/kg		105	130	190

在磁选厂的生产过程中，随着弱磁选机磁场强度的提高和磁选产品的细磨，入选物料的磁团聚现象严重，极大地影响螺旋分级机和细筛的分级效率。为减小磁团聚的影响，最有效的措施是采用脱磁器脱磁。

3.2.3.6 干式强磁场磁选机

分选弱磁性矿物最早的工业型磁选机是干式的，迄今为止干式强磁选机仍然广泛用于分选锰矿石、弱磁性铁矿石、海滨砂矿、黑钨矿、锡矿和磷灰石等。

目前生产中应用的干式电磁圆盘式强磁选机有单盘（ϕ900mm）、双盘（ϕ576mm）和三盘（ϕ600mm）三种。其中 ϕ576mm 的双盘磁选机为系列产品，应用最多，ϕ576mm 干式双盘磁选机结构如图 3-22 所示。该机的主体部分是由“山”字形磁系 7、悬吊在磁系上方的旋转圆盘 6 和振动槽 5 组成。磁系 7 和圆盘 6 组成闭合磁路。圆盘的边缘为尖齿形，直径比振动槽的宽度约大一倍，由电动机通过蜗轮蜗杆减速箱传动。转动手轮可使圆盘垂直升降（调节范围 0~20mm），以调节极距（即圆盘齿尖与振动槽槽面之间的距离）。调节螺栓可使减速机连同圆盘 6 一起绕心轴转动一个不大的角度，使圆盘 6 边缘和振动槽 5 之间的距离沿原料前进方向逐渐减小。振动槽 5 由六块弹簧板固定在机架上，由偏心振动机构带动。

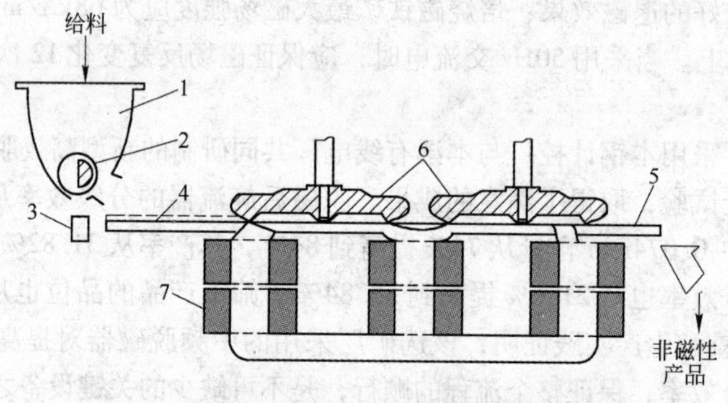

图 3-22 ϕ576mm 干式双盘磁选机结构

1—给料斗；2—给料圆筒；3—强磁性产品接料斗；4—筛料槽；5—振动槽；6—圆盘；7—磁系

给料圆筒为一干式圆筒弱磁场磁选机，安装于给料斗下部。主要是为了预选分出给料中的强磁性矿物，以防止它堵塞圆盘和振动槽之间的工作空隙。

分选过程：入选物料由给料斗均匀地给到给料圆筒上，此时其中的强磁性矿粒被吸在圆筒上，并随圆筒转动至下方磁场较弱处卸下，进入强磁性产品接料斗中。未被圆筒吸住的矿粒给到振动槽前端的筛网上，筛上部分单独处理，筛下部分进入振动槽。当这部分物料被输送到圆盘下面的工作间隙处时，弱磁性矿粒受强磁场的作用被吸到圆盘的边缘上，并随圆盘转到振动槽外，由于槽外磁场急剧减小，它们被卸入振动槽两侧的接料斗中。非磁性矿粒则由振动槽尾端排出。

该型机适用于分选比磁化系数大于 $5.0\sim10^{-7}\,m^3/kg$、粒度小于 2mm 的弱磁性矿石，多用在含有稀有金属矿物的粗精矿（如粗钨精矿、钛铁矿、锆英石和独居石等混合精矿）的精选等。

3.2.3.7 *磁场筛选机*

新研制的磁场筛选机是近年来为适应我国铁矿资源开发利用现状新研制的低弱磁场精选设备的杰出代表，它依据磁场筛选法专利技术研制出来的新型高效选矿设备，也是对此团聚重选工艺技术的新发展。

传统工艺经常使用的常规磁选机是在非均匀磁场中，靠磁场力直接对磁性物的吸引捕集磁性铁矿物，该方法的特点是磁性铁回收率高，但磁性产品中容易夹杂非磁性物，难以清除磁性物—非磁性物连生体。

磁场筛选机的分选原理与传统磁选机最大的区别就是不是靠磁场直接吸引，而是在低于磁选机数十倍的弱的均匀磁场中，利用单体铁矿物与连生体矿物的磁性差异，使磁铁矿单体矿物实现有效团聚后，增大了与连生体的尺寸差、密度差，再经过安装在磁场中的专用筛子，这样磁铁矿在筛网上形成链状磁聚体，沿筛面进入精矿，而脉石和连生体矿粒由于磁性弱，以分散状态存在，经过筛子进入中矿，因此磁场筛选机比磁选机更能有效地分离出脉石和连生体，使精矿品位进一步提高。同时，它的给矿粒度适应范围变宽，主要是已经解离的磁铁矿单体，它就能从精矿回收，只需对影响精矿品质的连生体再磨再选，而不像传统细筛工艺只有过筛才能成为精矿，因此磁场筛选法不像细筛那样纯粹地靠尺寸大小来分级，同时克服了传统磁选设备极易造成夹杂弊病，它是选择性地把优质的铁精矿优先分离出来，从而更加有效地提高铁精矿质量，具有提高铁精矿品质的同时，达到减少过磨，放粗磨矿细度，提高生产能力的效果。

磁场筛选机由给矿装置、分选装置、储排矿装置组成。给矿装置由分矿筒、分矿器等部件组成，分选装置由磁系、分选筛片及辅助部件组成，储排矿装置由螺旋排料机、中矿、精矿仓和阀门组成。磁场筛选机分选筛片如图 3－23 所示。

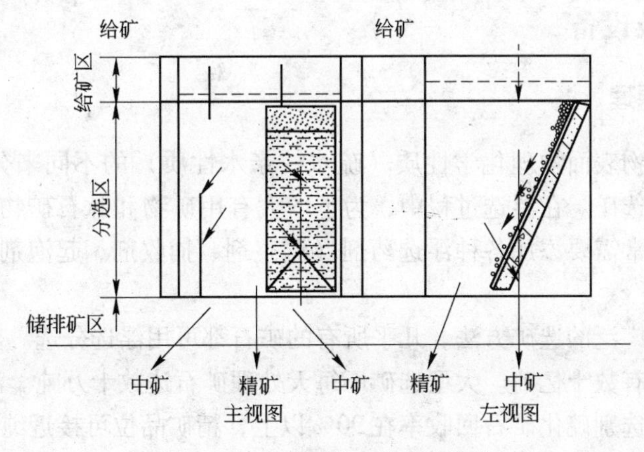

图 3－23 磁场筛选机分选筛片

磁场筛选机与常规磁选机相比，可以避免磁性产品中夹杂非磁性物，更能有效清除磁性产品中的磁性物—非磁性物连生体。与磁团聚重选法相比，该方法即使是微弱磁化形成的链状磁聚体，其链长也很容易超过入筛物料中最大单体颗粒直径的许多倍，远远大于上述同样磁聚体与单颗粒脉石沉降速度的差异，所以可以比团聚重选法有效分选粒度范围更宽的物料，进一步提高分选效率。

磁场筛选机的分选原理科学、先进，精选提质效果明显，对给矿浓度、流量、粒度等波动适应性强，分选指标稳定，精矿浓度高（65%～75%），并采用高浓度自动化排矿装置，易于脱水过滤，设备耗电少，唯一运转部件螺旋排料机，电动机功率只有1.5kW或2.2kW，安装使用方便，无需基础固定，易于操作，管理性能稳定，维护工作量小，维护费用低，使用寿命长，不存在噪声污染。

磁场筛选机可用于选矿厂最终精选作业，利用磁场筛选机代替选矿厂原流程中的磁选、磁力脱水槽等精选作业，能不同程度地提高精矿品位，只需对精选作业产出的中矿进行再磨再选。

磁场筛选机还可用于选矿厂细筛作业。可将原细筛筛孔放粗，这样工艺中的筛上循环量大幅下降，经磁场筛选机精选后能及早回收已解离的粗粒磁铁矿，分离开需再磨的连生体，这样可达到提高精矿品位的同时放粗磨矿细度，适合于大型粗细不均匀或细粒嵌布的难选磁铁矿。

采用磁场筛选机先后对国内多家磁铁矿进行过不同程度和规模的精选提质试验和应用，这其中几乎包括了国内各大矿区中不同类型和规模的磁铁矿，普遍具有较好的提质效果。试验结果表明，对原采用常规磨矿磁选工艺的选矿厂铁精矿经磁筛精选后可提高精矿品位2%～5%。对本钢南芬铁矿、河南舞阳铁矿、辽宁保国铁矿经磁场筛选机精选后品位可达70%以上，有望生产出高纯铁精矿。对我国几大矿山如鞍钢大孤山矿、弓长岭矿、河北迁西、迁安一带铁矿、武钢三大铁矿、马钢南山铁矿、唐钢庙沟铁矿等矿山经采用磁场筛选机试验或应用后铁精矿品位能得以经济合理地提高。另外，对较难选的铁矿如河北司家营、四川攀枝花、河北青龙、山西代县、云南等地铁矿精选后也受到了明显的提质效果。

3.3 浮选方法及设备

3.3.1 浮选基本原理

浮选是利用矿物表面物理化学性质（疏水－亲水性质）的不同来分选矿物的一种选矿方法，旧称浮游选矿。在浮选过程中，为了增大有用矿物和脉石矿物表面性质的差异、提高浮选效率，通常需要添加各种浮选药剂（调整剂、捕收剂、起泡剂），控制不同矿物的可浮性。

浮选是应用最广泛的选矿方法。几乎所有的矿石都可用浮选分选。全世界每年经浮选处理的矿石和物料有数十亿吨。大型选矿厂每天处理矿石达数十万吨。浮选的生产指标和设备效率均较高，选别硫化矿石回收率在90%以上，精矿品位可接近纯矿物的理论品位。

浮选适于处理细粒及微细粒物料，用其他选矿方法难以回收小于10μm的微细矿粒，也能用浮选法处理。一些专门处理极细粒的浮选技术，可回收的粒度下限更低，超细浮选和离子浮选技术能回收从胶体颗粒到呈分子、离子状态的各类物质。浮选还可选别火法冶金的中间产品、挥发物及炉渣中的有用成分，处理湿法冶金浸出渣和置换的沉淀产物，回收化工产品（如纸浆、表面活性物质等）以及废水中的无机物和有机物。

各种浮选工艺的理论基础大体相同，即矿粒因自身表面的疏水特性或经浮选药剂作用后获得的疏水（亲气或油）特性，可在液－气或水－油界面发生聚集。目前应用最广泛的是泡沫浮选法。矿石经破碎与磨碎使各种矿物解离成单体颗粒，并使颗粒大小符合浮选工艺要求。向磨矿后的矿浆加入各种浮选药剂并搅拌调和，使与矿物颗粒作用，以扩大不同矿物颗粒间的可浮性差别。调好的矿浆送入浮选槽，搅拌充气。矿浆中的矿粒与气泡接触、碰撞，可浮性好的矿粒选择性地黏附于气泡并被携带上升成为气－液－固三相组成的矿化泡沫层，经机械刮取或从矿浆面溢出，再脱水、干燥成精矿产品；不能浮起的脉石等矿物颗粒，随矿浆从浮选槽底部作为尾矿产品排出。将无用矿物颗粒浮出，有用矿物颗粒留在矿浆中，称为反浮选，如从铁矿石中浮出石英等。

3.3.2 浮选影响因素

浮选工艺因素的正确选择，取决于矿石的性质。实践表明，要达到较好的技术经济指标，就必须根据所处理矿石的性质，通过试验，选择磨矿细度、矿浆浓度、矿浆酸碱度、药剂制度、充气与搅拌、浮选时间、水质等工艺因素。

3.3.2.1 *磨矿细度*

磨矿细度必须满足以下要求：

（1）有用矿物基本上单体解离。浮选前只允许有少量有用矿物与脉石的连生体。

（2）粗粒单体矿粒粒度，必须小于矿物浮选的粒度上限。目前，浮选粒度上限，对硫化矿物一般为0.25～0.3mm，自然硫0.5～1mm，煤1～2mm。

（3）尽可能避免泥化。浮选矿粒粒度为－0.01mm时，浮选指标显著恶化。

最适宜的磨矿细度应通过试验及参考生产实践数据确定。对于某些矿石，常采用阶段磨矿与阶段选别的流程，以免矿石过粉碎，及时选出已解离的矿粒。

3.3.2.2 *矿浆浓度*

矿浆浓度是影响浮选指标的主要因素之一。浮选过程中，矿浆浓度很稀，回收率较低，但精矿质量较高。随着矿浆浓度的增高，回收率也增高，当浓度到适宜程度时，再增高浓度，回收率反而下降。此外，浮选矿浆浓度对于浮选机的充气量、浮选药剂的消耗、处理能力及浮选时间，都有直接影响，一般取25%～35%。最适宜的矿浆浓度，要根据矿石性质与浮选条件来确定，浮选密度较大或粒度较粗的矿物应采用较浓的矿浆。粗选与扫选作业也趋向于采用较浓的矿浆。因为这样利于提高回收率和减少浮选药剂的消耗，精选作业采用较稀矿浆，有利于获得高质量的精矿。在稀矿浆中进行浮选，药剂用量、水电消耗以及处理每吨矿石所需的浮选槽容积都要增加，这对矿石的选矿成本是有影响的。

3.3.2.3 *矿浆的酸碱度*

矿浆的酸碱度是指矿浆中的 OH^- 与 H^+ 的浓度。一般用pH值表示。pH值的含义是取氢离子浓度对数的负值。中性介质的矿浆 $pH=7$，对于酸性介质的矿浆 $pH<7$，对于碱性介质的矿浆 $pH>7$。

大多数硫化矿石在碱性或弱碱性矿浆中进行浮选，很多浮选药剂，如黄药、油酸、松油（2号浮选油）等在弱碱性矿浆中，较为有效。各种矿物在采用各种不同浮选药剂进行浮选时，都有一个“浮”与“不浮”的pH值，称为临界pH值。控制临界pH值，就能控制各种矿物的有效分选。因此，控制矿浆的pH值，是控制浮选工艺过程的重要措施之一。

由于许多矿物是以盐的形式存在的（如萤石CaF_2），在矿浆中会产生盐的水解作用，因而对矿浆的pH值，会产生一定的缓冲作用。在实际工作中，调整矿浆pH值时，必须考虑到这一点。

3.3.2.4 药剂制度

浮选过程中加入药剂的种类和数量、加药地点和加药方式统称为药剂制度，也称药方。它对浮选指标有重大影响。药剂的种类和数量，是通过矿石可选性试验确定的。但在生产实践中，还要对药数量、加药地点与加药方式不断地修正与改进。

在一定的范围内，增加捕收剂与起泡剂的用量，可以提高浮选速度和改善浮选指标。但是，用量过大也会造成浮选过程的恶化。同样，抑制剂与活化剂也应添加适量。过量或不足都会引起浮选指标降低。

加药地点取决于药剂的作用、用途和溶解度。通常把介质调整剂（如石灰）加于球磨机中，以便消除引起活化作用或抑制作用的有害离子。抑制剂添加在捕收剂之前，加在磨矿机中。活化剂常加在搅拌槽内，使之与矿浆进行一定时间的调制。起泡剂加在搅拌槽或浮选机中，难溶的捕收剂常加在磨矿机内。

加药方式分一次加药与分批加药两种。前者可以提高浮选的初期速度，有利于提高浮选指标。一般对于易溶于水的、不易被泡沫机械夹带走的、在矿浆中不易起反应而失效的药剂（黄药、苏打、石灰等）采用一次加入的办法；对于难溶于水的、在矿浆中易起反应而失效的，以及某些选择性较差的药剂（如油酸、松油、硫化钠等）应采用分批加药的方式。

一般在浮选前添加药剂总量的60%~70%，其余的则分几批添加于适当的地点。

3.3.2.5 充气和搅拌

充气就是把一定量的空气送入矿浆中，并使它弥散成大量微小的气泡，以便使疏水性矿粒附着在气泡表面上。经验表明，强化充气作用，可以提高浮选速度，节约水、电与药剂。但充气量过分，会把大量的矿泥夹带至泡沫产品中，给选别造成困难，最终难于保证精矿的质量。

矿浆搅拌的目的在于促使矿粒均匀地悬浮于槽内矿浆中，并使空气很好地弥散，造成大量“活性气泡”。在机械搅拌式浮选机中，充气与搅拌是同时产生的。加强充气和搅拌作用对浮选是有利的，但过分会产生气泡兼并、精矿质量下降，电能消耗增加、机械磨损等缺点。适宜的充气与搅拌，应依浮选机类型与结构特点通过试验确定。

3.3.2.6 浮选时间

浮选时间的长短直接影响指标的好坏。浮选时间过长，精矿内有用成分回收率增加，但精矿品位下降；浮选时间过短，虽对提高产品品位有利，但会使尾矿品位增高。各种矿物最适宜的浮选时间要通过试验确定。

一般在有用矿物可浮性好、含量低、给矿粒度适宜、矿浆浓度低、药剂作用快、充气搅拌较强的条件下，需要的浮选时间就短。

精选时间的长短，要根据有用矿物的可浮性好坏及对精矿质量的要求而定。一般对易浮矿物，精选时间为粗选时间的15%～100%。在复杂的情况下，如多金属硫化矿的优先浮选，所需的精选时间可以等于甚至大于粗选时间。在浮选可浮性很好的贫矿石并对精矿质量要求很高时（如辉钼矿的浮选，原矿含钼为0.08%～0.1%，要求精矿含钼为50%左右），精选时间可能大于粗选时间，高达5～10倍。

3.3.2.7 水质和矿浆温度

浮选用水不应含有大量的悬浮微粒，也不应含有大量能与矿物或浮选药剂相互作用的可溶性物质以及各种微生物。在使用回水、矿坑水和湖水时，更应注意这个问题，在使用脂肪酸类捕收剂时，须注意水的硬度，浮选中使用的介质调整剂，除可调整pH值外，还可改善水质。

浮选一般在常温下进行。当使用脂肪酸类捕收剂时，矿浆应保持25～35℃的较高温度，才能保证药剂的足够分散和对矿物作用的活度。如铁矿石、磷灰石等矿石的浮选，铜钼、铜锌等混合精矿分离浮选，往往需加温矿浆，以求获得良好分选效果。

矿浆加温与否，需依具体情况经详细的技术经济比较确定。同时还应因地制宜，尽量利用余热与废气。

3.3.3 浮选设备

20世纪50年代，我国铁矿石选矿采用的浮选设备主要是A型浮选机。近年来，有多种类型的浮选机研制取得了很大进展。在铁矿石选矿厂主要是推广应用机械搅拌式浮选机。浮选柱在铁矿选矿厂应用也取得新进展。

浮选机种类较多，其分类见表3－26。

表3－26 浮选机的分类

<table>
<tr><th>搅拌方式</th><th colspan="3">充气方式</th><th>典型实例</th></tr>
<tr><td rowspan="2">机械式
（带有机械搅拌器）</td><td colspan="3">机械搅拌（自吸空气）式</td><td>国产XJK型、JJF型、BF型、CE型、HCC型、SF型；国外法连瓦尔德型、维姆科型、丹佛－M型、A型浮选机等</td></tr>
<tr><td colspan="3">充气与机械搅拌混合式（主要靠外部风机压入空气）</td><td>国产CHF－X型、XJC型、XJCQ型、LCH－X型、KYF型、JX型；国外丹佛D－R型、阿基太尔型、拉沙型、波立顿型浮选机等</td></tr>
<tr><td rowspan="5">空气式
（无机械搅拌器）</td><td rowspan="2">压气式（从外部风机压入空气）</td><td colspan="2">单纯压气式（空气透过多孔介质压入矿浆内）</td><td>浮选柱等</td></tr>
<tr><td colspan="2">气升式（空气经过导管压入矿浆内）</td><td>气升式浮选机等</td></tr>
<tr><td rowspan="3">气体析出式（改变压力从矿浆中析出气体）</td><td colspan="2">真空式（减压式）</td><td>国外埃尔摩、卡皮等真空浮选机</td></tr>
<tr><td rowspan="2">矿浆加压式</td><td>空气自吸式</td><td>国产喷射旋流式浮选机等</td></tr>
<tr><td>压气式</td><td>国外达夫克拉喷射式浮选机等</td></tr>
</table>

3.3.3.1 机械搅拌式浮选机

机械搅拌式浮选机的共同点是矿浆的充气和搅拌都是靠机械搅拌器（转子和定子组，即所谓充气搅拌结构）来实现的。由于机械搅拌器结构不同，如离心式叶轮、棒型轮、笼形转子、星形轮等，故这类浮选机的型号也比较多。

机械搅拌式浮选机属于外气自吸式的浮选机。生产中应用较多的是下部气体吸入式，即在浮选槽下部的机械搅拌器附近吸入空气，如国内目前生产中使用的 XJK 型浮选机、棒型浮选机等即属此类。

机械搅拌式浮选机的充气搅拌器因具有类似泵的抽吸特性，它除了能自吸空气外，一般还能自吸矿浆，因而在浮选生产流程中其中间产品的返回再选一般无需砂泵扬送，故机械搅拌式浮选机在流程配置方面可显示出明显的优越性和灵活性。此外，机械搅拌式浮选机工作时也不需要外部特设的专用风机对矿浆进行充气等辅助设备，所以机械搅拌式浮选机在国内外的浮选生产实践中一直被广为采用，特别是近些年来又研制出了许多性能更佳的新型机械搅拌式浮选机，致使其在各类浮选机中仍保持着优势地位和强大的竞争能力。

A XJK 型浮选机

XJK 型浮选机是国产型浮选机，又名矿用机械搅拌式浮选机。它属于一种带辐射叶轮的空气自吸式机械搅拌浮选机。

图 3－24 所示为 XJK 型浮选机的结构。这种浮选机由两个槽子构成一个机组，第一槽（带有进浆管）为抽吸槽或吸入槽，第二槽（没有进浆管）为自流槽或直流槽。在第一槽与第二槽之间设有中间室。叶轮安装在主轴的下端，主轴上端有皮带轮，通过电动机带动旋转。空气由进气管吸入。每一组槽子的矿浆水平面用闸门进行调节。叶轮上方装有盖板和空气筒（或称竖管），此空气筒上开有孔，用以安装进浆管，中矿返回管或作矿浆循环之用，孔的大小，可通过拉杆进行调节。

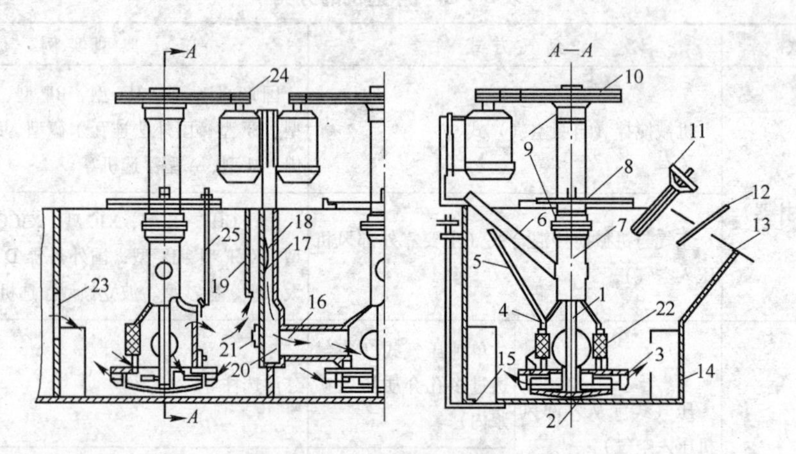

图 3－24 XJK 型浮选机的结构

1—主轴；2—叶轮；3—盖板；4—连接管；5—砂孔阀门丝杆；6—进气管；7—空气管；8—座板；9—轴承；10—皮带轮；11—溢流闸门手轮及丝杆；12—刮板；13—泡沫溢流器；14—槽体；15—放砂闸门；16—给矿管（吸浆管）；17—溢流堰；18—溢流闸门；19—闸门壳；20—砂孔；21—砂孔闸门；22—中矿返回孔；23—直流槽的溢流堰；24—电动机及皮带轮；25—循环孔调节杆

XJK 型浮选机的技术参数见表 3－27。

表 3-27 XJK 型浮选机的技术参数

参数名称	XJK-0.13	XJK-0.23	XJK-0.35	XJK-0.62	XJK-1.1	XJK-2.8	XJK-5.8
槽体长度/mm	500	600	700	900	1000	1750	2240
槽体宽度/mm	500	600	700	900	1100	1600	2200
槽体高度/mm	550	650	700	850	1400	1100	1200
槽体有效容积/m^3	0.13	0.23	0.35	0.62	1.1	2.8	5.8
生产能力（按矿浆计）/$m^3 \cdot min^{-1}$	0.05~0.16	0.12~0.28	0.18~0.40	0.3~0.9	0.6~1.5	1.5~3.5	3.0~7.0
叶轮直径/mm	200	250	300	350	500	600	750
叶轮转速/$r \cdot min^{-1}$	593	504	485	400	330	280	240
叶轮圈速/$r \cdot min^{-1}$	6.2	4.5	7.6	7.3	8.6	8.8	9.4
主轴电动机功率/kW	两槽一台 1.5	两槽一台 1.5	1.5	3.0	5.5	10	22
刮板传动电动机功率/kW	0.5	0.5	0.6	1.1	1.1	1.1	1.5
刮板转速/min	17.5	17.5	20	16	16	16	17

B 棒型浮选机

棒型浮选机的搅拌充气器是由若干根倾斜圆棒所组成的。1m^3 棒型浮选机结构如图 3-25所示。

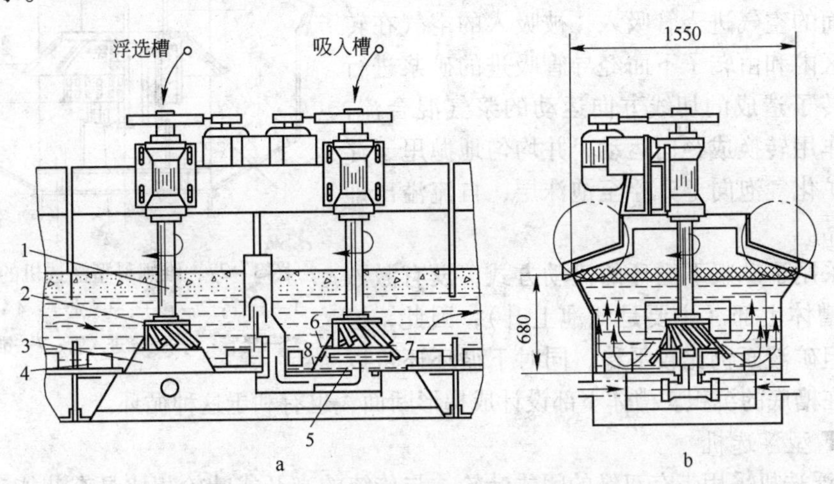

图 3-25 1m^3 棒型浮选机结构

1—主轴；2—斜棒轮；3—凸台；4—稳流器；5—导浆管；6—压盖；7—吸浆轮；8—底仓

棒型浮选机的槽子在结构上亦分为直流槽和抽吸槽两种。在直流槽内安装有中空轴（主轴）、棒型轮、凸台和弧形稳流器等主要部件。直流槽不能从底部抽吸矿浆，只起浮选作用。吸入槽与直流槽有一个吸浆轮，吸浆轮具有离心泵的作用，能从底部吸入矿浆。在粗选、精选和扫选等各作业的进浆点，均需要装吸入槽，以保证流程的自流联结。

浮选槽工作时，借助于中空轴下方的斜棒轮的旋转，使矿浆沿一定锥角强烈地向槽底四周冲射，因而在斜棒轮的下部形成负压，外界空气即可经由中空轴吸入。在斜棒轮的作

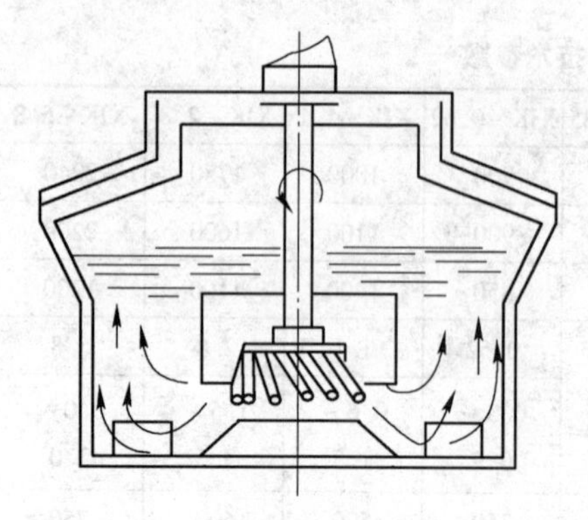
图 3－26　棒型浮选机内矿流示意图

用下，矿浆与空气得到了充分的混合，同时，气流被分割弥散成细小的气泡。凸台起导向作用，使浆气混合物连续不断地迅速冲向槽底，浆气混合物在撞击槽底时消耗了部分能量，再经弧形稳流板的稳流作用，向槽体边沿运动，并在槽内均匀分布，同时使旋转的混合流，变成趋于径向放射状运动的混合流。经稳流的矿浆，分别在槽底各部位折向液面。这样，浆气混合物在槽内便呈现一种特殊的 W 形运动轨迹（图 3－26），矿化气泡升浮至泡沫区，刮出即得泡沫产品。吸入槽除具有上述作用外，尚有吸浆作用。

C　维姆科浮选机

维姆科浮选机是由美国维姆科（WEMCO）公司制造，大型的有 No. 122（浮选槽容积为 8.55m^3）、No. 144（浮选槽容积为 14.25m^3）。国产 JJF 型浮选机与此类同。此类浮选机国外常用于粗选和扫选作业。

维姆科型浮选机的结构如图 3－27 所示，它是由星形转子、定子、锥形罩盖、导管、竖管、假底、空气进入管及槽体等组成。当星形转子旋转时，便在竖管和导管内产生涡流，此涡流形成负压，空气从槽子表面的空气进入管吸入，被吸入的空气在转子与定子区内和由转子下面经导管吸进的矿浆进行混合。由转子造成的切线方向运动的浆气混合流，经定子的作用转换成径向运动，并均匀地抛甩于浮选槽中。矿化气泡向上升浮至泡沫层，自流溢出即为泡沫产品。

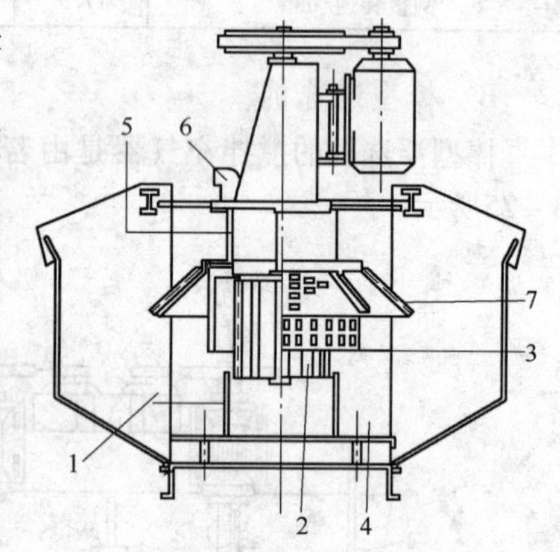

图 3－27　维姆科型浮选机的结构
1—导管；2—转子；3—定子；4—假底；5—竖管；6—空气进入管；7—锥形罩

由于采用了矿浆下循环的流动方式，没有激烈浆流冲入槽体上部（主要是气泡上升），因此，槽体虽浅，但矿液面仍比较平稳，同时下循环还可以防止物料在槽底的沉积。槽体下部设计成梯形断面，也有利于这种循环。

D　BF 型浮选机

BF 型浮选机采用带有双锥的闭式叶轮，与传统的半开式叶轮相比具有节能和吸气量大；吸浆能力强，槽体下部有较强的矿浆循环，有利于处理矿物悬浮；兼有吸气、吸浆和浮选三重功能，自成浮选回路，可水平配置，便于流程变更；设有矿浆面自动控制和电控装置，调节方便，其中 BF－T 型浮选机先根据铁精矿反浮选工艺特点加以改进，目前已经在国内 10 多个铁矿选矿厂得到了广泛应用，取得了良好的经济效果。BF－T 型浮选机的结构如图 3－28 所示。

鞍钢集团东鞍山烧结厂处理鞍山式假象赤铁矿，2003 年进行工艺改造，采用“两段连续磨矿、中矿再磨、重选、磁选、阴离子反浮选工艺”，反浮选作业中使用 BF－T16 型浮选机代替原来的 JJF 浮选机。改造后铁精矿品位由 60% 左右提高到 66% 以上，尾矿品

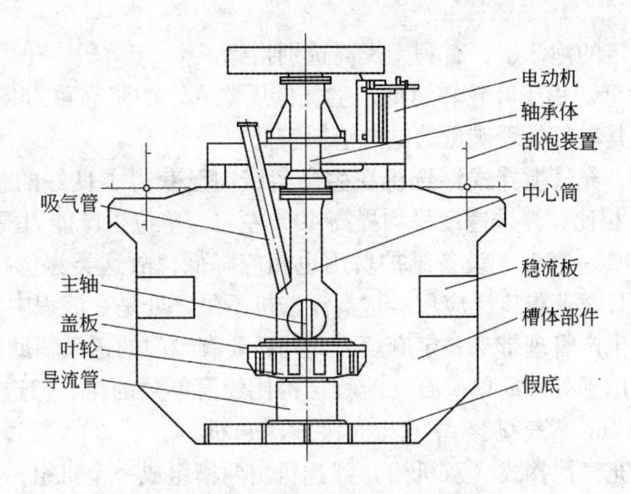

图 3-28 BF-T 型浮选机的结构

位由 23% 左右降低到 19.53% 左右；鞍钢集团齐大山选矿厂的原料是鞍山式赤铁矿，采用“阶段磨矿、粗细分选、重选—磁选—阴离子反浮选”工艺流程，反浮选作业使用 BF-T10 型和 BF-T6 型浮选机以来铁精矿品位一直稳定在 67% 以上，尾矿品位也由原 12.5% 降至 11.14%，SiO_2 由原 8% 降至 4% 以下；鞍钢集团调军台选矿厂设计规模为年处理鞍山式氧化铁矿 900 万吨，采用“连续磨矿、弱磁、中磁、强磁、阴离子反浮选”的工艺流程，使用 BF-T20 型和 BF-T10 型浮选机机组，在原矿品位 29.6% 的情况下取得了浮选精矿品位 67.59%、尾矿品位 10.56%、金属回收率 82.24% 的指标。鞍钢集团弓长岭矿业公司二选厂处理的矿石是鞍山式磁铁矿，2003 年公司实施“提铁降硅”反浮选工艺技术改造，采用北京矿冶研究总院研制的 BF-T20 型浮选机 39 台。铁精矿品位由改造前的 65.55% 提高到 68.89%，铁精矿品位提高了 3.34%；SiO_2 含量由过去的 8.31% 降低到 3.90%，降低了 4.41%。反浮选作业铁回收率达到 98.50%。鞍钢弓长岭矿业公司二选厂是一个年产 100 万吨赤铁精矿的选矿厂，处理的矿石是赤铁矿，使用 BF-T20 型浮选机 44 台。2005 年 7 月投产以来，日产赤铁精矿 2500t，精矿品位达到 66.5% 以上。

3.3.3.2 充气搅拌式浮选机

充气搅拌式浮选机除装有机械搅拌器外，还从外部特设的风机强制吹入空气，故称为充气机械搅拌式浮选机，或称为压气机械搅拌混合式浮选机，一般称为充气搅拌式浮选机。如国内的 CHF-X $14m^3$ 浮选机、$8m^3$ 充气搅拌式浮选机等即属此类。

在充气搅拌式浮选机内，由于机械搅拌器一般只起搅拌矿浆和分散分布气流的作用，空气主要是靠外部风机压入，矿浆充气与搅拌分开，所以这类浮选机与一般机械搅拌式浮选机比较，具有如下一些特点：

（1）充气量易于单独调节。浮选时可以根据工艺需要，单独调节空气量，因而有可能增大充气量，从而增大浮选机的生产能力。

（2）机械搅拌器磨损小。在这类浮选机内，叶轮不能起泵的作用（不吸气），所以叶轮转速较低，磨损较小，故使用期限较长，设备的维修管理费用也低。

（3）选别指标较好。由于叶轮转速较低，机械搅拌器的搅拌作用不甚强烈，对脆性矿物的浮选不易产生泥化现象；同时，充气量又可按工艺需要保持恒定，因而矿浆液面比较平稳，易形成稳定的泡沫层，有利于提高选别指标。

（4）功率消耗低。由于叶轮转速低，空气低压吹入，矿浆靠重力自流，生产能力大，槽子浅等原因，故其单位处理矿量的电力消耗较低。

由于上述特点，充气搅拌式浮选机在生产实践中已获得了良好的技术经济效果。例如，与A型浮选机相比，浮选速度平均提高40%左右，单位生产能力提高0.5~1倍，单位电能消耗降低30%~35%，设备维护费用也相应降低，故这类浮选机目前在国内外的浮选生产实践中已日益获得广泛应用。这类浮选机不足之处是在流程中其中间产品的返回需要砂泵扬送，给生产管理带来一定麻烦，此外还要有专门的送风辅助设备。据此，充气搅拌式浮选机常多用于处理简单矿石（流程结构比较简单）的粗、扫选作业。

A CHF－X $14m^3$充气搅拌式（双机构）浮选机

CHF－X $14m^3$充气搅拌式（双机构）浮选机由两槽组成一个机组，每槽容积$7m^3$，两槽体背靠背相连，故称为$14m^3$。

CHF－X $14m^3$充气搅拌式浮选机的结构如图3－29所示，其主要部件是主轴、叶轮、盖板、中心筒、循环筒、钟形物和总风筒等。整个竖轴部件安装在总风筒（兼作横梁）上。叶轮为带有8个径向叶片的圆盘。盖板是由四块组装而成的圆盘，在其周边均布有24块径向叶片。叶轮与盖板的轴向间隙为15~20mm，径向间隙20~40mm。中心筒上部的给气管与总风筒、鼓风机相连，中心筒下部与循环筒相连。钟形物安装在中心筒下端。盖板与循环筒相连，循环筒与钟形物之间的环形空间供循环矿浆用，钟形物具有导流作用。

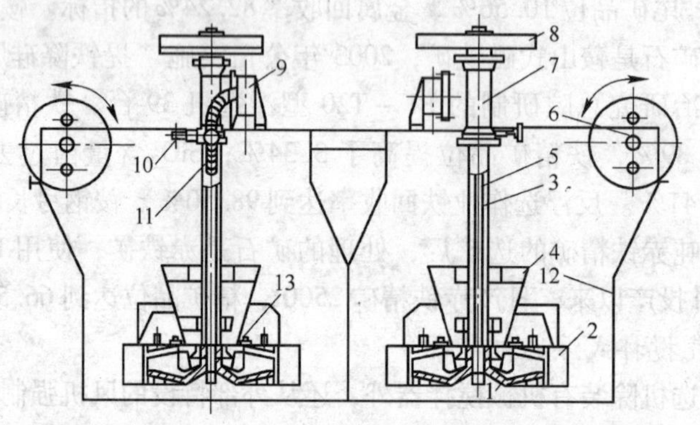

图3－29 CHF－X $14m^3$充气搅拌式浮选机的结构

1—叶轮；2—盖板；3—主轴；4—循环筒；5—中心筒；6—刮泡装置；7—轴承座；8—皮带轮；9—总气筒；10—调节阀；11—充气管；12—槽体；13—钟形物

由上可见，该机除具有与一般叶轮式机械搅拌型浮选机相似的结构外，还设有矿浆垂直循环筒（国外丹佛D－R型浮选机也设有类似的矿浆循环筒）。这种浮选机运用了矿浆的垂直大循环和从外部特设的低压鼓风机压入空气来提高浮选效率。在浮选槽内矿浆的运动方式如图3－30所示。由于矿浆通过循环筒和叶轮形成的垂直大循环而产生的上升流，把粗粒矿物和密度大的矿物提升到浮选槽的

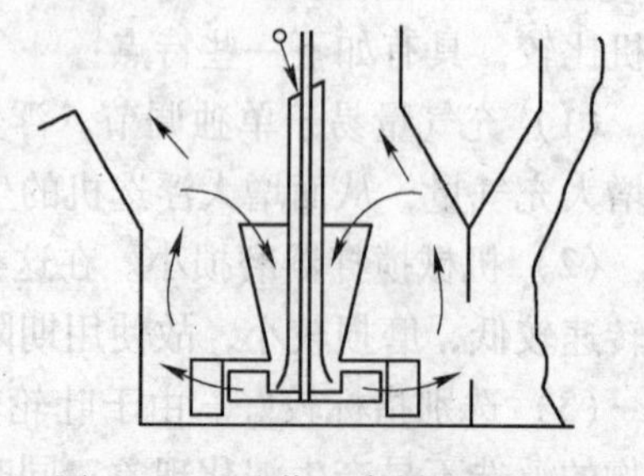
图3－30 矿浆垂直循环示意图

中上部，从而消除了矿浆在浮选机内出现的分层和沉砂现象。由鼓风机压入的低压空气，经叶轮和盖板叶片的作用，均匀地弥散在整个浮选槽中。矿化气泡随垂直循环流上升，进入在槽子上部的平静分离区后，使不可浮的脉石与矿化气泡分离。矿化气泡进入到泡沫层的路程较短，是该浮选机工作性能的一个特点。

CHF－X 14m^3 充气搅拌式浮选机技术特性列于表 3－28。

表 3－28 CHF－X 14m^3 充气搅拌式浮选机技术特性

项　目	规　格
槽体尺寸（长×宽×高）/mm×mm×mm	2000×4000×1800
几何容积/m^3	14.4
生产能力（按矿浆计）/m^3·min^{-1}	6～28
主轴电动机每轴（安装功率）/kW	吸入槽 30，直流槽 17
主轴转速/r·min^{-1}	吸入槽 220，直流槽 150
叶轮直径/mm	900
最大充气量/m^3·(m^3·min)$^{-1}$	吸入槽 0.4～0.5，直流槽 1.5～1.8
气泡分散度＝平均充气量/(最大点充气量－最小点充气量)	9.0［直流槽充气量为 1m^3/(m^3·min)］
充气压力/Pa	17652

B　阿基太尔型浮选机

阿基太尔型浮选机是国外常见的充气搅拌式浮选机之一，且近年来已日趋大型化，由叶轮、稳流板、中空轴和槽体几个基本部件所组成，其结构如图 3－31 所示，但在结构和工作上有它独特之处。

独特的叶轮是该机的标准型叶轮。它是一个圆盘形或圆锥形的钢板，在圆周上一般每隔 20～30mm 的间距，均匀地垂直安装着棒条，所以可称为棒式梳子叶轮。棒的数量根据负荷不同，用 16～32 根。

阿基太尔型浮选机的技术规格见表 3－29。

C　BFP 型浮选机

BFP 型浮选机由瑞典沙拉（SALA）公司制造，所以也称为沙拉（BFP）型浮选机，其结构如图 3－32 所示，它由槽体、叶轮、盖板、主轴和中心空气导管几个部件所组成。

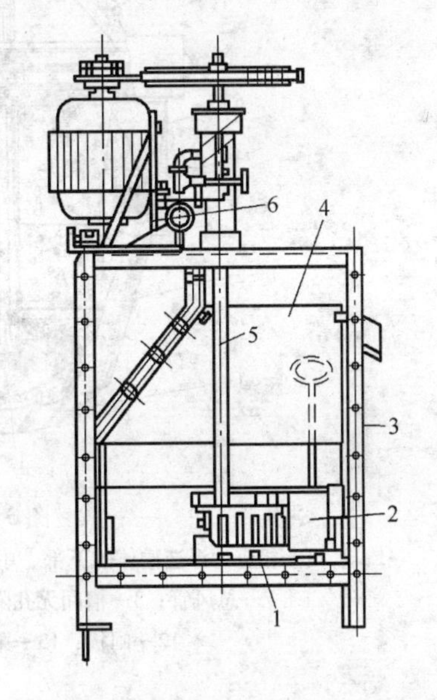

图 3－31　阿基太尔型浮选机的结构
1—叶轮；2—径向板；3—槽体；4—可取下的槽间隔板；5—空心轴；6—空气总管

表 3－29　阿基太尔型浮选机的技术规格

型　号	槽子尺寸（宽×长×深）/mm×mm×mm	槽子容积/m^3	叶轮 个数×直径（mm）	叶轮周速/m·s^{-1}	功率/kW	空气/m^3·min^{-1}
90A×300	3048×2286×1321	8.4	1×1016	6.1～7.37	25	7.0
90A×400	3048×2438×1524	11.2	1		25	8.4

续表 3-29

型号	槽子尺寸（宽×长×深）/mm×mm×mm	槽子容积 /m^3	叶轮 个数×直径（mm）	叶轮周速 /$m \cdot s^{-1}$	功率 /kW	空气 /$m^3 \cdot min^{-1}$
102A×500	3600×2590×1727	14.0	1		30	11.2
108A×600	3000×2743×1980	16.8	1		30	14.0
120×300	3048×3048×914	3.4	4×686	5.94	2×20	11.3~17.0
120×400	3048×3048×1200	11.2	4×686	5.94	2×20	11.3~17.0
120×800	6095×3048×1321	22.4	2×1016	6.1~7.37	2×25	11.3~17.0
120A×400	3048×3048×1331	11.2	1×1016	6.1~7.37	25	8.5
120A×500	3658×3048×1372	14.0	1×1016	6.1~7.37		8.5
120A×1000	6096×3048×1626	28.0	2			8.5
144×650	3658×3658×1372	18.2	4×686	5.94~6.45	2×25	19.8
168×1200	4267×4267×1830	33.6	4×762		2×30	23.0

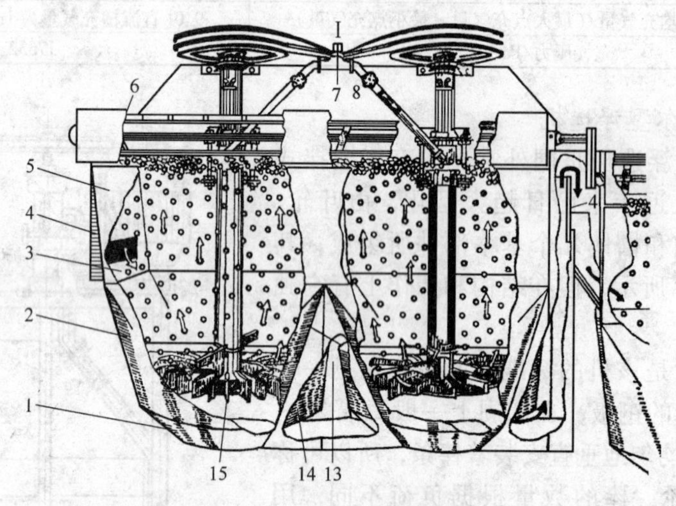

图 3-32　BFP 浮选机的结构

1，2，3—相应为浮选槽体的下部、中部和上部；4—槽壁上的进料孔；5—给料箱；6—泡沫刮板；7—总风管；8—槽间无孔隔板；9—主轴；10—中心空气导管；11—中间室；12—闸板；13—第二槽的进料孔；14—排料孔；15—叶轮

这种浮选机每两个槽子为一组，彼此互相连通。工作时，矿浆从给矿箱经第一槽槽体上部，但低于泡沫层水平面的进料孔给入槽中，向下流至槽体下部，并经由位于叶轮下部的排料孔流入到第二槽。第二槽的入料孔，位于槽体的下部，但高于叶轮。两槽上部用无孔隔板隔开，第二槽排出的矿浆，再流入到另一机组的给料箱（中间室），并由槽体上部的给料孔进入该机组。来自低压风机的空气由中心空气导管压入到盖板和叶轮之间，并被旋转的叶轮和盖板定子充气器组分割成细小气泡（充入的空气量，可由空气调节阀进行调节）。在浮选机内，上升的气泡与向下流动的矿浆，形成一种对流运动，从而提高了浮选机的选别效率。

3.3.3.3　充气（压气）式浮选机

这类浮选机在结构上的特点是没有机械搅拌器，也没有传动部件，其矿浆的充气是靠外部的压风机输入压缩空气来实现的，故称之为充气式浮选机或称为压气式浮选机，如国内浮选厂使用的浮选柱即属此类。

由压风机压入的空气，通过特制的充气器（亦称气泡发生器）可形成细小的气泡。浮选柱因属单纯的压气式浮选机，对矿浆搅拌作用甚弱或没有搅拌能力。为使矿粒能与气泡得到充分接触的机会，矿浆从浮选机槽体上部给入，气泡从槽底上升，利用这种逆流原理来实现气泡的矿化。

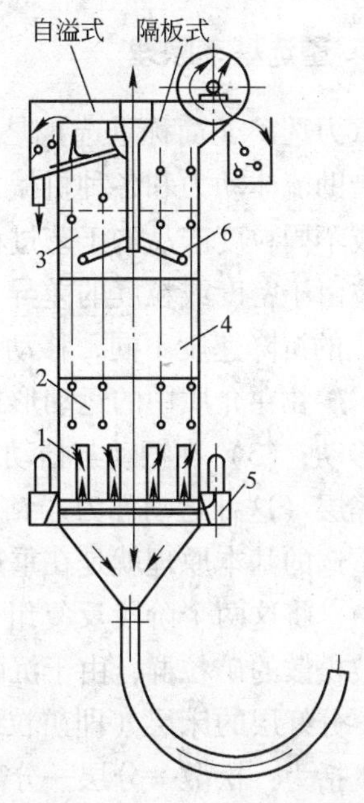

图 3－33 浮选柱的结构

1—竖管充气器；2—下体；3—上体；4—中间圆筒；5—风室；6—给矿器

实践表明，这类浮选机比较适用于处理组成简单和品位较高易选矿石的粗选、扫选作业。目前国内外对浮选柱的结构仍在继续进行研究，以进一步改善其工作性能。充（压）气式浮选机，属于外部供气的无机械搅拌器类浮选机。浮选柱就是其中应用最多的一类充气（压气）式浮选机。

浮选柱结构简单，它是一个柱体，内装充气器（气泡发生器），此外还有给矿器、泡沫槽以及管网等。浮选柱的结构如图 3－33 所示。经药剂处理的矿浆从柱体上部给矿器均匀给入，矿粒在重力的作用下缓缓沉降，空气由空气压缩机经浮选柱底部的充气器（气泡发生器）不断压入。由充气器出来的细小气泡，均匀地分布在柱体的整个断面上。这些细小的气泡，穿过向下流动的矿浆徐徐向上升浮。在这种对流运动中，矿粒和气泡发生相互接触和碰撞，实现气泡的矿化。矿化气泡升浮至矿液面后形成泡沫层，溢出或刮出而得泡沫产品。非泡沫产品则由柱体底部排出。

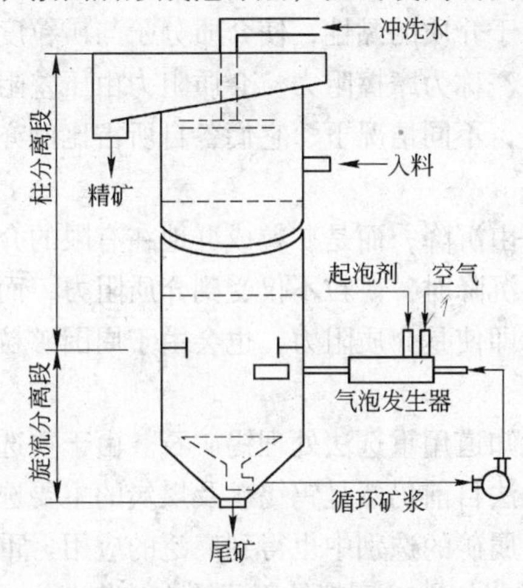

图 3－34 旋流—静态微泡浮选柱的分选原理

矿化气泡机械夹杂的一些脉石，由于新给入的矿浆及被抑制矿物向下沉降，矿化气泡上升，在这种对流运动情况下，有一种对流冲刷作用，兼之矿化气泡在升浮中的相互兼并，从而使矿化气泡中机械夹杂的脉石被冲刷下来，重新落入矿浆中。所以对流也起着“二次富集”的作用，这对提高分选效率和精矿质量都有利。

我国一些浮选厂的生产实践证明，对于矿物组成简单，品位较高的易选矿石可采用浮选柱，且一般用于粗、扫选作业。

旋流—静态微泡浮选柱的分选原理如图 3－34 所示。该浮选柱的工作原理在于：一是将浮选与重选方式相结合，形成复合力场，提高了分选效率；二是形成以重选、浮选为核心的多重循环强化分选链；三是过饱和溶解气体析出及采用高效射流成泡方式形成微泡；四是填料和筛板的混合充填方式，构成了柱体内的“静态”分离环境。

3.4 重选方法及设备

3.4.1 重选基本原理

重力选矿（简称重选）是主要的选矿方法之一，它是根据各种矿物的密度或粒度的不同借助流体动力和各种机械力的作用，造成适宜的松散分层和分离条件，从而得到不同密度或不同粒度产品的工艺过程。矿物的颗粒、形状影响其按密度分选的精确性。各种混合矿粒由于密度或粒度的差异，因而在运动介质中（如水、密度大于水的重介质以及空气等）的沉降速度不同，移动的程度也不同。重选过程就是利用这种差异使矿物达到分离的。矿粒在介质中的运动形式主要有：（1）重力作用下的垂直沉降；（2）在斜面水流内的移动；（3）在振动与摇动下的析离；（4）细粒与运动介质一起钻过周围颗粒的空隙移向底层（这种运动称为"钻隙"）。

重选的基本原理就是在重选过程中采用了松散—分层、运搬—分离两个阶段。在实际运用中，将这两个阶段反复组合打散再组合，形成了不同的重选工艺流程。在运动介质中，被松散的矿粒群，由于沉降时运动状态的差异，形成不同的密度（或粒度）矿粒的分层。分好层的床层（即矿粒组成的物料层）通过运动介质的运搬达到分离，其基本规律可概括为：松散—分层—分离。实际上，松散分层和运搬分离几乎都是同时发生的。松散是分层的条件，分层是分离的基础。

沉降是最基本的运动形式。松散可以看作矿粒在上升介质流中沉降的一种特殊形式。沉降过程中，最常见的介质运动形式有静止、上升和下降流动三种。单个物体在无限的介质中的沉降，称为自由沉降。矿粒在介质中运动时，由于介质质点间的内聚力的作用，最终表现为阻滞矿粒运动的作用力，这种作用力称为介质阻力。介质阻力始终与矿粒相对于介质的运动速度方向相反。由于介质的惯性，使运动矿粒前后介质的流动状态和动压力不同，这种因压力差所引起的阻力，称为压差阻力。由于介质的黏性，使介质分子与矿粒度表面存在黏性摩擦力，这种因黏性摩擦力所致的阻力，称为摩擦阻力。介质阻力由压差阻力和摩擦阻力所组成，这两种阻力同时作用在矿粒上，不同情况下，它们各自所占比例亦不同。但归根结底，都由介质黏性所致。

实际选矿过程并非是单个颗粒在无限介质中的自由沉降，而是矿粒成群地在有限的介质空间里的沉降，这种沉降形式称为干涉沉降。干涉沉降时，矿粒不仅受到介质阻力，而且还要受周围矿粒和器壁所引起的机械阻力的作用；即使是介质阻力，也会由于周围矿粒的影响，较自由沉降时要大。

重选是一种历史悠久的选矿方法。在我国汉代就知道用重选法处理锡矿石。由于重选方法简单，成本较低，而且日益发展完善，所以重选法目前仍然是钨锡矿及煤炭的主要选矿方法。在某些有色金属、黑色金属、贵金属及非金属矿的选别中也得到广泛的应用。重力选矿中按粒度分选过程（如分级、脱水等）几乎在一切选矿厂都是不可缺少的作业。

3.4.1.1 重选工艺方法

根据介质的运动形式及分选原理的不同，重选可分为分级、洗矿、重介质选矿、跳汰选矿、摇床选矿、溜槽选矿等多种工艺方法。重力选矿方法的类别及其应用范围见表3-30。

表 3-30 重力选矿方法的类别及其应用范围

重选工艺方法类别	粒度/mm		密度/$kg \cdot m^{-3}$	
	最小	最大	最小	最大
水力分级	0.074	60	1200	4200
洗 矿	0.000	300	1200	15600
重介质选矿	0.100	300	1200	8000
跳汰选矿	0.074	250	1200	15600
摇床选矿	0.074	38	1200	15600
溜槽选矿	0.010	100	1200	3000

表 3-30 中所列的分级和洗矿，都是按粒度分离的作业，但洗矿处理的对象是含泥含水高、易胶结的矿石，兼有碎散的作用。其他各种重选工艺方法，则均属于按密度分选性质的作业。

3.4.1.2 重选特点及其应用

各种重选过程的共同特点是：(1) 矿粒间必须存在密度的差异；(2) 分选过程在介质中进行；(3) 在重力、流体力以及其他机械力综合作用下，矿粒群分散并按密度分层；(4) 分层好的物料，在介质作用下能够达到分离，并获得不同的最终产品。

利用重选法分离矿石的难易程度，主要由待分离矿物的密度差决定，可由式(3-11)近似地评定。

$$E = \frac{\delta_2 - \rho}{\delta_1 - \rho} \tag{3-11}$$

式中 E——重选矿石可选性评定系数；

δ_1，δ_2——分别为低密度矿石和高密度矿石的密度；

ρ——分选介质的密度。

可选性评定系数 E 值大者，分选容易，即使矿粒间的粒度差别较大，也能较好地按密度加以分选；反之，E 值小者，分选比较困难，而且在入选前往往需要将矿粒分级，以减少因粒度差别而影响按密度分选。矿石的可选性按 E 值的大小分类见表 3-31。

表 3-31 矿石的可选性按 E 值的大小分类

E 值	$E>5$	$5>E>2.5$	$2.5>E>1.75$	$1.75>E>1.5$	$1.5>E>1.25$	$E<1.25$
难易度	极易选	易选	较易选	较难选	难选	极难选

由表 3-31 可知，$E>5$，属极易重选的矿石，除极细（$<10 \sim 5\mu m$）的细泥外，各个粒度的物料都可用重选法选别；$5>E>2.5$，属易选矿石，按目前重选技术水平，有效选别粒度下限有可能达到 19μm，但 37 ~ 19μm 级的选别效率也较低；$2.5>E>1.75$，属较易选矿石，目前有效选别粒度下限可达到 37μm 左右，但 74 ~ 37μm 粒级的选别效率也较低；$1.75>E>1.5$，属较难选矿石，重选的有效选别粒度下限一般为 0.5mm 左右；$1.5>E>1.25$，属难选矿石，重选法只能处理不小于数毫米的粗粒物料，且分离效率一般不高；$E<1.25$ 的属极难选的矿石，不宜采用重选。

一般而言，只要有用矿物颗粒较粗，则大部分金属矿物均不难用重选法同脉石分离，但共生重矿物相互间的分离则比较困难。例如，白钨矿同石英分离 $E=3.1$，同辉锑矿分离 $E=1.4$；又如，锡石同石英 $E=3.8$；而锡石同辉铋矿 $E=1.05$，同黄铁矿 $E=1.56$。

采用重介质选矿时，若取 $\rho=\delta_1$，则 E 值将趋向于无穷大，表明重介质选矿法可用于选别密度差极小的矿物，在理论上选别粒度下限也应很小，但由于技术上和经济上的原因，目前只能选别大于0.5～3mm的物料。

虽然采用重选法选别微细颗粒效果较差，但由于重选具有设备构造简单、生产成本低、对环境污染小等明显的优点，它仍是目前最重要的选矿方法之一。在国内外，重选广泛地被用于处理矿物密度差较大的原料，是选别金、钨、锡矿石的传统方法，在处理煤炭、稀有金属（钽、铌、钍、锆、钛等）矿物的矿石中应用也很普遍。在我国洗煤厂中，重选法担负着处理75%～80%的原煤任务，是最主要的选煤方法。重选法也被用来选别铁、锰矿石，同时也用于处理某些非金属矿石，如石棉、金刚石、高岭土等。对于那些主要以浮选法处理的有色金属（铜、铅、锌等）矿石，也可用重选法进行预先选别，除去粗粒脉石或围岩使有色金属达到初步富集。而脱水、分级，几乎是所有选矿厂不可缺少的作业。重选方法除对微细粒级选别效果较差外，能够有效地处理各种不同粒级的原料。重选设备结构较简单、生产处理量大、作业成本较低，故在条件适宜时均优先予以应用。

3.4.2 重选设备

重力选矿是按矿物密度差分选矿石的方法，在当代选矿方法中占有重要地位。重选的优势在于它处理的矿石粒度较宽，能分选其他选矿方法无能为力的粗粒矿石。重选设备一般来说结构简单，易于制造，生产中不耗用贵重的药剂，同时排出的废弃尾矿对环境污染小。

重选的优越性表现在对粗粒矿石预选应用和微细矿泥的分选上，新的重选设备正在向着大型化、多层化和离心力的应用方向发展。

3.4.2.1 低磁场自重介跳汰机

北京科技大学矿物加工室经过多年研究，开发了低场强自重介跳汰机，将磁电、跳汰与重介质选矿结合起来研究，作为磁铁矿精选设备取得了一些成果。

2000年研制的300mm×300mm的小型设备用于提高首钢水厂选矿厂铁精矿品位，工业分流试验结果：原矿品位62.64%，精矿品位68.27%，作业产率84.16%，作业回收率91.27%，满足了首钢矿业公司铁精矿品位大于68.0%的计划要求。

低场强自重介跳汰机由给矿管、电磁磁系、充填介质、给水管、传动机构和精、尾矿排出管构成（图3－35）。

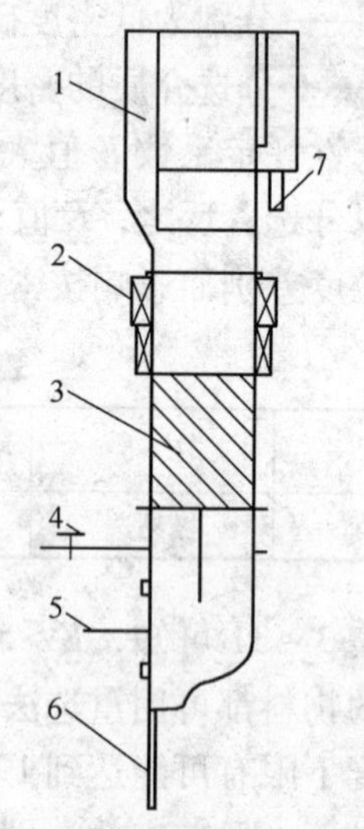

图3－35 低场强自重介跳汰机的结构
1—给矿管；2—电磁磁系；3—充填介质；4—给水管；5—传动机构；6—精矿排出管；7—尾矿排出管

国内外学者研究表明，在跳汰过程存在重介质作用，前苏联物理学家维尔斯基提出了扇形分层假说。重矿物的颗粒沿床层垂直方向的运动速度是变化的，在中间部位速度最低，表示该区域穿透性最小；而轻矿物的颗粒下落到中间层后，复又上升，具有跳跃运动的性质。可见，跳汰床层“中间层”最紧密是客观事实。它好似一道栅栏，起着分割轻重矿物的作用。可以将该“中间层”看成是“重介质层”。

跳汰的脉动水流速度和加速度与“中间层”的结构以及松散度关系密切。调节控制跳汰的冲程、冲次，造成恰当的水流速度和加速度，就有可能造成“中间层”的合适密度，从而强化重介质分选作用。充填介质层对矿浆具浓密、滞流的作用，有利于自重介质层的迅速形成及密度的提高；充填介质构成的斜波通道在水流作用下具有类似流膜选矿的补充分选作用，在充填介质层上方的低磁场有利于重介层的形成和加密，同时形成弱的磁团聚，避免了过多的单体解离的微细磁铁矿颗粒随溢流流出。

河北联合大学秦煜民对包钢磁选精矿品位为60%左右的矿石进行了低磁场自重介质跳汰试验研究。生产现场设备运行的具体条件为给矿量 $Q=1.4\text{t/h}$，补加水量 $W=3\text{m}^3/\text{h}$，磁场强度 $H=4.0\text{kA/m}$（激磁电流 $I=1.0\text{A}$），冲程 $L=7\text{mm}$，冲次 $n=320\text{r/min}$（变压器电压 $V=100\text{V}$），排矿口直径 $d=11\text{mm}$。设备运行稳定24h后，每20min取样1次，1h合并成一个样。采用低磁场自重介质跳汰机处理磁选精矿，一次选别就可以将磁选精矿的铁品位从59.20%提高到64.02%，提高4.82个百分点，其铁的作业产率为87.74%，回收率为94.88%，尾矿品位24.69%。与现场反浮选作业相比，在产出铁精矿品位基本不变的情况下，铁精矿产率、回收率比反浮选分别提高2.31个百分点、3.26个百分点。由此可见，低磁场自重介质跳汰机处理磁选精矿，能有效提高磁选精矿的精选效果，指标均优于现生产工艺流程指标。

低磁场自重介质跳汰机充分利用矿石磁重性质的差异，在磁重联合作用下实现了磁铁矿与脉石的高效分选。低磁场自重介质跳汰机在包钢选矿厂应用，处理白云鄂博式磁铁矿石，可以稳定经济地提高铁精矿质量，并对不同类型的磁铁矿矿石具有一定的适应能力，该设备的推广应用，可以提高我国选矿和冶金企业的经济效益。

3.4.2.2 螺旋溜槽

螺旋溜槽的主体部件是螺旋槽，由玻璃钢制成的螺旋片用螺旋栓连接而成，在其内表面加上含辉绿岩粉的耐磨层。在螺旋溜槽的上部有分矿器和给矿槽，下部有产品截取器和接矿槽，整个设备用槽钢垂直地架起。螺旋溜槽的结构如图3-36所示。

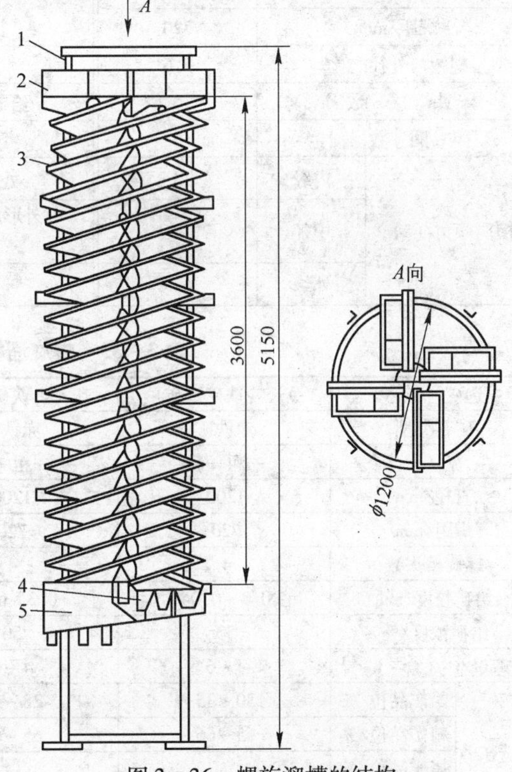

图3-36 螺旋溜槽的结构

1—槽钢钢架；2—给矿槽；3—螺旋溜槽；4—产物截取器；5—接矿槽

螺旋溜槽的断面形状（图3-37a）为一立方抛物线，其坐标图形如图3-37b所示。取坐标原点 O 为螺旋槽外缘，立方抛物线上的一点 A 为螺旋槽内缘，曲线

OA 即是螺旋槽的槽底，再加上槽壁 *BA* 和 *OC*，即形成 *BAOC* 螺旋槽的横断面。矿浆在槽面上流动时，在较大范围内为层流流动，因此，螺旋溜槽可以回收微细粒级矿物。我国制造的工业用螺旋溜槽的技术参数见表 3 - 32，这种设备已在处理细粒赤铁矿中广泛应用。螺旋溜槽的选矿技术指标见表 3 - 33。

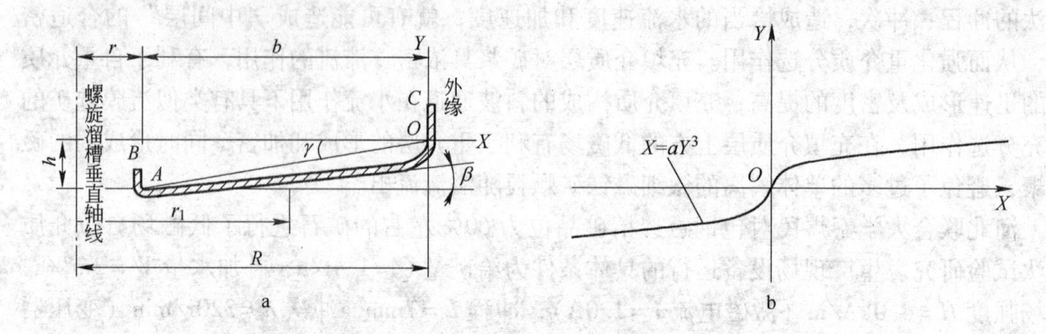

图 3 - 37 螺旋溜槽的横断面形状

a—横断面形状；b—坐标图

表 3 - 32 我国制造的工业用螺旋溜槽的技术参数

参数		数值	参数		数值
螺旋槽外径/mm		1200	纵向倾角/(°)	内缘	46
螺旋槽内径/mm		220		中径	18
螺距/mm		720		外缘	11
螺距与外径之比		0.6	给矿粒度/mm		0.2 ~ 0(- 0.074mm 占 38% ~ 52%)
头（层）数		4	给矿体积/$m^3 \cdot h^{-1}$		10 ~ 14
圈数		5	给矿浓度/%		25 ~ 35
横向倾角/(°)	内缘	3	处理能力/$t \cdot h^{-1}$		4 ~ 5
	中径	5	外形尺寸(长×宽×高)/mm×mm×mm		1400×1400×5820
	外缘	90	设备质量/kg		550

表 3 - 33 螺旋溜槽选矿技术指标

选矿厂名称		弓长岭铁矿选矿厂	齐大山铁矿选矿厂	南芬铁矿选矿厂	钟山铁矿选矿厂
矿石类型		赤铁矿	赤铁矿	磁选尾矿	赤铁矿
流程		一粗一精	一粗一精	一粗一精	一粗一精二扫
直径/mm		1200	1200	1200	1200
螺距/mm		720	720		
螺旋槽头数		4	4		
给矿粒度/mm		0.3 ~ 0.04	0.3 ~ 0.04		
给矿浓度/%		50	50		
处理量/$t \cdot (台 \cdot h)^{-1}$		4 ~ 6	4 ~ 6		
选矿指标	给矿品位/%	30 ~ 35	28 ~ 32	12 ~ 17	35
	精矿品位/%	65 ~ 66	65 ~ 66	57 ~ 63	59.7
	尾矿品位/%				24.7
	回收率/%	60 ~ 70	60 ~ 70	38 ~ 53	50.9
	精矿产率/%				30.1

3.4.2.3 梯形跳汰机

梯形跳汰机的结构如图3-38所示。梯形跳汰机共有8个跳汰室，分为两列，每列四个室。两列背靠背用螺栓连接起来形成一个整体。每两个相对的跳汰室为一组，由一个传动箱伸出通长的轴带动两侧垂直隔膜运动。全机共有两台电动机，每台驱动两个传动箱。传动箱内装有偏心连杆机构，借改变轴上偏心套的相对位置调节冲程。筛下补加水由两列设在中间的水管引入到各室中。在水流进口处有弹性的盖板，当隔膜前进时，借水的压力使盖板遮住进水口，水不再给入；当隔膜后退时盖板打开，补充给入筛下水，从而造成下降水速弱、上升水速又不太强的不对称跳汰周期。

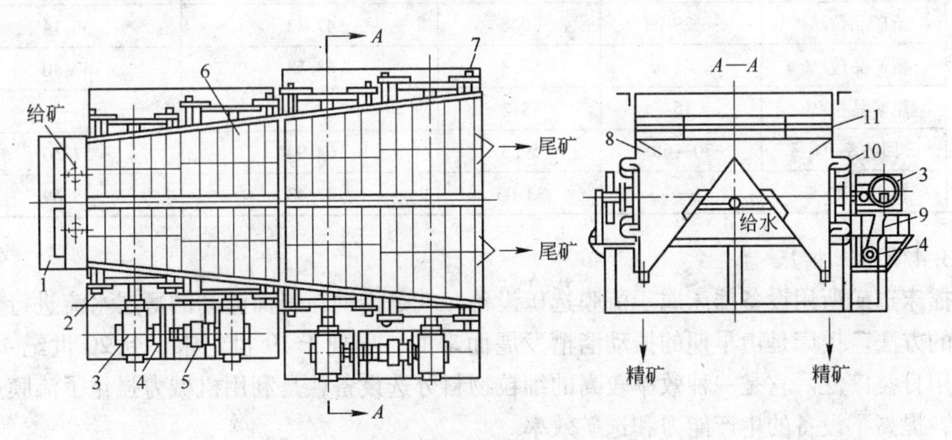

图3-38 梯形跳汰机的结构

1—给矿槽；2—前鼓动箱；3—传动箱；4—三角皮带轮；5—电动机；6—后鼓动箱；7—后鼓动盘；8—跳汰室；9—三角带；10—隔膜；11—筛板

整个跳汰机的筛面自给矿端向排矿端扩展，成梯形布置。全机工作面积很大，一台给矿端宽1200mm，排矿端宽2000mm，长3600mm的跳汰机，总面积达到5.76m^2。重产物采用透筛排料法排出，为使脉动水流均匀地分布在整个筛面上，隔膜与筛板间保持着一定的高度差，并在筛板下面设置倾斜挡板，以使水流的流动长度大致相等，避免靠近隔膜的部分床层鼓动过大。这种梯形结构致使矿浆的流速逐渐降低，床层又逐渐减薄，而有利于细粒重矿物的回收。

各跳汰室可以分别采用不同的跳汰制度，每室的冲程、冲次都可单独调节，在接近给矿端，矿浆流速快，矿层厚，矿粒粗，应采用大冲程低冲次的操作制度，而后应采用逐渐减小冲程，加大冲次的操作制度。因此，物料中粗、细颗粒都分别得到较好的分选工艺指标。梯形跳汰机处理量大，达到15~20t/(台·h)，一般给矿粒度为-6mm，最大给矿粒度可达10mm。梯形跳汰机的选矿技术指标见表3-34。

表3-34 梯形跳汰机的选矿技术指标

选矿厂名称	龙烟铁矿选矿厂		黄梅山铁矿选矿厂	凤凰山铁矿选矿厂
矿石性质	赤铁矿		赤铁矿	赤铁矿
作业名称	原矿跳汰		原矿跳汰	原矿跳汰
给矿粒度/mm	10~2	2~0	3~0.2	2~0

续表 3-34

选矿厂名称		龙烟铁矿选矿厂		黄梅山铁矿选矿厂	凤凰山铁矿选矿厂
冲程/mm		40~25	30~18	28~10	30~18
冲次/次·min⁻¹		240~150	230~160	300~120	320~160
床层厚度/mm		70~60	90~80	90	60~50
床石材料		赤铁矿	赤铁矿	赤铁矿	赤铁矿
床石粒度/mm		50~30	10~4	18~12	8~6
处理量/t·(台·h)⁻¹		20~16	15	10	15~10
选矿指标	给矿品位/%	29	30.8	47.13	36.14
	精矿品位/%	48	55.3	63.53	47.40
	尾矿品位/%	15	18.2	—	—
	回收率/%	70~68	59.3	63.94	57.30
	精矿产率/%	—	33.03	47.43	43.69

3.4.2.4 摇床

摇床选矿所用设备摇床属于流膜选矿设备，就是借助在斜面流动的薄层水流进行重力选矿的方法。摇床是由早期的振动溜槽发展而来的，出现于19世纪末，到20世纪40年代应用日益广泛。它是一种效率较高的细粒物料分选设备，是利用机械力强化了流膜选矿过程，提高了设备的生产能力和选矿效率。

所有的摇床基本上都是由床面、机架和传动机构三大部分组成。典型的摇床结构如图3-39所示。平面摇床的床面近似呈矩形或菱形。在床面纵向的一端设置传动装置。床面的横向有较明显的倾斜，在倾斜的上方布置给矿槽和冲水槽。床面上沿纵向布置有床条(俗称来复条)。床条的高度自传动端向对侧逐渐降低，并沿一条或两条斜线尖缩。整个床面由机架支撑或吊起。机架上并有调坡装置。

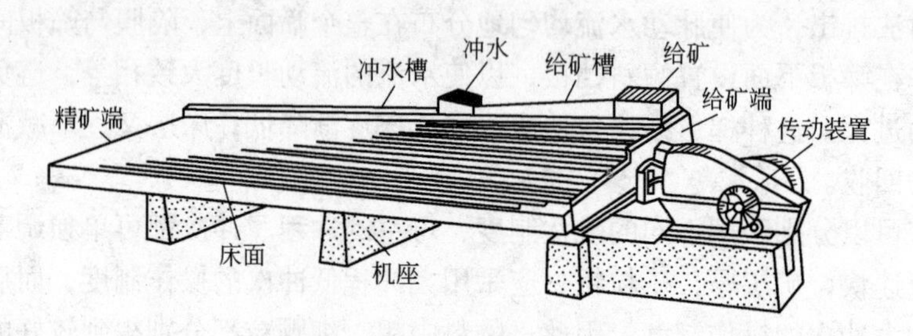

图3-39 典型的摇床外形

由给水槽给入的冲洗水，铺满横向倾斜的床面，并形成均匀的斜面薄层水流。当物料（一般为水力分级产品，浓度为25%~30%的矿浆）由给矿槽自流到床面上，矿粒在床条沟槽内受水流冲洗和床面振动作用而松散、分层。上层轻矿物颗粒受到较大的冲力，大多沿床面横向倾斜向下运动，排出称作尾矿。相应地床面这一侧称为尾矿侧。而位于床层底部的重矿物颗粒受床面的差动运动沿纵向运动，由传动端对面排出称作精矿，相应床面位置称为精矿端。不同密度和粒度的矿粒在床面上受到的横向和纵向作用是不同的，最后的运动方向不同，而在床面呈扇形展开，可接出多种质量不同的产品。

摇床根据入选矿石粒度的不同，可分为：矿砂摇床（处理大于0.5mm的矿石）、细砂摇床（处理0.5～0.074mm的矿石）、矿泥摇床（处理0.074～0.037mm的矿石）。三种摇床的主要区别在于：其床面来复条的形式、冲程、冲次、床面倾角（横向坡度）等不同。摇床的主要技术参数见表3－35。

表3－35 摇床的主要技术参数

项 目	冲程 /mm	冲次 /次·min^{-1}	给矿粒度 /mm	处理量 /t·d^{-1}	配用电动机		外形尺寸 /mm×mm×mm
					型号	功率/kW	
6－S摇床	10～34	240～380	0.02～2	15～108	Y90S－4	1.1	5600×1825×1560
离子波纹摇床	8～22	240～360	0.019～2	5～35	Y100L－6	1.5	5454×1825×1242
2100×1050小摇床	12～28	250～450	0～4	7.2～19.2	Y90L－6	1.1	3045×1050×1020
给矿浓度	粗砂20%～30%、细砂18%～25%、矿泥15%～20%						
冲洗水量	矿砂0.7～1.0t/(台·h)、细砂0.4～0.7t/(台·h)						
处理能力	粗砂1.0～1.8t/(台·h)、细砂0.5～1.0t/(台·h)、矿泥0.3～0.5t/(台·h)						

目前我国使用比较广泛的有衡阳式摇床、云锡式摇床和弹簧摇床。摇床主要用于选别钨、锡、钽、铌、铬和其他有色金属、稀有金属以及贵金属矿石，也可用来选别铁、锰等矿石。选分金属矿石的有效选别粒度范围是3～0.02mm。

除了平面摇床外，还有离心摇床。离心摇床是将平面摇床沿横向弯曲成阿基米得螺线，然后按百叶窗形式搭接成圆筒形，用幅条固定在水平摇动轴上。轴是中空的，冲洗水通过该轴心引到床面胶管中，矿浆则由摇床端部幅条外的环形槽引到床面上，床头是弹簧摇床结构，另有直流电动机带动摇床转动。选别产品由床面的纵向搭接缝排出，落入外罩槽沟内，距床头愈远排出的产品密度愈高。SLY型双头离心摇床的结构如图3－40所示，由于离心力和重力的联合作用，分层速度加快，单位床面处理能力比平面摇床高出5倍。SLY型双头离心摇床用于南芬选矿厂选别磁选尾矿，以回收其中的赤铁矿，当给矿粒度为－0.074mm为25%～30%，给矿浓度25%以上，原矿铁品位18.06%，经一次选别可得到铁精矿品位50.00%，作业回收率50%以上，提高全厂铁精矿回收率2.78%。

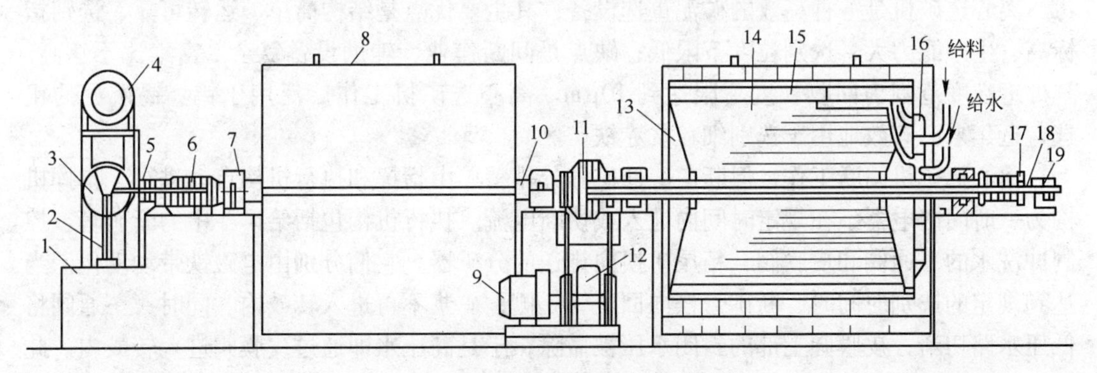

图3－40 SLY型双头离心摇床的结构

1—基础；2—弹簧板；3—偏重轮；4—摇动电动机；5—连接板；6—软橡胶弹簧；7—双向滚动轴承；8—接矿外罩；9—转动电动机；10—中空大轴；11—硬橡胶弹簧；12—减速机；13—支承圈；14—床板；15—料水槽；16—料水环；17—冲程调节螺母；18—调节平衡杆；19—大螺母

3.4.2.5 离心选矿机

离心选矿机是借助离心力进行流膜选矿的设备，矿浆在截锥形转筒内流动，除受有离心力的作用之外，松散—分层的原理与其他重力溜槽相同。

离心选矿机的结构如图3－41所示，设备的主要工作部件为一截锥形转鼓，给矿口直径为800mm，向排矿端直线增大，坡度（半锥角）为3°～5°，转鼓垂直长度为600mm。借锥形底盘将转鼓固定在中心轴上，并由电动机带动旋转。上给矿嘴和下给矿嘴伸入到转鼓内，矿浆由给矿嘴喷出顺切线方向附着在鼓壁上，在随着转鼓旋转的同时沿鼓壁斜面流动，构成了空间的螺旋形运动轨迹。

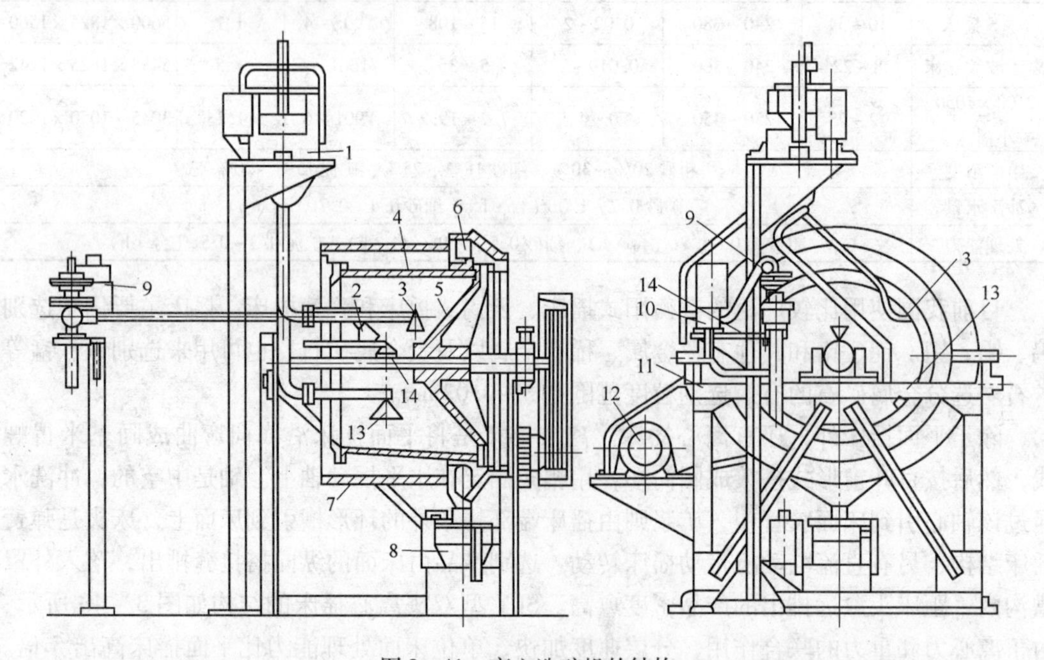

图3－41 离心选矿机的结构

1—给矿器；2—冲矿嘴；3—上给矿嘴；4—转鼓；5—底盘；6—接矿槽；7—防护罩；8—分矿器；9—皮膜阀；10—三通阀；11—机架；12—电动机；13—下给矿嘴；14—洗涤水扁嘴

离心选矿机是一种高效的矿泥重选设备，其主要优点是结构简单、运转可靠、选别指标高、生产能力大、选别粒度下限低；缺点是间断作业、辅助设备复杂、富集比不够高。其处理粒度范围为回收粒度下限达到10μm。离心选矿机工作广泛用于钨、锡矿泥的粗选，近年来已有效地用于选别细粒贫赤铁矿。

离心选矿机间断工作，但断矿、冲矿和分排精矿由指挥和执行机构自动进行，指挥机构为一时间继电器，在规定时间内通入或切断电流。执行机构包括给矿斗中的断矿管、控制冲洗水的三通阀和皮膜阀，精尾矿换向排送的分矿器。它们分别由电磁铁带动动作。当达到规定的选别时间时，断矿管摆向回流管一侧，矿浆不再进入转鼓内。同时，三通阀将低压水路切断，皮膜阀上部的封闭水压被撤除，于是高压水即通过皮膜阀进入转鼓内。此时下部的分矿器也摆动到精矿管一侧，将冲洗下来的精矿导入精矿管道内。待冲洗完毕(2～3s)，各执行机构分别恢复原位，继续对给矿进行分选。

弓长岭选矿厂是我国最早建成处理假象磁铁矿石的磁重流程选矿厂。原设计重选全部

采用 ϕ800mm×600mm 离心选矿机，采取一次粗选、一次精选流程，得最终精矿和最终尾矿，精选尾矿循环处理，其选别指标见表 3-36。

表 3-36 弓长岭新选矿厂 ϕ800mm×600mm 离心机选别指标 (%)

作 业	给矿品位 Fe	精 矿			尾矿品位 Fe	备 注
		作业产率	品位 Fe	作业回收率		
粗选	25.78	44.10	44.25	75.50	11.27	多台单机 28 次平均值
精选	44.21	49.84	60.24	72.86	22.30	连续运转试验考查

后经一次改造采用 ϕ1600mm×900mm 双锥角离心选矿机。采用阶段选别、强磁抛尾、中矿再磨、粗细分选的磁重流程。各段离心机的分选指标见表 3-37。

表 3-37 弓长岭选矿厂二次改造后三段离心机作业指标 (%)

项 目	原矿 FeO 含量	粗选离心机					一次精选离心机给矿品位 Fe
		给矿品位 Fe	精矿品位 Fe	尾矿品位 Fe	作业回收率	给矿浓度	
工业试验指标	3.74	25.66	36.04	14.07	74.10	27.15	38.90

项 目	一次精选离心机				二次精选离心机				
	精矿品位 Fe	尾矿品位 Fe	作业回收率	给矿浓度	给矿品位 Fe	精矿品位 Fe	尾矿品位 Fe	作业回收率	给矿浓度
工业试验指标	50.70	34.32	36.44	21.69	50.70	63.24	36.67	65.87	18.26

3.4.2.6 螺旋选矿机

螺旋选矿机的主体工作部件也是一个螺旋形溜槽，横截面倾角较大，因而适合于处理 2～0.1mm 粒级物料。

螺旋选矿机有 3～5 圈具有一定倾斜度的螺旋槽，其断面呈二次抛物线或椭圆形的 1/4 部分。螺旋选矿机的结构如图 3-42 所示。矿浆自上部给入后，在沿槽流动过程中粒群发生分层。进入底层的重矿物颗粒沿槽底的横向坡度向内移动，位于上层的轻矿物则随着回转流动的矿浆沿着槽的外侧向下运动，最后由槽的末端排出，成为尾矿。密度不同的矿物在槽的横向展开了分带。沿槽内侧移动的重矿物颗粒的速度较低，通过槽面上的一系列排料孔排出。由上而下从第 1 和第 2 个排料孔得到的重产品质量最高，可作为最终精矿；以下各孔产品的质量降低，可作为中矿返回处理。从槽的内缘给入冲洗水，用以提高重产品的质量。

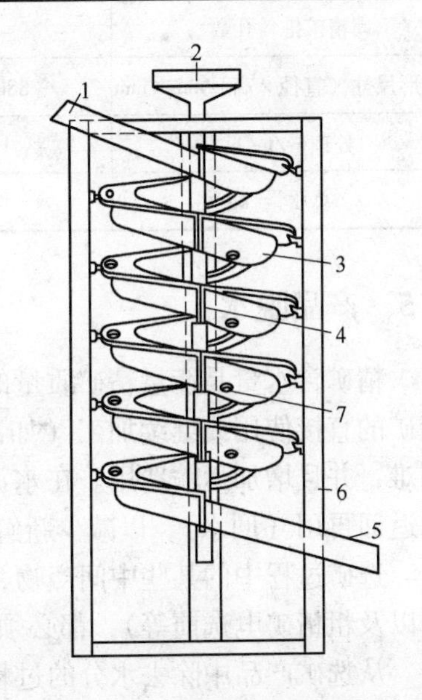

图 3-42 螺旋选矿机的结构
1—给矿槽；2—冲洗水导管；3—螺旋槽；5—尾矿槽；6—机架；7—重产物排出管

影响螺旋选矿机的技术操作条件主要有螺旋直径、螺旋槽横断面形状、螺距、螺旋圈数、给矿体积、给矿浓度和冲洗水。

螺旋直径大小与处理量有直接关系。处理量与直径成正比，加大螺旋槽直径，可增加矿浆流量，提高矿浆流速，并能加大惯性离心力，则能加速分层。

螺旋槽断面形状一般采用椭圆形断面，椭圆的长短轴之比为2∶1，长轴的一般应等于螺旋直径的1/3。处理微细粒物料时，一般采用抛物线断面。

螺旋圈数取决于矿物分层和分带所需运行的距离，一般采用4～6圈。

给矿体积和给矿浓度是主要的操作影响因素。给矿体积随设备规格和矿石性质不同而不同，通常需要由试验确定。给矿浓度一般采用固体质量占10%～35%为宜。

冲洗水有助于提高精矿的质量，以能调到清净的精矿带的水量为宜。我国自1955年开始研制螺旋选矿机处理锡矿、海滨砂矿、钛铁矿等，1960年前后，用于处理铁矿。本溪钢铁公司南芬选矿厂曾用螺旋选矿机回收磁选尾矿中的弱磁性铁矿物。

螺旋选矿机的技术规格和性能见表3－38。

表3－38 螺旋选矿机的技术规格和性能

项 目	FLX－1型 $\phi600\times339$ 铁铸螺旋选矿机	FLX－1型 $\phi600\times360$ 铁铸螺旋选矿机	FLX－1型 $\phi600\times360$ 玻璃钢衬胶螺旋选矿机
直径/mm	600	600	600
选矿槽横断面几何形状	复合椭圆	复合椭圆	复合椭圆
螺距/mm	339	360	360
圈数（可以增减）	5	5	5
精矿排料孔数	15	15	15
外形尺寸（直径×高）/mm×mm	880×2430	880×2460	880×2354
处理量/$t\cdot h^{-1}$	1～1.5	1～1.5	1～1.5
总质量/kg	400	400	98

3.5 产品脱水

精矿含水量是衡量精矿质量的标准之一。湿法选矿得出的精矿含有大量的水分，这对精矿的直接使用或继续加工（如冶炼）都不合适。精矿中的水分还会给运输和装卸造成困难，并且增加运输费用。在水源缺乏的地区，更需回收选矿产品（精矿和尾矿）中的水返回再用（回水），以减少新鲜水的消耗量。

选矿过程中的某些中间产物，在进行下一步处理之前（如粗精矿再磨前、中矿再磨前以及粗精矿电选前等），都必须排除多余的水。

从选矿产品中除去水分的过程称为脱水。脱水的主要方法有自然排水、浓缩、过滤和干燥。粗粒物料的脱水比较容易，一般采用自然排水法，即利用水自身的重力作用排泄出来。但是，细粒物料用自然排水的方法，不但脱水过程很缓慢，而且细粒或细泥物料将随水流失。因此，细粒物料的脱水就比较复杂，一般要分几个阶段来完成。例如，欲将浮选精矿中的水分由60% ~80%降低至3% ~8%，通常要经过三个相连的脱水阶段来完成：首先是浓缩，将水分降低到40% ~50%；然后进行过滤，使水分降至10% ~20%；最后干燥，得出水分含量为3% ~8%的浮选精矿。

在一般情况下，脱水过程由浓缩、过滤和干燥三个作业组成。但对于具体的物料究竟采用什么样的脱水作业，决定于物料的性质（如粒度、磁性、密度以及矿浆黏性等）和对脱水产品水分的要求。例如磁选精矿的第一段脱水采用磁力脱水槽进行浓缩；重选精矿如果粒度较粗，大都不采用浓缩、过滤；浮选精矿一般都要进行浓缩和过滤，个别情况还要进行干燥。在这里主要介绍浓缩和过滤作业的原理和设备。

3.5.1 浓缩技术

重力浓缩是借悬浮液中的固体颗粒在重力作用下发生沉降而提高悬浮液浓度。重力浓缩通常是固液分离的第一道工序，设备构造一般简单、易于操作。在浓缩过程中不仅较粗粒级容易沉降，而且微细粒物料通过凝聚或絮凝也能达到较好的沉降效果。因此，重力浓缩在固液分离过程中占有非常重要的地位，并得到了广泛的应用。

3.5.1.1 高效浓缩机

20世纪60年代高效浓缩机在国外开始推广使用，这种设备是为了适应高处理量、高底流浓度要求而出现的。现在已经广泛使用的著名的高效浓缩机有Eimco和Dorr等。结合我国铁尾矿高浓度输送的要求，长沙矿冶研究院80年代开始进行高效浓缩机的研制，并于1984年研制成功GX23.6型高效浓缩机。

高效浓缩机是指单位面积处理能力大的浓缩机。表3-39为国外几种高效浓缩机样机所提供的处理能力，现有高效浓缩机单位面积处理能力的提高都是通过使用絮凝剂，通常是通过使用聚丙烯酰胺类有机高分子絮凝剂来实现的。高效浓缩机与常规浓缩机的区别，其最重要的一点是高效浓缩机改进了浓缩机的给料系统，使矿浆能够与絮凝剂更充分有效的混合。

表3-39 国外几种高效浓缩机样机处理能力

应用对象	固体含量/%		处理能力/$m^3 \cdot (t \cdot h)^{-1}$
	给 矿	底 流	
煤 泥	0.5 ~6	20 ~40	0.045 ~0.136
铜精矿	15 ~30	50 ~76	0.019 ~0.057
铜尾矿	10 ~30	45 ~65	0.037 ~0.091
铁尾矿	10 ~20	40 ~60	0.136 ~0.603

由图3-43可见，Eimco高效浓缩机在给料井中使用一个搅拌器以增进矿浆与絮凝剂的混合。Dorr高效浓缩机通过改进矿浆的给入方式，借助于矿浆在给料井中本身的搅动，使得矿浆在给料井中能够与絮凝剂充分混合（图3-44）。Eimco公司生产的高效浓缩机的给料井的深度比常规浓缩机的深，由絮团组成的浓相层起到了滤层的作用，这样未被絮凝剂捕获的细粒物料滞留在这个滤层中保证了溢流水的水质。

高效浓缩机广泛采用了自动控制技术，GX-3.6高效浓缩机性能与试验指标见表3-40。

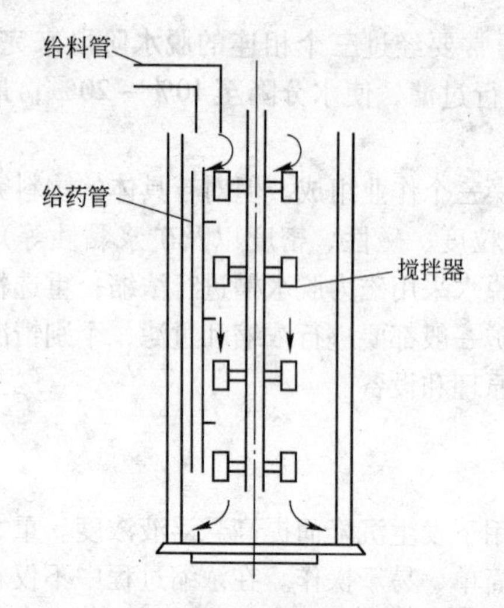

图3-43 Eimco高效浓缩机的给料井结构

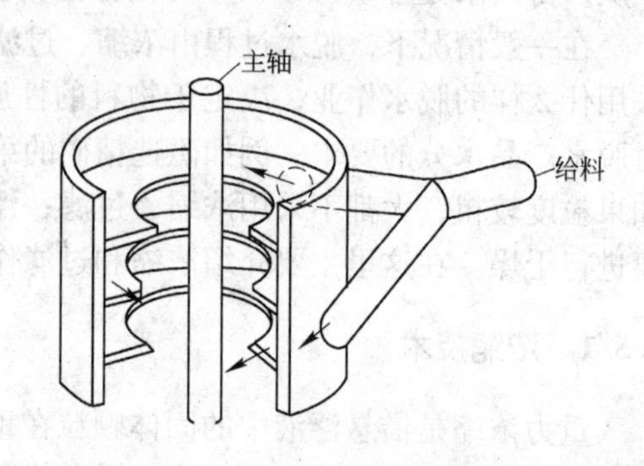

图3-44 Dorr高效浓缩机的给料井结构

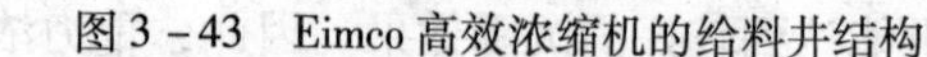

表3-40 GX-3.6高效浓缩机性能与试验指标

直径/m	面积/m^2	给矿量/$m^3 \cdot h^{-1}$	处理量/$t \cdot h^{-1}$	给矿浓度/%	排矿浓度/%	浓缩比例	絮凝剂用量/$g \cdot m^{-3}$
3.6	10.7	25.59	82.78	12.48	44.45	3.56	3.00

我国矿石资源贫、杂、细的特点使选矿厂的磨矿粒度越来越细。细粒物料脱水困难，使生产管理对脱水设备包括浓缩设备更加重视。

3.5.1.2 普通浓缩机

普通浓缩机有中心传动和周边传动两种。中心传动浓缩机能自动提耙，国外生产及应用较多（包括大直径浓缩机），国内中心传动浓缩机多为直径30m以下，能够自动或手动提耙，运行可靠。采用周边传动式浓缩机直径有15~53m不同规格的系列产品，也曾研制过直径100m的浓缩机。周边传动又分为辊轮传动和齿条传动两种方式。

A 周边传动式浓缩机

直径较大的浓缩机都采用周边传动式（图3-45）。

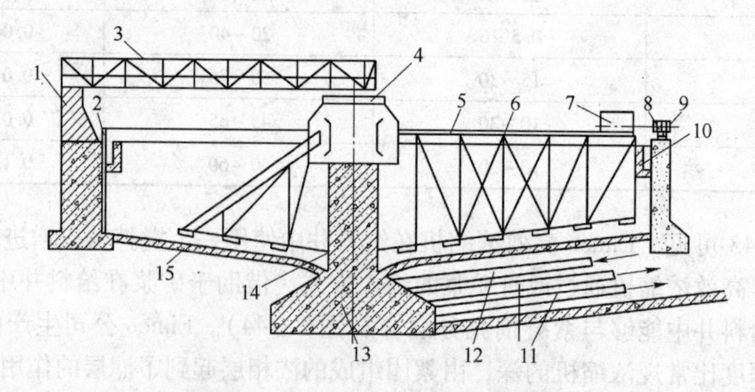

图3-45 周边传动式浓缩机的结构

1—齿条；2—小车轮轨；3—矿槽圆筒；4—进浆圆筒；5—耙架；6—耙齿；7—传动小车；8—小车轮；9—齿轮；10—溢流槽；11—排料口；12—高压水管；13—沉砂排矿口；14—中心支柱；15—池体

池子由混凝土筑成，池中央有一个钢筋混凝土支柱，用来支承耙子机构的一端及矿浆槽等。耙子机构的另一端借助于传动小车支承在池子周边的环形钢轨上。为增加牵引力，防止小车轮子打滑，在环形钢轨的外缘增设一与其平行的环形齿条。在小车轮轴上增设一个齿轮与环形齿条啮合。传动小车上装有电动机、减速器、小车轮及齿轮等传动部件。借此带动整个耙子机构在池中转动。

周边传动式浓缩机设有提升装置，一般是安装过载继电器以保护电动机。消除耙子过载的方法，一般是加速排料并用高压水冲洗排料口。电动机电源的引入采用滑环集电接点装置。

矿浆沿矿浆槽流入中央进浆圆筒，并在池中沉淀，沉淀物从沿中心支柱外围分布并装有铸铁漏斗的排料口（一般2~4个）排出。澄清溢流从周边的环形溢流槽流出。

B 中心传动式浓缩机

中心传动式浓缩机多为中小型（图3-46）。它是由池子、耙子及其传动机构等部分组成。池子为圆形，底部成圆锥漏斗形，与水平面成6°~10°角。池底中心位置上开一个圆锥形排料口。池子一般由混凝土筑成，尺寸较小的池子也可用钢板焊成。在池子的中心竖轴上悬挂着耙子机构，耙子机构由耙臂、耙齿及加固用的拉条组成，两对耙臂互相垂直成十字形。耙子与耙臂成大约30°的倾斜角度安装在耙臂上。竖轴由蜗轮传动机构驱动，并带动整个耙子机构在池子中旋转，将浓缩产品耙至中间的排料口排出。竖轴上设有手轮和离合器等组成和提升装置，以便过载时或停机检修时将耙子提起，平时可以用它来调节耙子的高度。池子上部的中央安装一圆形给料筒，矿浆由管道引入给料筒进入浓缩机，进行浓缩沉淀。溢流水由池子周边的环形溢流槽排出。

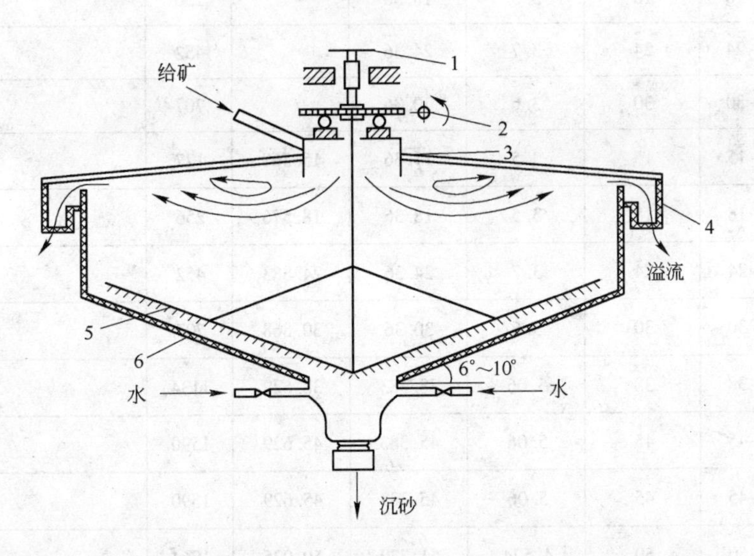

图3-46 中心传动式浓缩机的结构

1—手轮；2—蜗轮传动机构；3—给矿箱；4—溢流槽；5—耙架；6—池体

在浓缩机的生产实践过程中，沈阳矿山机器厂对传统浓缩机进行了一些改进，成功试制聚醚型聚氨酯合成橡胶轮，代替钢辊轮，解决了辊轮打滑问题，使用寿命增加1~3倍，在增大浓缩机直径、改善给料方式、添加凝聚剂和倾斜板、改善浓缩工艺流程、研制高效浓缩机等方面，都取得良好成果。

目前，我国铁矿选矿生产采用的浓缩设备技术性能见表3－41。磁选和浮选铁精矿或铁尾矿的浓缩作业指标见表3－42。

表3－41　我国铁矿选矿生产采用的浓缩设备技术性能

类型	型号	浓缩机尺寸/m				沉淀面积/m^2		处理量/$t \cdot h^{-1}$
		内径	深度	轨道直径	齿轮直径	池底	倾斜板投影	
中心传动	NZS－1	1.8	1.8			2.54		0.05～0.23
	NZS－3	3.6	1.8			10.2		0.2～0.9
	NZS－6	6	3			28.3		2.58
	NZS－9	9	3			63.8		5.8
	NZS－12	12	3.5			11.3		2.3～10.4
	NZS－12Q	12	3.5			113	244	15～20
	NZ－15Q	15	4.4			176	800	33
	NZ－20	20	4.4			314		20.8
	NZ－20Q	20	4.4			314	1400	60
周边辊轮传动	NG－15	15	3.5	15.36		177		3.6～16.25
	NG－18	18	3.5	18.36		256		5.6～23.3
	NG－24	24	3.7	24.36		452		9.4～41.6
	NG－30	30	3.6	30.36		707		65.4
周边齿条传动	NT－15	15	3.5	15.36	15.568	177		16.25
	NT－18	18	3.5	18.36	18.576	256		23.3
	NT－24	24	3.7	24.36	24.883	452		9.4～41.6
	NT－30	30	3.6	30.36	30.868	707		65.4
	NT－38	38	5.06	38.383	38.629	1134		66.6
	NT－45	45	5.06	45.383	45.629	1590		100
	NT－45	45	5.06	45.383	45.629	1590		179
	NT－50	50	4.524	51.779	50.025	1964		
	NTJ－50	50	4.503	50.2	50.439	1964		
	NT－53	53	5.07	55.16	55.406	2202		141.6
	NTJ－53	53	5.07	55.16	55.406	2202		260

表 3-42 磁选和浮选铁精矿或铁尾矿的浓缩作业指标

企业	处理产品	浓缩机		给矿		排矿		处理量/t·(m²·d)⁻¹	备注
		直径/m	面积/m²	粒度-0.074mm占比/%	浓度/%	浓度/%	溢流固体/g·L⁻¹		
东鞍山	浮选精矿	5330	11652	80~85	16	65~75	0.05	0.482	ϕ53 四台 ϕ30 四台
大石河	磁选精矿	53	2206	32.4	8	15~17	0.005	1.44	
水厂	磁选精矿	50	1963	32~44	8	15~17	0.005	1.44	ϕ50 两台 ϕ30 两台
齐大山	铁精矿	5030	5340	80~85	15~20	60~65	0.001	0.67	
梅山	浮选精矿	50	1963	70	10~20	65	0.1~0.5	2.73	
梅山	硫精矿	24	452	70	10~20	50~65	<0.3	1.00	
鞍山		20			2~3	20~25	0.0007~0.028	1.99~0.05	倾斜机
歪头山	尾矿	30			5~5.5	9~28	0.02~0.075	2.39~2.88	倾斜机
姑山	尾矿	3.6	10.7		12.48	44.45	0.226	8.14	高效机

3.5.2 过滤技术

过滤是矿浆经过多孔的过滤介质（经常为滤布）使固体物料和液体分离的过程。此时液体（滤液）经过隔板的孔隙流出，而固体颗粒被阻止在滤布的表面上，并形成密实的滤饼。在选矿过程中，过滤一般是脱水的第二阶段过滤产物（滤饼）的水分一般为10%~20%。

选矿厂应用的过滤机种类很多。按照过滤动力的不同，可分为三大类：真空过滤机、压力过滤机、离心过滤机。选矿厂精矿产品过滤用得最多的是各种真空过滤机，按其结构和操作特点又可分为：

(1) 圆筒式真空过滤机，包括外滤式、内滤式过滤机、折带式过滤机、磁力过滤机等。

(2) 圆盘式真空过滤机。

(3) 平面真空过滤机，包括水平带式过滤机、水平盘式过滤机等。

与过滤机配套的真空泵，多数选矿厂使用水环式真空泵，少数选矿已改用节电、节水明显的水喷射泵。据大孤山选矿厂概算，改用水喷射泵后，电耗下降48%，水耗下降67%。在气水分离装置方面也实现了滤液自排或自流。

我国铁矿选矿产品常用的过滤机为真空过滤机，又多是筒型内滤式真空过滤机，用于磁选和浮选精矿过滤，圆盘式真空过滤机在处理细粒浮选铁精矿有少量应用，压滤机正在开始应用。

在浮选铁精矿脱水过滤中，曾进行添加絮凝剂和助滤剂试验，如添加无机电解质及高分子聚合物等均能降低精矿含水量和减少溢流中金属流失。

提高过滤机给矿浓度和真空度，用脱磁器处理磁选铁精矿；采用与矿浆性质相适应的滤布等都收到较好的效果。对难过滤铁精矿产品，采用添加粗粒铁精矿高炉灰或分级过滤等都可提高过滤效率。

3.5.2.1 筒式真空过滤机

在我国铁矿选矿生产中，主要采用内滤式和永磁外滤式真空过滤机。筒式真空过滤机性能见表3-43。过滤机生产技术指标见表3-44。

表3-43 筒式真空过滤机性能

类型	型号	过滤面积/m^2	过滤机尺寸/mm	处理量/$t \cdot h^{-1}$	
				磁选精矿	浮选精矿
内滤式	GN-8	8	ϕ2956×1020	6~12	2.5~5
	GN-12	12	ϕ2956×1370	9~18	3.5~7
	GN-20	20	ϕ3668×1920	15~30	6~12
	GN-30	30	ϕ3668×2720	24~45	9~18
	GN-40	40	ϕ3668×3720	30~60	12~24
永磁外滤式	GYW-8	8	ϕ2000×1400	22~40	
	GYW-12	12	ϕ2000×2000	33~65	

表3-44 过滤机生产技术指标

选矿厂名称	设备	处理产品	过滤面积/m^2	给矿粒度-0.074mm占比/%	给矿浓度/%	滤饼水分/%	处理量	
							t/(h·台)	t/(h·m^2)
东鞍山	圆筒内滤机	浮选精矿	32	92	65~75	11.5~13	7~7.04	0.219~0.22
大石河	圆筒内滤机	磁选精矿	20	85	50	9	16~24	0.8~1.2
大孤山	圆筒内滤机	磁选精矿	25	90	50~55	10	11.5~15	0.5~0.6
鞍山	圆筒内滤机	磁选精矿	18.5	80~85	50~55	10.7	15~20	0.8~1.0
齐大山	圆筒内滤机	磁浮精矿	18.5	90	55~65	11~12	9.25	0.5
齐大山	圆筒内滤机	磁浮精矿	40	85~88	60~70	9~11	20~24	0.5~0.6
弓长岭	圆筒内滤机	磁重精矿	20	90	50	9.5	16	0.8
弓长岭	圆筒内滤机	磁选精矿	40	90	55	9.5	25~32	0.8
梅山	圆筒内滤机	浮选精矿	40	70	60	<10	8.0	0.2
梅山	圆筒内滤机	硫精矿	40	70	60	11~16	10~15	0.25~0.38

3.5.2.2 盘式真空过滤机

盘式真空过滤机具有过滤面积大和吸附能力强等优点，适于过滤含泥细粒铁精矿。我国生产的盘式真空过滤机性能见表3-45。盘式真空过滤机的结构如图3-47所示。

表3-45 盘式真空过滤机性能

型号	过滤面积/m^2	过滤盘数	过滤盘转速/$r \cdot min^{-1}$	给矿浓度/%	滤饼水分/%		处理量/$t \cdot h^{-1}$	
					磁精	浮精	磁精	浮精
GPZ-40	40	4	0.1~0.8	60	8~10	10~14	30~50	10~30
GPZ-60	60	6	0.2~0.6	60	8~10	10~13	45~80	24~80
GPZ-120	120	12	0.2~0.8	60	8~10	10~16	80~150	40~90

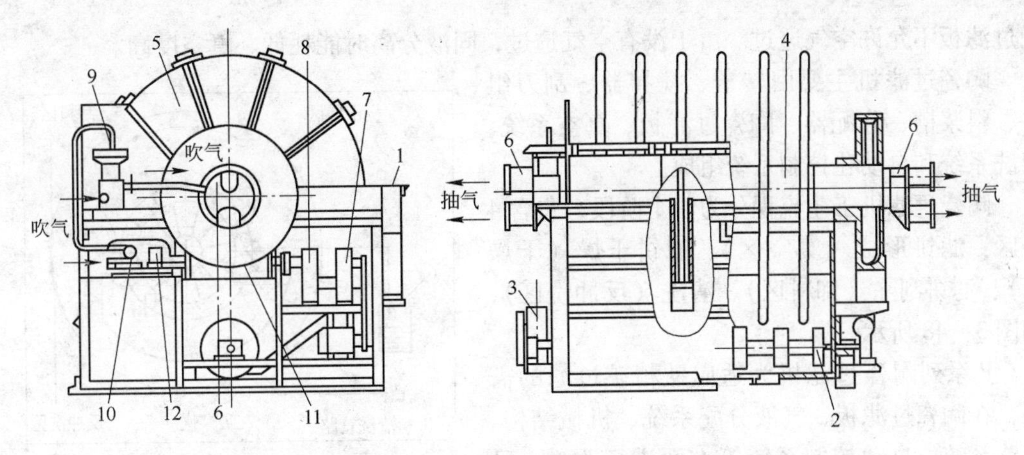

图3-47 盘式真空过滤机的结构

1—槽体；2—轮叶式搅拌器；3—蜗轮减速器；4—空心主轴；5—过滤圆盘；6—分配头；7—五级变速器；8—齿轮减速器；9—风阀；10—控制阀；11—蜗杆、蜗轮；12—蜗轮减速器

盘式真空过滤机的结构由槽体、主轴、过滤盘、分配头和瞬时吹风装置五部分组成。过滤介质为滤布，由棉、麻、丝、毛及合成纤维制成。其工作原理为当过滤圆盘顺时针转动时，依次经过过滤区、脱水区和滤饼吹落区，使每个扇形块与不同的区域连接。当过滤扇位于过滤区时，与真空泵相连，在真空泵的抽气作用下过滤扇内腔具有负压，料浆被吸向滤布，固体颗粒随着在滤布上形成滤饼；滤液则通过滤布进入滤扇的内腔，并经主轴的滤液孔排出，从而实现过滤。

当过滤扇位于脱水区时，仍与真空泵相连，但此时过滤扇已离开料浆液面，因此真空泵的抽气作用只是让空气通过滤饼并将空隙中的水分带走而使滤饼水分进一步降低。当过滤扇进入滤饼吹落区时，则与鼓风机相连，利用鼓风机的吹气作用将滤饼吹落，同时完成了整个过滤过程。

东鞍山选矿厂用68m^{2}盘式真空过滤机和32m^{2}筒型内滤式真空过滤机处理小于0.074mm级别占95%的浮选铁精矿，其试验结果见表3-46。

表3-46 东鞍山浮选铁精矿过滤试验结果

机 型	滤饼厚度/mm	滤饼水分/%	处理量		真空计示压力/kPa(mmHg)
			t/(台·h)	t/(m^2·h)	
68m^{2}圆盘式过滤机	10	12.3	30.5	0.46	66.75（500）
32m^{2}圆通内滤机	10.6	13.1	9.6	0.3	40.00（300）

圆盘真空过滤机的优点是过滤面积大，占地面积小，生产能力较高，结构紧凑，使用灵活，易看管。适用于处理各种有色金属矿，我国大型的有色金属选矿厂多采用它处理。

3.5.2.3 陶瓷过滤机

陶瓷过滤机外形及机理与盘式真空过滤机相似，即在压强差的作用下，悬浮液通过过滤介质时，颗粒被截留在介质表面形成滤饼，而液体则通过过滤介质流出，达到固液分离的目的。其不同之处在于过滤介质——陶瓷过滤板具有产生毛细效应的微孔，使微孔中的毛细作用力大于真空所施加的压力，使微孔始终保持充满液体状态，无论什么情况下，陶瓷过滤板不允许空气透过。由于没有空气透过，固液分离时能耗低、真空度高。

陶瓷过滤机主要由转子、搅拌器、刮刀组件、料浆槽、分配器、陶瓷过滤板、真空系统、清洗系统和自动化控制系统组成。

陶瓷过滤机工艺流程分为4个阶段，包含4个区：滤饼形成（真空区）、滤饼干燥（干燥区）、滤饼刮除（卸料区）、清洗（反冲洗区），如图3－48所示。

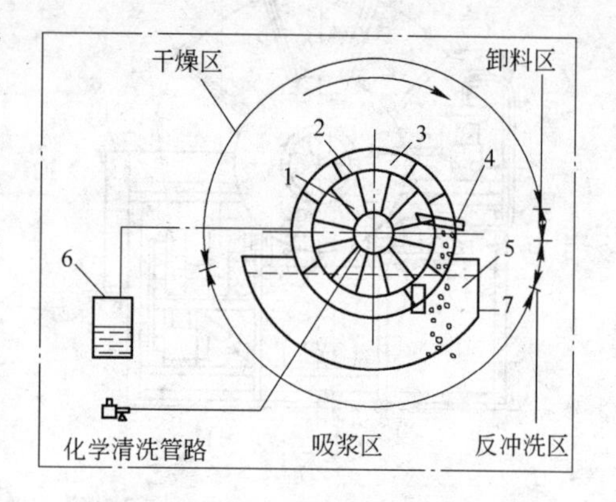

图3－48 陶瓷过滤机的工作原理

1—转子；2—滤室；3—滤板；4—滤饼；5—矿浆槽；6—真空筒；7—超声装置

P系列陶瓷过滤机为适应铁精矿过滤的需要，在陶瓷过滤板、气液分配系统、机械结构、管路系统、自动控制系统等方面进行改进，已完全适应铁精矿的过滤。

东鞍山烧结厂采用P30/10－C陶瓷过滤机代替筒式真空过滤机，滤饼水分由13.48%降至9.41%，滤液浓度由15.46%降至0.021%，污水实现零排放，处理能力22.72t/h。

HTG－12陶瓷过滤机应用于武钢矿业公司，当铁精矿粒度为－0.074mm占42%时，真空度－0.098MPa，处理能力22.50t/h，滤饼水分7.2%。

试验研究表明添加助滤剂可降低铁精矿水分，金岭铁矿选矿厂采用CW－12型真空过滤机，通常滤饼水分10%，处理能力23t/h，研究多种助滤剂，最后确定使用十二烷基硫酸钠，用量400g/L，温度30℃，可使铁精矿含水降到8.78%。

3.5.2.4 压滤机

在选矿产品过滤作业使用的压滤机有间歇操作的板框压滤机、连续自动板框压滤机和连续带式压滤机。

梅山铁矿选矿厂采用分级过滤技术处理浮选铁精矿产品中，应用4台XMZ300－1200－35型自动板框压滤机过滤－0.008mm占70%以上的微细粒精矿部分。

XMZ300－1200－35型自动板框压滤机压滤面积为300m^2，属于半自动型，即拉板和压滤滤板是自动的，给料、吹风等程序是手动的。电控系统均已采用可编程序控制器。每次压滤周期约1h，其中，给料和卸料分别为20～30min。每次压滤饼产量约为12t。压滤机单位产量为25～35kg/(m^2·h)，给矿压力为0.5MPa，微细粒精矿成饼良好，压滤水分为14%～15%，其测定结果见表3－47。

表3－47 梅山铁矿选矿厂自动板框压滤机过滤技术指标

机 型	给矿浓度/%	给矿粒度/mm	滤饼水分/%	处理量/kg·(m^2·h)$^{-1}$
XMZ300－1200－35	40	－0.008	13.5	30

从梅山铁矿选矿厂分级过滤结果看出，使用压滤机处理微细粒级铁精矿是比较适宜的，但滤板的压紧压力愈高、物料粒度愈粗和滤布冲洗次数愈少，则滤布消耗量愈高。当压紧压力为10MPa时，滤布消耗量为0.06m^2/t。

参考文献

[1] 王运敏，田嘉印，王化军，等．中国黑色金属矿选矿实践（上、下册）[M]．北京：科学出版社，2008.

[2]《中国选矿设备手册》编委会．中国选矿设备手册 [M]．北京：科学出版社，2006.

[3] 郭秉文，肖云．选矿方法与工艺实践 [M]．武汉：中国地质大学出版社，1990.

[4] 段希祥．碎矿与磨矿 [M]．第2版．北京：冶金工业出版社，2006.

[5] 胡为柏．浮选 [M]．北京：冶金工业出版社，1983.

[6] 王常任．磁电选矿 [M]．北京：冶金工业出版社，1986.

[7] 孙玉波．重力选矿 [M]．修订版．北京：冶金工业出版社，1993.

[8] 张国庆，李维兵，白晓鸣．调军台选矿厂工艺流程研究及实践 [J]．金属矿山，2006，3：38 ~ 41.

[9] 李淮湘，牛福生，周闪闪，等．从河北某铁尾矿中回收钛铁矿试验研究 [J]．中国矿业，2010，19 (4)：68 ~ 70.

[10] 牛福生，周闪闪，李淮湘，等．某鲕状赤铁矿絮凝—强磁选试验研究 [J]．金属矿山，2010，4 (406)：68 ~ 71.

[11] 牛福生．某锡铁矿选矿厂选矿工艺优化研究与实践 [J]．中国矿业，2009，18 (1)：81 ~ 82，94.

[12] 于洋，牛福生，李凤久，等．微细粒鲕状赤铁矿颗粒分散特征研究 [J]．金属矿山，2009，391 (1)：62 ~ 65.

[13] 牛福生，李淮湘，周闪闪，等．从某铁尾矿中回收二氧化钛试验研究 [J]．金属矿山，2010，1 (403)：178 ~ 179.

[14] 印万忠，丁亚卓．铁矿选矿新技术与新设备 [M]．北京：冶金工业出版社，2008.

[15] 陈丽媛，席江伟．庙沟铁矿选矿工艺流程的优化实践 [J]．矿业工程，2011，9 (5)：30 ~ 32.

[16] 刘淑贤，申丽丽，牛福生．某贫鲕状赤铁矿深度还原试验研究 [J]．中国矿业，2012，21 (3)：77 ~ 80.

[17] 周晓四．重力选矿技术 [M]．北京：冶金工业出版社，2006.

4 铁矿石选矿浮选药剂

在浮选过程中，为有效地分选有用矿物与脉石矿物，或分离各种不同的有用矿物，常需添加某些药剂，以改变矿物表面的物理化学性质及介质的性质，这些药剂统称浮选药剂。随着矿石中有用矿物含量降低、浸染粒度较细、组分复杂的铁矿贫矿及难选矿的开发，单一选别工艺已经很难满足生产要求。我国铁矿石生产实践表明，现有铁矿选矿普遍采用磁选、重选及反浮选组成的联合流程，浮选在铁矿石生产应用中的地位也越来越重要。随着浮选工艺在处理微细粒嵌布难选铁矿石中越来越广泛的应用，浮选药剂也取得了较大进展，特别是铁矿石捕收剂方面的进展非常迅速。

浮选按分选有价组分不同可分为正浮选与反浮选，将无用矿物（即脉石矿物）留在矿浆中作为尾矿排出的方法称为正浮选，反之称为反浮选。铁矿石中主要有用矿物一般是赤铁矿或磁铁矿，主要脉石矿物是石英，铁矿石浮选主要采取用阳离子捕收剂反浮选石英、用阴离子捕收剂正浮选铁矿物、用阴离子捕收剂反浮选活化后的石英等流程。

4.1 选矿浮选药剂的分类

浮选药剂常分为捕收剂、起泡剂、调整剂三类，捕收剂使目的矿物表面疏水性增加，加大其可浮性；起泡剂促使泡沫形成，增加分选界面，调节泡沫的稳定性；调整剂主要用于调整捕收剂的作用及介质条件，其中促进目的矿物与捕收剂作用的药剂，称为活化剂；抑制非目的矿物可浮性的药剂，称为抑制剂；调整介质 pH 值的药剂，称为 pH 值调整剂。浮选药剂按照用途分类见表 4－1。

表 4－1 浮选药剂按照用途分类

分类	系 列	品 种	典型代表
捕收剂	阴离子型	硫代化合物	黄药、黑药等
		羟基酸及皂	油酸、硫酸酯等
	阳离子型	胺类衍生物	混合胺等
	非离子型	硫代化合物	乙黄腈酯等
	烃油类	非极性油	煤油、焦油等
起泡剂	表面活性剂	醇 类	松醇油、樟脑油等
		醚 类	丁醚油等
		醚醇类	醚醇油类
		酯 类	酯油等
	非表面活性剂	酮醇类	（双丙）酮醇油

分类	系 列	品 种	典型代表
调整剂	pH 值调整剂	电解质	酸、碱
	活化剂	无机物	金属阳离子 Cu^{2+} 等，阴离子 CN^-、HS^-、$HSiO_3^-$ 等
	抑制剂	气 体	氧、SO_2 等
		有机化合物	淀粉、单宁等
絮凝剂	天然絮凝剂		石青粉、腐殖酸等
	合成絮凝剂		聚丙烯酰胺等

4.1.1 捕收剂

捕收剂应具有两个作用，一是能吸附在矿粒表面上，二是吸附后使矿粒表面疏水或疏水性增强。几乎所有的捕收剂，均由能吸附在矿物表面上的极性基和非极性基官能团组成。在极性基中原子价未被全部饱和，有剩余亲和力，它决定捕收剂对矿物的亲固能力；非极性基的全部原子价均被饱和，活性很低，它决定药剂的疏水能力。铁矿石的捕收剂主要分为阴离子捕收剂、阳离子捕收剂和螯合类捕收剂三大类。

常用的阴离子捕收剂主要有脂肪酸类、石油磺酸盐类等，最早广泛应用的捕收剂是氧化石蜡皂和塔尔油。由于氧化石蜡皂和塔尔油的选择性不好，很难使精矿达到理想的选矿指标，因此已经很少使用，近几年对脂肪酸、石油磺酸盐类进行改性和混合用药，使其选择性明显提高，捕收能力增强，尤其是在阴离子反浮选捕收剂取得重大进展。

4.1.1.1 阴离子捕收剂

A RA 系列

长沙矿冶研究院研制的 RA 系列捕收剂包括 RA－315、RA－515、RA－715 和 RA－915 等药剂，RA－915 是 RA 系列捕收剂的第三代，主要是针对贫细、难磨和难选铁矿物的浮选而研制的，用 RA－915 选别舞阳铁矿石的工业试验和祁东铁矿石的扩大连选，均比 RA－515 和 RA－715 更好。制取 RA－915 的原料与 RA－515 和 RA－715 不同，主要原料为非脂肪酸类化工副产品，其他原料为氯化剂、氧化剂、催化剂和少量添加剂。

RA 系列捕收剂的选矿工业试验和工业应用情况见表 4－2。

表 4－2 RA 系列捕收剂的选矿工业试验和工业应用情况

药剂名称	工业应用实例	选矿工业试验			工业应用情况
		浮选工业试验		对比试验结果	
		精矿品位/%	尾矿品位/%		
RA－315	鞍钢调军台选矿厂	63.33	8.70	优于脂肪酸药剂（油酸）和阳离子捕收剂（十二胺）	1990 年至今应用情况良好
RA－515	鞍钢齐大山选矿厂	68.32	17.96	优于 MZ－21	2002 年 8 月至今应用情况良好
RA－715	鞍钢东鞍山烧结厂	65.42	24.52	优于 MZ－21	2003 年 8 月至今应用情况良好
	鞍钢胡家庙选矿厂	—	—	—	良好
RA－915	安钢红山选矿厂	65.08（综合指标）	16.80（综合指标）	优于 MH－88 和 RA－715	2005 年 12 月至今应用情况良好

（1）鞍钢齐大山选矿厂。齐大山铁矿选矿厂在 2002 年 7 月进行了 RA－515 药剂的选矿工业试验，获得比 MZ－21 药剂更好的选别指标，铁精矿品位高达 68.32%，尾矿品位为 17.96%。

（2）鞍钢东鞍山烧结厂。东鞍山烧结厂比齐大山铁矿石组成复杂而且嵌布粒度较细。

根据东鞍山铁矿石的特点，2003 年 7 月至 8 月在东鞍山烧结厂采用磁选—重选—反浮选工艺流程，用 RA - 715 作捕收剂进行选矿工业试验，获得比 MZ - 21 药剂更好的指标：铁精矿品位达 65.21%，尾矿品位为 24.63%。

（3）安阳钢铁公司舞阳铁矿。安阳钢铁公司舞阳铁矿由于组成复杂、铁品位低、嵌布粒度细，属典型的“贫、细、难磨、难选”红铁矿石。2005 年该矿采用 RA - 915 为捕收剂，采用磁选—重选—反浮选工艺流程进行选矿工业和生产调试，获得铁精矿品位高达 65.08%，尾矿品位为 16.51% 的良好指标。

B MZ 系列捕收剂

MZ 系列捕收剂是马鞍山矿山研究院研制的新型铁矿物反浮选捕收剂，它与目前使用的 RA - 315 捕收剂相比，在浮选过程表现出选择性好、捕收能力强、淀粉用量低、适于较低矿浆温度、节约能源且浮选精矿沉降速度快、药剂配制简便等优点。MZ - 21 捕收剂主辅原材料来源广泛，可就近采购且质量有保障。MZ - 21 生产属间歇式，反应过程稳定，生产工艺可靠，无易燃、易爆及有害气体产生，对生产设备及储运设备无特殊要求，生产中的能耗低于 RA - 315，排放的三废量极小，且新产生的污染物可直接回收利用或处理后达标排放，具备工业化大规模生产条件。

鞍钢集团鞍山矿业公司齐大山选矿厂将 MZ - 21 与 RA - 315 进行了对比试验，结果表明，可用 MZ - 21 代替 RA - 315，玉米淀粉集中加至粗选，可使浮选作业精矿品位提高 0.49%，浮选作业尾矿品位上升 0.04%，车间综合精矿品位提高 0.18%，综合尾矿品位不变。通过对生产技术指标、药剂消耗和蒸汽消耗的综合分析，年效益可达 294.9 万元以上。但 MZ - 21 与 RA - 515 相比，在提高精矿品位方面，RA - 515 略佳，因此齐大山选矿厂又用 RA - 515 替代了 MZ - 21。齐大山选矿厂 RA - 515 与 MZ - 21 工业对比试验结果见表 4 - 3。

表 4 - 3 齐大山选矿厂 RA - 515 与 MZ - 21 工业对比试验结果 （%）

捕收剂	原矿品位	精矿品位	尾矿品位	回收率
MZ - 21	29.01	66.82	11.76	72.16
RA - 515	29.01	66.84	11.68	77.43

C MH 系列捕收剂

尖山铁矿采用 MH 阴离子捕收剂对其磁铁矿石采用阴离子反浮选试验研究，考察了调整剂 NaOH 用量、抑制剂玉米淀粉用量、活化剂 CaO 用量和捕收剂 MH 用量对浮选试验结果的影响，并进行了浮选时间、浮选浓度和浮选温度的条件试验，进一步进行了开路、闭路流程和连选试验。研究表明，尖山铁矿以 MH 为捕收剂采用单一阴离子反浮选工艺进行提铁降硅效果良好，磁选铁精矿品位 65.5%，SiO_2 含量为 8% 左右，可以选出 69.01%，SiO_2 含量为 3.77%，产率 93.75%，回收率 98.40% 的优质铁精矿粉。

河南舞阳铁山庙铁矿使用 MH - 88 特效捕收剂，解决了铁山庙矿石脉石矿物的浮选难题。捕收剂种类的选择试验中，MH - 88 特效捕收剂比其他捕收剂对脉石矿物有较好的可浮性，选择性也比其他捕收剂好，通过小型试验和连续试验证明了这些优点。MZ - 88 特效捕收剂原料来源广泛、加工容易、无毒，使用也很方便。

D 其他阴离子捕收剂

长沙矿冶研究院研制成功一种 RA 系列的新药剂——A·B 组合药剂，该药剂的主要特点是：（1）配药时只要配制 A 药（极性非离子型捕收剂）和 B 药（新高分子有机抑制剂）两种药剂，而不必加温配制，节省了配药费用，从而降低了选矿成本；（2）浮选作业只添加 A 药和 B 药两种药剂，而不必加调整剂、抑制剂和活化剂，故药剂制度简单，便于工人操作，生产指标稳定；（3）该药剂比其他药剂具有更好的选矿性能，指标稳定。

包钢选矿厂用 SO_3 将氧化石蜡磺化，在其 α 位引入磺酸根，得到磺化氧化石蜡，再用碱将其皂化，可得到磺化氧化石蜡皂，用于弱磁选铁精矿反浮选去除氧化矿杂质。与氧化石蜡皂相比，在 37 ~ 38℃时，选矿效率提高 2.97%，药剂用量降低 45%；在 22℃时，选矿效率提高 1.35%，药剂用量降低 54%。

4.1.1.2 阳离子捕收剂

A 十二胺

我国早在 1978 年就应用胺类捕收剂提高磁选铁精矿的品位，并取得了满意的工业试验结果。鞍山烧结总厂采用十二胺为捕收剂，在中性介质中进行反浮选，矿浆温度为 20 ~ 25℃，药剂用量为 80 ~ 100g/t，在浮选给矿粒度为 -0.074mm 占 88.5% ~ 92% 的条件下，得到铁精矿品位 67% ~ 68% 的指标。国外的磁铁矿选矿厂主要使用阳离子胺类捕收剂来提高铁精矿质量，降低 SiO_2 含量。阳离子捕收剂的主要成分是以十二胺为主的混合胺及部分添加剂。

弓长岭矿业公司采用十二胺阳离子反浮选，在弓长岭选矿厂二选车间的阶段磨矿—单一磁选—细磨再磨工艺的基础上进行“提铁降硅”工艺流程改造，最后得到的浮选指标：铁精矿品位 68.85%，SiO_2 品位 3.62%。石人沟铁矿以其精矿粉为原料，用十二胺为捕收剂进行了磨矿—反浮选、分级—反浮选和分级—低磁场磁选等试验，并按磨矿—反浮选方案建成了生产超级铁精矿的选矿厂，得到了优良的指标。

B GE 系列捕收剂

GE - 601 和 GE - 609 捕收剂是由武汉理工大学研制生产的新型捕收剂，已在磁铁矿反浮选脱硅和提高铁精矿方面取得了良好的效果，且已用于生产。在胶磷矿脱硅与长石应用 GE - 609 也取得了良好的效果，特别是对细粒含硅矿物更显示其选择性优于十二胺的优点。

反浮选阳离子捕收剂 GE - 601 与十二胺相比，反浮选铁矿石时泡沫量大大减少，且泡沫性脆、易消泡，泡沫产品很好处理。GE - 601 的选择性也优于十二胺，尾矿品位低、精矿品位高，有利于提高铁的回收率。GE - 601 还具有良好的耐低温性能。

通过采用 GE - 601 反浮选某磁铁矿的结果表明，当 GE - 601 用量为 162.5g/t，经二次粗选、二次扫选，中矿顺序返回的闭路流程，在 22℃时获得的指标为精矿铁品位为 69.31%、回收率为 97.90%；在 12℃低温条件下，获得了与常温条件基本一致的良好指标：精矿铁品位为 69.17%、回收率为 97.87%、即在 8 ~ 25℃的区间内，GE - 601 的捕收性能和分离选择性几乎不受温度的影响。以 GE - 601 为捕收剂的阳离子反浮选工艺，药剂制度简单、添加方便，利于操作。由于不使用淀粉作抑制剂，可以解决阴离子反浮选因淀粉作用引起的铁精矿过滤难、水分过高的问题，从而提高过滤效率，降低过滤费用。

GE - 609 药剂同样具有选择性高、耐低温、浮选泡沫易消等优点。GE - 609 与十二胺和美国公司的 ARMEEN12D 相比较，GE－609 比十二胺和 ARMEEN12D 产生的泡沫量少得多，且粗选泡沫产品扫选效果好，扫选后泡沫量进一步减少。这显示了 GE－609 有良好的分选性和较好的消泡性能，有利于整个浮选流程的顺畅操作，从而保证产品质量。GE－609 在 25℃和 8℃时分选效果基本一致，它具有很好的耐低温性能。GE－609 用于浮选太钢尖山铁矿石，经过一次粗选、一次精选、二次扫选，在 25℃时，精矿品位高达 69.22%，回收率为 97.78%，其浮选效果良好。当矿浆温度低到 8℃时，GE－609 反浮选同样获得铁品位为 69.17%、回收率为 97.87% 的良好指标。针对齐大山赤铁矿石，采用 GE－609 作捕收剂，淀粉作抑制剂，反浮选硅酸盐矿，经一次粗选、一次精选、两次扫选顺序返回的闭路流程浮选，获得了铁精矿品位为 67.12%、回收率为 83.55% 的良好指标，并可实现常温浮选，与阴离子反浮选工艺比较，阳离子反浮选可以降低选矿成本。

山西岚县铁矿主要金属矿物为假象赤铁矿和镜铁矿，含量占 59.0%，极少量磁铁矿，脉石矿物主要是石英，占 39.0%。铁矿物嵌布粒度较细，石英矿物也以细粒嵌布于条带中。该矿采用 GE－609 捕收剂与抑制剂淀粉组合对矿石进行可选性试验。试验结果表明，在磨矿细度 －0.043mm 占 80%、pH 值为 8.5、淀粉用量 1500g/t，GE－609 用量 300g/t 时，采用一次粗选、一次扫选、两次精选流程，获得了铁精矿产率为 50.66%、铁品位为 65.91%、铁回收率为 83.20%、尾矿品位为 13.67% 的指标。与使用十二胺相比，GE－609 的选择性和捕收性能均优于十二胺。

C YS 系列捕收剂

YS－73 型捕收剂是鞍钢弓长岭矿业公司与药剂厂家共同研制成功的新型高效复合阳离子捕收剂。弓长岭矿业公司将药剂用于磁铁精矿反浮选脱硅的工业试验，发现 YS－73 的性能优于十二胺，浮选温度低，仅为 17℃，比阴离子反浮选低 15℃。药剂制度简单，生产成本低，易于操作。在阳离子反浮选工艺中采用该药剂以来的工业应用实践表明，工艺流程顺行，生产指标稳定，浮选精矿铁品位达到 68.89%，SiO_2 3.90% 左右，铁精矿的回收率 98.50% 以上。

D 其他阳离子捕收剂

其他阳离子捕收剂的研究主要也围绕着胺类及其衍生物，还有铵盐类化合物。醚胺（一元或多元胺）是在胺类的基础上增加一个或多个醚基而生成的，是铁矿反浮选最有效的捕收剂之一。由于分子中亲水的 RO—基团的存在，提高了药剂在水中的溶解性，使它更易进入固－液和液－气界面，同时还可提高气泡周围液膜的弹性，起泡性能良好。下面介绍国内在阳离子捕收剂研制与应用方面的最新进展。

包头钢铁公司分别用油酸钠和醚胺等捕收剂对赤铁矿和钠辉石纯矿物进行浮选，使用阳离子捕收剂醚胺反浮选辉石时，采用氯化木素作为抑制剂，可使两者的可浮性之差达到 80%，而采用油酸钠正浮选赤铁矿，难以达到有效分离的目的。

武汉理工大学根据腈在无水乙醇中被金属钠还原成胺的原理，合成了阳离子捕收剂 N－十二烷基－1，3－丙二胺。通过与十二胺的对比实验，发现在相同的条件下，对于赤铁矿脱硅反浮选，N－十二烷基－1，3－丙二胺的效果更好。

北京矿冶研究总院用 C10～C13 醇合成的醚胺醋酸盐对司家营铁矿进行反浮选试验，药剂用量在 450～600g/t，铁精矿品位在 65% 以上，回收率 80% 左右。

伍喜庆等人研究了新型浮选捕收剂 N－十二烷基－β－氨基丙酰胺（DAPA），分离石英和铁矿物的浮选性能和作用机理。小型浮选试验表明，在 pH 值为 6.5 ~ 8.5 的中性范围内，DAPA 用量为 12.5mg/L 的条件下，石英的浮选回收率可达到 90% 以上；与十二胺相比，DAPA 表现出对石英较弱的捕收能力和较强的选择性。

任建伟等人就新型阳离子浮选药剂进行了铁矿反浮选脱硅的试验研究，结果表明，在 pH 值为 6 ~ 12 的范围内，新型药剂 CS1 和组合药剂（CS2: CS1 = 2）的捕收能力与十二胺相当，但选择性更好。磁选铁精矿反浮选脱硅试验表明，新型组合药剂在获得与十二胺相近的铁品位前提下，铁回收率提高 8.32%。同时对硬水有较好的适应性，铁精矿品位仍可保持在 69% 以上，回收率 90% 以上。表明 CS1 具有较好的适应性，是铁矿反浮选脱硅的有效捕收剂。

4.1.1.3 螯合类捕收剂

螯合类捕收剂是分子中含有两个以上的 O、N、P 等具有螯合基团的捕收剂，如羟肟酸、杂原子有机物等。出于该类捕收剂能与矿物表面的金属离子形成稳定的螯合物，其选择性比脂肪酸类捕收剂明显提高，如曾用 Q - 618（羟肟酸类）及 RN - 665 捕收剂对东鞍山铁矿石进行了浮选试验，取得了较好的选矿指标。但该类药剂对水质要求较高，且生产成本高，故一直没有工业应用。

RN - 665 螯合捕收剂的合成经历三个过程，即合成中间体、化合反应和纯化分离，最终产品为棕色胶状品，或呈小圆粒状，易溶于热水，略有刺激性气味，溶于水后气味消失。该药剂储存超过半年后会发生基团变换，影响其选择性和捕收力。

鞍钢矿山公司东鞍山选矿厂应用 RN - 665 对氧化石蜡皂和塔尔油混合捕收剂进行了对比试验。研究发现采用 RN - 665 与原捕收剂比较，它不仅可以较大幅度提高精矿铁品位（3.92%），还使铁回收率提高 1.91%，降低了尾矿品位。在选矿流程和其他工艺条件不变的前提下，使用 RN - 665 作为东鞍山贫铁矿浮选捕收剂，可以获得精矿品位 62.05%、回收率为 75.18% 的良好指标，显示了较强的捕收能力和良好的选择性，是理想的贫铁矿的捕收剂。从浮选过程可以看出，RN - 665 浮选过程中，消泡明显，矿泥上浮量少，浮选操作十分便利，最终精矿也非常干净，易于过滤。

4.1.2 起泡剂

4.1.2.1 松醇油

松醇油（2 号油）是以松节油为原料，硫酸作催化剂，酒精或平平加（一种表面活性剂）为乳化剂的参与下，发生水解反应制取的。松醇油的主要成分为 α - 萜烯醇（$C_{10}H_{17}OH$），其结构式为：

$$CH_3-C\begin{matrix} \diagup CH-CH_2 \\ \diagdown CH_2-CH_2 \end{matrix}\!\!>CH-\underset{\displaystyle OH}{\underset{|}{C}}\!\!<\begin{matrix} CH_3 \\ CH_3 \end{matrix}$$

松醇油中萜烯醇含量为 50% 左右，尚有萜二醇、烃类化合物及杂质。它是淡黄色油状液体，有刺激作用。相对密度为 0.9 ~ 0.915，可燃，微溶于水，在空气中可氧化，氧化后，黏度增加。

松醇油起泡性强，能生成大小均匀、黏度中等和稳定性合适的气泡。当其用量过大时，气泡变小，影响浮选指标。

天然产松醇油的性质难以保持不变，且松醇具有较强的捕收作用，国外已趋于淘汰。

4.1.2.2 甲酚（甲酚酸）

甲酚（甲酚酸）是炼焦副产品，实际上是酚（C_6H_5OH）、甲酚（$CH_3C_6H_4OH$）和二甲酚［$(CH_3)_2C_6H_3OH$］的混合物，以甲酚为主。酚易溶于水，但无起泡性。甲酚的三种异构体（邻甲酚、间甲酚和对甲酚）中，间甲酚的起泡性最好。二甲酚能形成稳定的泡沫，但难溶于水，但在浮选时，对其要求的浓度很低，因而影响不大。

甲酚酸的起泡性比松油弱。纯的高级甲酚酸能形成较脆的泡沫，选择性较好，适于多金属矿石的优先浮选。甲酚酸虽难溶，但因浮选时采用的浓度很低，故可溶于水。它有毒、易燃，有腐蚀性，使用时应注意皮肤和眼睛的防护，以免灼伤。经过提纯的甲酚酸能形成较脆的泡沫，选择性好，适用多金属矿石的优先浮选。

4.1.2.3 脂肪醇类（ROH）

由于醇类的化学活性（硫醇除外）远不如羧酸类活泼，故它不具捕收性而只有起泡性。在直链醇同系物中相比，戊醇、己醇、庚醇、辛醇的起泡能力最大；随着碳原子数目的增加，其起泡能力又逐渐降低。

高级醇也可作起泡剂，国外有用 C_8 ~ C_{12}脂肪醇、醛和酯的混合物作起泡剂，不但效果好而且泡沫稳定，成分稳定，用量少，选择性好，有利于获得高品位精矿。

4.1.2.4 硫酸酯和磺酸盐（离子型起泡剂）

一些烷基芳基磺酸盐、烷基磺酸盐、烷基硫酸盐是典型的表面活性剂。如十六烷基硫酸钠、十二烷基硫酸钠等。一般而言，烃链含碳 12 以上的多用作捕收剂，含碳 8 ~ 12 的才用作起泡剂。

这类药剂的碳酸基或硫酸基有湿润、洗涤作用，有强的起泡能力，也有弱的捕收能力。

用煤油制成的十五烷基硫酸钠，易溶于水，无毒，无臭，可以代替松醇油，其缺点是对脉石矿物有一定捕收能力，选择性差。

4.1.3 抑制剂

抑制剂是增加矿物的亲水性，降低矿物可浮性，或消除捕收剂作用的药剂。在铁矿抑制剂方面，淀粉及其淀粉衍生物是目前所有阴离子反浮选工艺中普遍使用的铁矿物抑制剂，目前用量最大的是淀粉和羧甲基变性淀粉（阴离子）。

4.1.3.1 淀粉

当反浮选赤铁矿时，用淀粉来抑制赤铁矿；淀粉是高分子化合物，分子式为$(C_6H_{10}O_5)_n$，亲水基主要是羟基。淀粉的水解产物称糊精。淀粉的组成与作用因来源不同略有差异。通常有两种结构：一种为含直链的链淀粉，另一种为含支链的胶淀粉。前者占 25% 左右，溶于热水，后者占 75% 左右，不溶于水，但能在水中膨润。玉米淀粉可通过热处理、热水解或酶作用转化为糊精。糊精保留了原淀粉分子中的直链和支链结构的比例，但葡萄糖单元的聚合度 n 值大大降低，虽仍具有亲水性，但结构链太短，在颗粒间不能形成桥联，只有当要求颗粒在矿浆中有很高的分散性时采用。实践上使用较多的是玉米淀粉或木薯淀粉，主要用于抑制辉钼矿和赤铁矿。糊精主要用作如滑石、石英等脉石矿物的抑制剂。

张国庆等人研究表明，糊精对赤铁矿的抑制效果较好，在较大的范围内精矿品位和回收率都较高；各种淀粉中支链淀粉和直链淀粉的配比不同，支链淀粉和直链淀粉的链长不同，导致各种淀粉对赤铁矿的浮选效果有差异；没有发现不同分子量的淀粉，对赤铁矿的抑制效果有明显差别。

齐大山铁矿选矿分厂投产初期采用阴离子反浮选工艺时所用的铁矿抑制剂是玉米淀粉，由于玉米淀粉配制过程中需要消耗大量蒸汽、冬季热量浪费大且保质期短，故齐大山铁矿与2000年6月开始了关于用冷水配制保质期长的羧甲基淀粉代替玉米淀粉的试验研究，结果表明，采用羧甲基淀粉代替玉米淀粉作为阴离子反浮选抑制剂，浮选精矿品位提高了0.42%，作业回收率降低了0.52%。这表明羧甲基淀粉代替玉米淀粉作为阴离子反浮选抑制剂不仅具有节约能源，延长淀粉使用期的特点，而且对提高精矿品位有利。

东北大学系统地研究各种类型的淀粉对赤铁矿的抑制作用效果。研究表明，对比几种淀粉的抑制效果来看，普通玉米淀粉效果比较平缓，指标也比较好，对于生产应用比较方便调整；磷酸酯化淀粉是一种常见的阴离子改性淀粉，其用量对指标的变化则较灵敏。可能原因是其溶解性较好，过量时，自身发生团聚而降低了抑制作用，而用量不足同样也不能有效抑制赤铁矿，使用时用量控制应当严格；糊精在较高的用量下可有效絮凝赤铁矿，主要原因是由于其相对分子质量较小，但可能对微细粒级的赤铁矿有较好的抑制作用；糯玉米淀粉的抑制效果与普通玉米淀粉相似。复合淀粉对赤铁矿和石英的抑制作用都较强，但精矿品位偏低。

4.1.3.2　木质素类

木质素是具有网状结构的天然高聚物，存在于植物的茎、根、叶中，在树木中一般含70%左右。木质素有各种异构体，其分子中均带有—OH基、—OCH基等。造纸工业中的木浆的主要成分是游离木质素，或木质素酸、钠盐及各种金属盐、木质素磺酸等。

木质素类抑制剂主要包括氯化木素和木素磺酸钠。以氯化木素为赤铁矿的抑制剂、石灰为石英的活化剂、塔尔皂为捕收剂进行东鞍山铁矿石反浮选，获得了原矿含铁34.27%、精矿含铁61.96%、回收率86.75%的良好指标。

以木素磺酸钠作为阴离子反浮选抑制剂，采用弱磁选—强磁选—反浮选流程处理齐大山铁矿石的试验结果见表4-4。

表4-4　采用弱磁选—强磁选—反浮选流程处理齐大山铁矿石的试验结果

试验规模	选别指标			浮选药剂
	原矿品位/%	精矿品位/%	回收率/%	
实验室小型闭路试验	28.81	65.17	77.60	NaOH 1.3~1.5kg/t 木素磺酸钠 0.4~0.5kg/t 工业石灰 0.09~0.10kg/t 碱渣 1.0kg/t
连续扩大试验	28.95	65.04	74.40	
工业试验连续11个班	28.21	65.06	70.88	

从表4-4可见，从栲胶废渣提取的木素磺酸钠可以作为齐大山红铁矿石阴离子反浮选的良好抑制剂。木素类抑制剂不仅可代替淀粉，节约粮食，而且作为红铁矿矿石反浮选的抑制剂，还具有来源广、加工便利、价格便宜及药剂性质稳定等特点。

4.1.3.3　NDF型、JE型抑制剂

NDF型、JE型抑制剂是清华大学研制的新型铁矿物抑制剂，它们由煤焦化工品制成，为褐色粉末，无毒，来源广泛。新药剂NDF、JE配制较为简单，将新药剂加入室温的水

中，搅拌后即可完全溶于水，配制浓度为15%。

齐大山铁矿选矿分厂采用弱磁选—强磁选—阴离子反浮选工艺流程，该工艺流程中使用的铁矿物抑制剂已由投产时使用的玉米淀粉改为改性淀粉，解决了玉米淀粉存在的问题，且用量减少一半。但是原料仍没有离开粮食，按选矿厂年处理原矿900万吨计，每年消耗淀粉0.3万~0.4万吨，即选矿厂每年将消耗大量的粮食，这对选矿厂的生产是很不利的。

浮选试验采用一次粗选、一次精选、二次扫选的阴离子反浮选流程。工艺条件为浮选浓度33%，浮选温度30~33℃，调整剂苛性钠用量451g/t，抑制剂为NDF，对比抑制剂为天然淀粉，活化剂为医用白灰165g/t，捕收剂为RA-315，矿浆pH值为10.5~11，浮选时间4~6min。NDF、JE型抑制剂和天然淀粉的对比试验结果表明：

(1) NDF+JE混合抑制剂试验指标为NDF+JE（1.5∶1）用量1110g/t，精矿品位65.33%，尾矿品位9.37%，回收率77.17%。淀粉试验指标为淀粉用量880g/t，精矿品位65.19%，尾矿品位9.35%，回收率77.25%，取得了相同的选矿指标。

(2) NDF+JE（1.5∶1）作为抑制剂，对矿泥适应性强，为强磁选别作业减轻了负担，对矿物抑制的选择性好，易获得高品位精矿。NDF+JE药剂配制简单，使用方便，容易保管，不宜变质。

(3) NDF、JE为化工产品，作为淀粉代替品，社会效益显著。

4.1.3.4 其他抑制剂

除了上述抑制剂外，还有以下几种：

(1) 单宁。单宁常用来抑制含钙、镁的矿物，如在萤石、白钨矿、磷灰石浮选时抑制白云石和方解石，对石英也有一定抑制作用。

(2) 羧基甲基纤维素。羧基甲基纤维素可作为含镁脉石矿物（如蛇纹石）的抑制剂。

(3) 腐殖酸。腐殖酸钠可作亮煤、暗煤、褐铁矿、赤铁矿、磁铁矿等的抑制剂，还可作煤泥的絮凝剂。

4.1.4 活化剂

活化剂是选矿浮选药剂中能够增强矿物表面对捕收剂的吸附能力的一类调整剂。活化剂一般通过以下4种方式使矿物得到活化：

(1) 在矿物表面生成难溶的活化薄膜。

(2) 活化离子吸附在矿物表面，增加活化点。

(3) 清洗掉矿物表面的抑制剂亲水膜。

(4) 消除矿浆中有害离子的影响，提高捕收剂的有效作用。

实践中作为活化剂使用的有无机酸类，碱类，金属阳离子和碱土金属阳离子，硫化物类及有机化合物等。

4.1.4.1 碱土金属和部分重金属的阳离子

属于这一类的活化剂有Ca^{2+}、Mg^{2+}、Ba^{2+}、Fe^{3+}等金属阳离子。当使用脂肪酸类捕收剂时，这些离子可活化石英和其他硅酸盐矿物的浮选。研究较多的是Ca^{2+}、Ba^{2+}等对石英的活化作用。纯净的石英在中性或碱性介质中表面呈负电性，不能吸附脂肪酸类捕收剂，但经Ca^{2+}、Ba^{2+}等金属离子活化后，石英便可吸附脂肪酸类捕收剂而浮出。

Ca^{2+}、Ba^{2+}等金属离子活化石英的机理过去认为是Ca^{2+}、Ba^{2+}等在石英表面吸附的结果。

4.1.4.2 硫化钠和其他可溶性硫化物

硫化钠和其他可溶性硫化物包括硫化钠（$Na_2S \cdot 9H_2O$）、硫氢化钠、硫化氢及硫化钙等，最常用的是硫化钠。硫化物的主要作用有：（1）活化多种有色金属氧化矿的浮选，这种作用也称为硫化作用；（2）抑制各种硫化矿物；（3）解吸硫化物表面上的捕收剂，用在硫化矿浮选时混合精矿的脱药；（4）调整矿浆pH值。硫化钠溶解于水后，相当于在水中加入Na^+、OH^-、HS^-、S^{2-}离子和H_2S分子。一般认为硫化钠对矿物的活化作用主要是由于HS^-和S^{2-}作用的结果。

有色金属氧化矿，如孔雀石、铅钒矿、白铅矿等直接用黄药不能浮选，但与硫化钠作用后却能很好地用黄药浮选。因此，对有色金属氧化矿来说，硫化钠是不可缺少的活化剂，亦称之为硫化剂。硫化钠对有色金属氧化矿的活化作用是由于在硫化钠的作用下在矿物表面生成了硫化物薄膜。

4.1.4.3 无机酸类、碱类

浮选有时使用硫酸、苛性钠、苏打等作为活化剂，其主要作用是清洗掉矿物表面的氧化膜或黏附的矿泥。例如，黄铁矿表面存在氢氧化铁亲水薄膜时失去可浮性，用硫酸清洗掉薄膜后，黄铁矿恢复可浮性；又如被石灰抑制的黄铁矿或磁黄铁矿，用苏打可以活化它们的浮选，原因是使矿物表面吸附钙生成的$CaCO_3$沉淀自矿物表面剥落，露出新鲜的表面以吸附黄药离子实现浮选。

马鞍山矿山研究院研制出铁精矿脱硫特效活化剂MHH－1，该产品对脱除铁精矿的硫化矿特别是磁性较强、可浮性较差的磁黄铁矿具有明显效果。磁黄铁矿磁性较强，可浮性较差，要将其与磁铁矿有效分离，活化剂种类的选择尤为重要，目前国内很多选矿厂采用$CuSO_4$作活化剂，能够改善分选效果，但有时也不尽如人意。

马鞍山矿山研究院在大量试验研究的基础上，通过对国内外不同矿种的研究，自行开发研制了新型活化剂MHH－1，该药剂相对其他同类药剂具有如下优点：

（1）脱硫效果好。通过对新疆某矿的磁选精矿进行的脱硫试验结果可以看出，使用MHH－1活化剂可以有效地分离磁黄铁矿与磁铁矿，从而大幅降低精矿中的磁黄铁矿的含量，使精矿中硫含量从10.47%降到0.25%，达到了满意的效果。

（2）成本低。采用MHH－1作为活化剂，在相同用量的情况下，可以降低黄药用量，且与常规脱硫工艺相比，药剂费用略有降低。

该药剂的研制成功，有效地解决了目前部分矿山铁精矿中因含磁黄铁矿而使硫含量较高的问题，为矿山铁精矿提铁降硫提供了新途径。

4.1.5 调整剂

矿物通常在一定的pH值范围内才能得到良好的浮选。pH值调整剂的主要作用在于造成有利于浮选药剂的作用条件、改善矿物表面状况和矿浆离子组成。实践中常用的pH值调整剂有CaO、Na_2CO_3、NaOH、H_2SO_4、HCl。一般有以下作用：

（1）调整重金属阳离子的浓度。矿浆中许多“难免离子”（多为重金属阳离子），通常可生成氢氧化物沉淀$Me(OH)_m$。它的溶度积$K_{sp} = [Me^{m+}] \cdot [OH]_m$为常数。提高介质 pH 值，可明显降低金属阳离子浓度，如果 Me^{m+} 是有害离子，则可减少它的有害影响。

（2）调整捕收剂的离子浓度。捕收剂在水中呈分子或离子状态存在与 pH 值有密切关系，调整 pH 值可调整呈分子或离子状态存在的比例。

（3）调整抑制剂的浓度。一些抑制剂由强碱和弱酸构成，在水中可以水解，故介质 pH 值直接影响它的水解程度。

（4）调整矿泥的分散与凝聚。实际应用的 pH 值调整剂也是矿泥的分散剂或凝聚剂，起到分散矿泥或使矿浆产生凝聚的作用。

（5）调整捕收剂与矿物之间的作用。捕收剂离子与矿物的作用与矿浆的 pH 值有密切关系，调整介质 pH 值可改变矿物表面电性及药剂的性能。当介质 pH 值大于矿物的零电点时，矿物表面荷负电，反之荷正电。如果矿物与药剂之间作用属物理吸附，矿物表面电性就能决定药剂能否吸附到矿物的表面，即 pH 值决定了药剂能否与矿物起作用。各种矿物浮选时都有最佳的 pH 值范围。

常用的 pH 值调整剂有：

（1）石灰，又称白灰，有效组成为 CaO，是一种最廉价、最广泛的 pH 值调整剂，石灰是一种强碱，可使矿浆 pH 值提高到 11～12 以上。

（2）苏打，即碳酸钠（Na_2CO_3），是一种强碱弱酸盐。在矿浆中水解后得到 OH^-、HCO_3^- 和 CO_3^{2-} 等离子。它是比石灰弱得多的一种碱性调整剂，调整范围在 8～10 左右。苏打有一定的缓冲作用，调整的 pH 值较稳定。

石灰和苏打都可调整矿浆 pH 值。由于石灰价格便宜并且对黄铁矿有抑制作用，因而在硫化矿的浮选中得到广泛的应用。非硫化矿浮选中苏打是极为重要的 pH 值调整剂。在采用脂肪酸类捕收剂时，苏打能消除矿浆中 Ca^{2+}、Mg^{2+} 等有害离子的影响，并且对矿泥有分散作用，能减弱或消除矿泥的不良影响。

（3）氢氧化钠。从铁矿石中反浮选石英时，经常用氢氧化钠作 pH 值调整剂。

（4）硫酸在欲降低矿浆 pH 值时常使用，它可活化硫化铁矿物的浮选，因为硫酸可以消除硫化铁表面的氢氧化铁亲水薄膜。在浮选绿柱石、锆英石、金红石等时常用硫酸作预处理，以调整矿物的可浮性。经酸洗后，这些矿物的表面得到净化，从而有利于浮选分离。

4.1.6 分散剂

凡能在矿浆中使固体细粒悬浮的药剂都可以称为分散剂。矿物微粒的主要特征是比表面积大，质量小。微细矿粒由分散状态转为聚团，以减少表面自由能，是属于热力学自发现象。因而互凝是极为普通的现象，矿物微粒的互凝现象，必然影响矿物的分选过程，降低甚至破坏分选的选择性。理论和实践证明，无论采用何种选别工艺，对抗互凝，使矿粒处于最佳分散状态是所有微粒分选成功的必要前提。因此，对于分散剂的研究与应用均较以往更为深入与广泛。

作为分散剂的药剂有多种，针对不同的矿物，各自有效的分散剂不尽相同。常用的分散剂有碳酸钠、水玻璃、三聚磷酸盐、单宁、木素磺酸盐等。如果需要强烈分散矿泥时，要在加入分散剂前先加入苛性钠，使矿浆 pH 值升高，在强碱介质中矿泥才具有高的分散性。

4.1.6.1　水玻璃

选矿用水玻璃一般是采用模数（水玻璃中 SiO_2 与 Na_2O 的比值）高于 2 的工业水玻璃。其溶液是一复杂的胶体-分子-离子体系。这一体系中含有 OH^-、Na^+、$HSiO_3^-$、SiO_3^{2-} 等离子。

有人测出了不同 pH 值条件下 1mg/L $Na_2O \cdot 3SiO_2$ 溶液中水玻璃解离产物的数量。其结果是：$pH < 8$ 时，未解离的 H_2SiO_3 占优势；$pH = 9$ 时，H_2SiO_3 和 $HSiO_3^-$ 约各占一半；$pH = 10$ 时，以 $HSiO_3^-$ 为主；$pH > 13$ 时，则主要是 SiO_3^{2-}。由此看出，当 $pH = 10$ 左右时，是以 $HSiO_3^-$ 为主的负离子吸附于矿物表面上，增加矿物表面的负电荷而被分散，故水玻璃是良好的分散剂。

4.1.6.2　碳酸钠

碳酸钠既可调节矿浆 pH 值，又具有分散作用。当要求矿浆 pH 值不十分高又希望分散矿浆时，它是一种有效的药剂。有时为了增强碳酸钠的分散作用，可配合使用少量水玻璃。

4.1.6.3　各种聚磷酸盐

各种聚磷酸盐有分散作用，常用的有三聚磷酸盐和六偏磷酸盐。木素磺酸盐、单宁等也有分散作用，但专门作为分散剂，实践上比较少。

4.1.7　絮凝剂

高分子化合物通过桥联作用，将微细颗粒联结成一种松散或多孔的聚集体，称为絮凝。有絮凝作用的高分子化合物称为絮凝剂。絮凝剂较早是用于处理微细粒物料的浓缩沉降过程，如精矿脱水时，加入絮凝剂可加快沉降速度，减少溢流中固体物料的流失，提高浓缩过滤效率。

选择性絮凝是 20 世纪 60 年代发展起来的一种新工艺，其目的是有效地分选细粒物料，是从含有两种或多种矿物组分的分散体系中，使其中一种矿物絮凝沉降，其余矿物仍处于分散状态，由此达到分离的目的。处理细粒氧化铁矿的絮凝脱泥浮选工艺中及其他一些工业中的应用已取得较大成功。按目前的发展趋势，在解决细粒难选物料处理方面，絮凝和絮凝剂的研究与应用将是很有前途的。

絮凝剂是一种多功能团的高分子化合物，这种化合物能够在固-液界面处发生多点吸附而起絮凝作用。可作絮凝剂的有树胶、淀粉、糊精、磷酸盐淀粉、改性纤维素、单宁、聚丙烯酰胺及其改性物、聚氧化乙烯、聚乙烯醇、聚苯乙烯磺酸、聚烷基乙烯吡啶盐酸盐、聚合氧化铝、聚合硫酸铁等。

聚丙烯酰胺是使用最为广泛的有机高分子絮凝剂。使用聚丙烯酰胺时，其用量应适当，用量很少（每吨矿石约几克）时，显示有选择性，超过一定用量时，则失去选择性，而成为无选择性的全絮凝，用量再大，将呈现保护溶胶作用，而不能絮凝。

淀粉是一种天然高分子絮凝剂，其选择性很强。例如，赤铁矿絮凝反浮选工艺，使用苛性钠调 pH 值，水玻璃作分散剂，苛性淀粉为选择性絮凝剂。

腐殖酸盐也可作为絮凝剂。长沙矿冶研究院用腐殖酸铵作为选择性絮凝脱泥剂，采用絮凝脱泥—弱磁选—离心选矿机—再磨絮凝脱泥流程处理祁东微细浸染的铁矿石，获得了原矿含铁28.26%、精矿含铁62.29%、回收率72.08%的良好指标。一次脱泥产率达35.00%左右，含铁仅8.00%。

4.2 药剂用量的计算与测定

药剂制度是浮选过程中加入的药剂种类和数量、加药地点和加药方式的总称。药剂用量的计算和药液浓度的测定，对浮选指标有重大影响。因此，对药剂的质量、配制的药液浓度和药剂添加量进行检查与测定，是浮选厂日常生产技术检验不可缺少的一项重要工作。

4.2.1 药剂的取样

浮选厂所用的药剂种类很多，根据其用途基本上可以分为捕收剂、起泡剂和调整剂三大类。在每一大类里，又有几十种或数百种性能和名称都不同的药剂。对于同一用途和同一名称的药剂，由于生产厂家不同，即使是同一厂家生产的同一名称药剂，也由于出厂时间不同，药剂在化学组成上、效能上，都会有差异。因此，对进入选矿厂的每批药剂，都应该及时取样送化验，分析其中能影响浮选作用的有效成分含量。

4.2.1.1 坚实的团状药剂取样

团状的药剂是指热装在铁筒中，冷凝后变成整体柱状运入选矿厂，每筒重50~150kg。常用的活化剂硫化钠就是这样包装的。对这种坚实的团状药剂进行取样的常用方法是：用锤子敲打圆筒的表面，把筒中的药块震碎，然后将圆筒平倒，沿着纵向接缝打开圆筒壁，并从药剂内部沿纵向由不同的三点（上面、中间、下面）取出相等的三份试样，使平均试样的总质量不少于1kg。对某些药剂的取样应当尽可能快，以防受到潮气和空气的作用而改变其性质。

试样取出后进行研磨，过150目（0.104mm）以上的筛子，分成两份，放在两个有毛玻璃塞子的清洁而干燥的瓶中，把瓶口封严，然后将其中的一瓶送入化验室化验。

4.2.1.2 松散药剂的取样

如果药剂是散堆着运至选矿厂的，其平均试样跟矿石的平均试样一样采取。如果药剂是装在大桶或圆筒中运来的，则根据运来的那批药剂数量和药剂种类，分别对抽查的10%~20%数量采取平均试样，但每个平均试样的总质量不得少于1kg。

取样的具体步骤是：在每一个要取样的圆筒（或大桶）里，用长得足以达到筒下部的手钻，由不同的几个点采取试样。要取样的同类的各批药剂的试样，分别收集在各个容器中，取样结束后，把各容器内的试样倒在油布上仔细拌和，并用小铲压碎其中的药剂块，过150目（0.104mm）以上的筛子，然后均匀地倒入容积100~200mL的瓶中，并用塞子盖好，送去化验。药剂拌匀和瓶装过程应尽可能迅速进行，以免试样的湿度发生变化。

松散药剂取样用的手钻有各种不同形式。最简单的手钻是由一段直径12~15mm的钢管制成。管子的长度根据所取物料的厚度来确定，将管子用力压入松散药剂的筒中，稍微旋转，然后将其拔出，用锤敲打管子倒出试样。

4.2.1.3 液体药剂的取样

液体药剂（如配制好的硫化钠溶液、RA-715溶液等）在取样时必须注意到，由于沉淀现象和离析作用，在药槽（桶）内的药液是由几层不同密度和不同成分的液体所组成。因此，每次取样时，必须力求做到试样的性质跟全部取样产品的平均性质完全相符。

根据药液储存容器的不同而采取不同的取样方法，如果药剂是在搅拌桶内，那么在取样前，启动搅拌机构，待槽内液体搅拌均匀后，再行取样或测定浓度；如果药剂是装在密封的圆桶内，如松醇油、低碳脂肪酸等，在取样前先把桶内药剂摇匀，或滚动圆桶；若药剂是装在固定的槽内或其他储存容器中，则试样应从不同的水平高度来采取，其具体取样方法有三种：(1) 在槽壁或其他容器壁上，每间隔一定距离开孔，安装取样管和控制阀门；(2) 用虹吸管取不同深度的试样；(3) 用特制的取样器具，如图 4－1 的锥形桶和图 4－2 的取样器，采取不同位置、不同深度的样品。

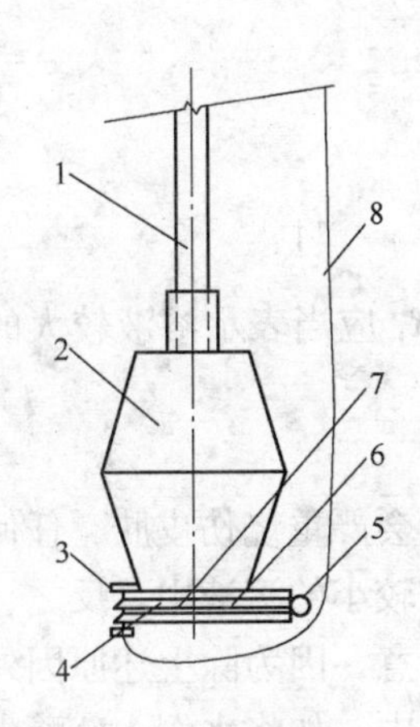

图 4－1 取样锥形桶

1—长木杆或竹竿；2—取样锥形桶；3—拉紧弹簧；4—密封上盖板；5—转轴；6—密封下盖板；7—密封胶皮；8—拉线

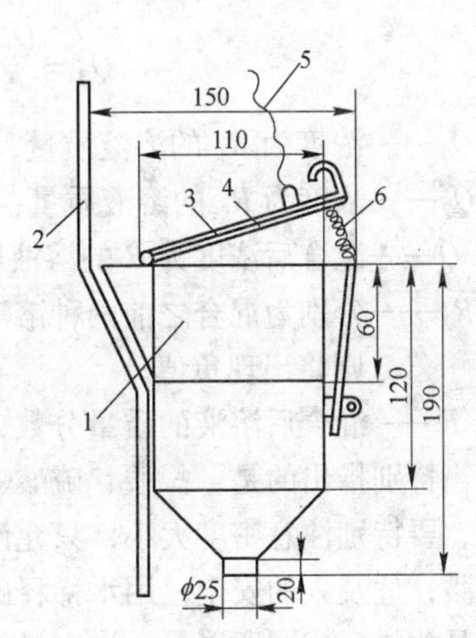

图 4－2 采取浓密机中矿浆试样的取样器

1—取样容器；2—长杆；3—盖板；4—软胶皮；5—拉绳；6—橡皮或弹簧

4.2.2 药剂溶液的制备

选矿厂所用的药剂，有一部分是不经稀释、原液加入，如松醇油、低碳脂肪酸、煤焦油、松焦油等；有一部分药剂是固体，必须溶解于水中，变为水溶液才能加入，如硫化钠、硫酸铜、苏打、苛性钠等；有一部分药剂虽然呈液体状态运来选矿厂，但为了充分发挥其作用，又需要用水稀释，由高浓度变为低浓度添加，如硫酸、盐酸、3 号凝聚剂等。对于后两部分的药剂，在添加前又需要进行药剂溶液的制备和稀释。

4.2.2.1 高浓度的溶液稀释成低浓度的溶液

高浓度的溶液稀释成低浓度的溶液可按照式（4－1）计算稀释时所需要加入的水量。

$$W = Q_2(1 - R_2/R_1) = Q_1(R_1/R_2 - 1) \tag{4-1}$$

式中 W——溶液浓度稀释后所加的水量，kg；

Q_1——稀释前溶液的质量，kg；

Q_2——稀释后溶液的质量，kg；

R_1——稀释前溶液质量分数，%；

R_2——稀释后溶液质量分数,%。

例 4-1 将浓度为 86% 的硫酸 30kg，稀释成质量分数为 20% 的硫酸水溶液，需加水多少？

解：已知 $R_1=86\%$，$Q_1=3\text{kg}$，$R_2=20\%$，则所需的水为

$$W=Q_1\left(\frac{R_1}{R_2}-1\right)=30\times\left(\frac{0.86}{0.2}-1\right)=30\times3.3=99\text{kg}$$

4.2.2.2 两种不同浓度的溶液混合成一种溶液

$$Q_1=\frac{Q(R-R_2)}{R_1-R_2}=\frac{Q_2(R-R_2)}{R_1-R} \tag{4-2}$$

$$Q_2=\frac{Q_1(R_1-R)}{R-R_2}=\frac{Q(R_1-R)}{R_1-R_2} \tag{4-3}$$

式中 Q_1——浓度为 R_1 的溶液质量，kg；

Q_2——浓度为 R_2 的溶液质量，kg；

Q——混合后浓度为 R 的溶液质量，kg；

R_1，R_2——分别为混合之前两种溶液的质量分数,%，R_1 应当表示溶液较大的浓度，否则将出现负值；

R——混合后溶液的质量分数,%。

应当特别指出的是，盐酸、硫酸、硝酸是三种强酸，会严重烧伤皮肤，任何溶液和其混合时，要特别注意密度大小，只允许密度大的溶液倒入较小的溶液中。反之，将会引起溶液飞溅，危及人的安全。用水稀释硫酸时，应该特别注意，因为除上述原因外，硫酸稀释过程是放热反应，所以只允许定量的硫酸倒入定量的水中；如将水倒入硫酸中，则会因密度差异及大量放热而引起硫酸飞溅，造成严重事故。

4.2.2.3 固体药剂配制成不同浓度的水溶液

$$K=\frac{Q}{Q+W}\times100\% \tag{4-4}$$

式中 K——固体药剂在溶液中的质量分数,%；

Q——药液中固体药剂的质量，kg；

W——药液中水的质量，kg；

$Q+W$——药液质量，kg。

在式（4-4）中，若已知药液的浓度和药剂固体量，就很容易计算出所需要加入的水量。一般选矿厂，对于某一种药剂来说，其制备的药液浓度是固定的。为了减少在制备药剂溶液时计算的麻烦，可事先列出一个药液制备查对表，即多少公斤固体药剂加多少公斤水。为了减少计量麻烦，不少选矿厂的药剂制备工，在制备的容器中，如搅拌槽或制备槽的壁上，标上刻度或用标尺测量，表示出往容器中投入多少质量的固体药剂，水应当加到多高的位置。

对于制备好的药剂溶液，为了检查其浓度是否符合要求，一般用比重瓶或耐腐蚀的浓度壶来进行测定，在测定时必须将药剂溶液搅拌均匀。

4.2.2.4 石灰乳的制备

石灰在浮选厂通常作为介质调整剂使用，以增加矿浆中的碱度。

根据生石灰熟化时添加水量的多少，制得熟石灰［$Ca(OH)_2$］的形式有三种：(1) 消石灰，呈极细的绒毛状粉末，其体积比生石灰大2.5倍；(2) 石灰浆，呈不流动的浓稠物质；(3) 石灰乳，可流动的乳浊液。

凡是用石灰作介质调整剂的选矿厂，添加石灰的常用方式有下列两种：

(1) 将生石灰消化为消石灰，然后将消石灰添加在磨矿机的给矿皮带上，随矿石进入磨矿机中。此种添加方式多用在石灰用量不大或者生产规模较小的中小型选矿厂。因为石灰的添加多为人工进行，劳动强度大，工作环境差。

(2) 将消石灰制备成石灰乳，多添加在浮选作业前的搅拌槽中。对于石灰用量不大的中小型选矿厂，多在搅拌槽或带有搅拌机构的容器中进行制备，石灰乳的制备浓度一般在15%～30%；对于石灰用量大或者处理量高的选矿厂，因为石灰耗量多，相应在石灰乳的渣子也多，为了减小劳动强度，改善工作条件，一般多建立石灰乳制备间，采用球磨机和螺旋分级机组成闭路磨矿分级作业，其分级溢流即为所制备的石灰乳。

石灰乳中熟石灰的含量，即石灰乳质量分数，也可以仿照矿浆浓度测定的方法，用比重瓶或浓度壶进行测定。据生石灰熟化的经验来看，消化温度越高，石灰乳中熟石灰颗粒也越小。

4.2.3 药剂用量的计算

选矿厂浮选作业的药剂消耗量，是根据选矿实验室对同类矿石进行药剂用量试验确定的。选矿厂生产技术科（组）或主任工程师，根据试验结果正式下达药剂耗量卡片。

4.2.3.1 药剂溶液耗量的计算

固体药剂需要按照要求的药液浓度，制备成药剂溶液，其消耗量按式（4-5）进行计算。

$$V=\frac{bQ}{60K\rho} \tag{4-5}$$

式中 V——消耗药液体积数，mL/min；

b——某一作业点纯药剂的耗量，$g/t_{矿石}$；

Q——处理的原矿量，t/h；

K——药液中固体药剂的质量分数，%；

ρ——药液密度，g/cm^3。

对于集中（一次）给药的选矿厂，按照式（4-5）计算的药液耗量，即为同一种药剂在单位时间内的总消耗量；对于分段给药的选矿厂，按式（4-5）先计算出每一段的药液耗量，将各段同一种药液耗量相加，即为单位时间内该种药剂的总耗量。

由于药液浓度较低（一般为5%～15%），药液相对密度较小（稍大于1），因此不少选矿厂为了减少计算麻烦，把药液相对密度近似取为1，即药液的质量等于药液体积，也即药液的质量浓度等于体积浓度，这样计算出的药液消耗量必然偏大。严格说来这种计算方法是错误的，没有足够的科学依据。日积月累，药剂不必要的多消耗量是惊人的。

例4-2 一个年处理量为30万吨的选矿厂，假定有机抑制剂淀粉耗量为200g/t，药液浓度为10%，测得的药液相对密度为1.05。

(1) 按照药液相对密度为1.0近似计算，则一年所添加的药液总体积量 V_1 为：

$$V_1 = \frac{300000 \times 200}{0.1 \times 1.0} = 600000000\text{mL}$$

（2）按照药液相对密度为1.05计算，则一年所添加的药液总体积量 V_2 为：

$$V_2 = \frac{300000 \times 200}{0.1 \times 1.05} = 571428571\text{mL}$$

（3）年多耗药液量 V 为：

$$V = V_1 - V_2 = 600000000 - 571428571 = 28571429\text{mL}$$

（4）年多耗黄药量 q 为：

$$q = 28571429 \times 1.05 \times 0.1 = 3000000\text{g} = 3\text{t}$$

（5）按淀粉3500元/t计算，则3t淀粉10500元。

上述例子说明，由于计算上的错误，每年浪费淀粉3t，其价值为10500元。

4.2.3.2 药剂原液加入的耗量计算

所谓原液，即以自然状态的形式添加的药剂。如松醇油、低碳脂肪酸等，其添加量按式（4-6）计算：

$$V = \frac{bQ}{60K\rho'} \tag{4-6}$$

式中 ρ'——液体药剂的密度，g/cm³。

4.2.3.3 实验室药剂耗量的计算

选矿实验室所需的药剂消耗量可按式（4-7）进行计算：

$$V = \frac{bQ_1}{K\rho} \tag{4-7}$$

式中 Q_1——试验的矿石量，g。

在实验室的实际工作中，由于每次投入试验的试料量少，所添加的药剂量也相应减少，因此液体药剂（如松醇油）按毫升数加入，已大大超过其用量。因此按照滴数来计算药剂用量既科学又方便，已被试验室广泛采用。例如，用500g试料进行浮选试验，共用去30滴松醇油，则一滴松醇油代表了500g ÷ 30 = 16.7g试料的用量。实测注射器中1mL松醇油共有几滴，从而可以算出每吨矿石所需要的松醇油耗量。

4.2.4 药剂添加表的编制

药剂添加量准确与否，直接影响到浮选指标的优劣。因此，选矿厂一般对给药十分重视，常安排工作细致、责任心强、有一定文化程度的工人担任司药工（俗称给药工）。为了方便给药、减少差错，通常将原矿处理量和药剂添加量列成对照表，即药剂添加表，供司药工在给药时遵照执行。编制药剂添加表的依据，是选矿厂的生产技术科（组）或主任工程师，根据药剂用量试验的结果下达的药剂消耗卡片。药剂添加表编制的方法，有以下两种：

（1）根据纯药剂的耗量进行编制。添加表中的矿量为了减少司药工换算的麻烦，按给入磨矿机中的湿矿量为准，而药剂添加量则是按干矿量计算的。原矿水分是按多次测定的结果，取算术平均值。假定原矿水分为8%，湿矿处理量为60t/h，则60t所对的药剂添加量，是按60 - 60 × 0.08 = 55.2t/h的干矿量进行计算的。

例如，某浮选厂的原则选别流程是一次粗选、二次扫选、二次精选，采用分段加药的方式。假定各作业的药剂单耗见表4－5，原矿水分含量为10%。

表4－5 某浮选厂各作业药剂单耗 (g/t)

药剂名称	作业名称		
	粗 选	扫Ⅰ	扫Ⅱ
氢氧化钠	1757	879	440
淀 粉	2016	1008	504
氧化钙	1584	792	396
RA－715	958	479	240

假若氢氧化钠、氧化钙、淀粉和RA－715的药液配制浓度均为10%，其药液相对密度分别为1.01、1.20、1.05和0.998，那么司药工就可根据小时处理的湿矿量，按式（4－5）分别算出各作业氢氧化钠、氧化钙、淀粉和RA－715每分钟添加的毫升数。

按纯药剂的耗量编制的药剂添加对照表，对于老的浮选厂和技术水平较高的司药工比较适用；对于新投产的选矿厂和技术水平较低的司药工，由于在给药时还要分别计算出各作业每分钟添加的毫升数，一旦计算有误，药剂相应也要给错，对技术经济指标影响较大。因此，对投产不久或司药工技术水平低的选矿厂，为了充分保证给药的准确性，最好按照各作业每分钟添加的毫升数，编制药剂添加对照表。

（2）根据单位时间内药液的添加量进行编制。为了简化起见，可根据表4－5所给的数据，以第一种编制方法中假定的原矿水分、药液浓度和相对密度为依据，按式（4－5）分别计算出各作业药剂的添加量（表4－6）。

表4－6 某浮选厂各作业药剂的添加量

湿矿量 /t·h^{-1}	药剂用量/mL·s^{-1}											
	粗 选				扫Ⅰ				扫Ⅱ			
	氢氧化钠	淀粉	氧化钙	RA－715	氢氧化钠	淀粉	氧化钙	RA－715	氢氧化钠	淀粉	氧化钙	RA－715
44	290	320	218	160	145	160	110	80	73	81	56	40
54	291	321	217	161	146	161	112	84	72	78	55	41
74	290	321	216	162	147	162	109	81	74	80	54	42
89	289	322	215	159	145	159	111	84	75	79	57	43
62	290	319	219	160	144	158	112	83	74	81	55	39
61	290	320	220	161	143	161	108	82	71	82	55	45
70	291	325	221	162	145	160	107	80	71	84	58	41
68	292	318	217	158	144	160	110	83	72	80	57	39
55	290	323	216	163	146	162	112	82	73	81	56	40
90	291	319	215	161	142	163	109	86	72	79	52	40
86	289	320	223	160	141	164	108	85	75	78	53	41
75	288	320	219	162	145	159	107	80	74	82	56	42
84	287	322	221	163	147	158	112	81	70	81	54	38
94	295	321	220	165	147	160	113	82	72	82	55	40
76	293	320	223	159	148	161	111	84	73	79	55	41
40	291	323	224	157	145	163	110	86	72	80	56	41

上述两种编制方法，都是以原矿水分含量的平均值，作为计算干矿量的依据。对于深部开采、矿石水分在一年内变化不大的选矿厂，这种计算的给药方法误差小，接近准确；对于接近地表的上部矿床开采，矿石中的含水量多受地表水影响，旱季和雨季水分变化较大，此时可根据生产中的数字积累，分季或分月取其水分平均值，作为药剂添加表中湿矿量换算成干矿量的依据。

必须指出的是，选矿厂统计人员，在按班、日、旬、月编制理论或实际金属平衡报表时，一定要按照技术检验部门提供的各班处理原矿的实际水分含量，作为计算干矿量的依据，决不可采用水分含量的计算平均值。因为编制金属平衡报表，是一件十分慎重而严肃的工作，它直接涉及产量计划和生产任务完成情况，任何图省事、怕麻烦，采取近似计算的方法，都是不科学的，是一种失职行为，是统计工作所不允许的。

4.2.5 药液用量的测定

对药液用量的测定是一件十分细心而又重要的日常工作。

只有药剂给的准，才能谈得上选别指标的提高。药液用量的测定，包括两部分内容，即药液配制浓度和各给药点添加量的测定。

4.2.5.1 药液配制浓度的测定

药液配制浓度的高低与其在浮选矿浆中效能发挥的程度，有直接的关系。一般说来，药液浓度低点好，因为对于单位耗量一定的固体药剂来说，药液浓度低意味着体积量大，在矿浆中所占的比例大，与有用矿物接触的机会多、接触得广泛；同时，药液浓度低，固体药剂溶解得充分、完全。又由于其浓度低，单位体积内固体含量相应减少，即使现场给药工一时疏忽大意，添加量稍有波动，对浮选指标的影响也不太明显。但浓度过低，所需要的装盛容器体积太大，这往往是生产现场难以解决的具体问题。总之药液浓度的配制，主要是根据药剂用量的多少、溶解度大小及添加是否方便来选择。主要浮选药剂配制的适宜质量分数见表4－7。

表4－7 主要浮选药剂配制的适宜质量分数 （%）

药剂名称	药液质量分数	药剂名称	药液质量分数	药剂名称	药液质量分数
十二胺	1～5	氧化石蜡皂	5～10	羧甲基纤维素	1～5
硫　酸	5～20	塔尔油	5～10	氢氧化钠	5～10
盐　酸	5～20	RA－715	5～10	碳酸钠	10～20
水玻璃	10	石　灰	5～10	淀　粉	1～5
偏硅酸钠	10	聚丙烯酰胺	0.5～1	单宁精	5～10
3号絮凝剂	1～5	明　矾	5	硫氢化钠	5～10
油　酸	5～10	氯化钙	5～20	硫酸铝	5～10

测定药液浓度的目的，在于检查实际配制的浓度，是否与药液添加表上的浓度（即规定的配制浓度）相符。如不相符就要立即向药剂制备工提出，同时不能再按照药液添加表上的规定数量给药，而要根据实测浓度按式（4－5），重新计算各加药点的添加量。

测定药液浓度的方法很多，常用的有比重瓶法和浓度壶法。为了减少药剂制备工或司药工测定浓度时计算的麻烦，可以事先编制好药液浓度查对表，其编制方法和计算公式类似矿浆浓度表的编制，详细编制过程不再重复。

由药剂质量分数的计算公式：

$$R=\frac{Q}{G}\times 100\%=\frac{Q}{Q+W}\times 100\%=\frac{Q}{Q+(V-Q/\rho')}\times 100\%$$

可以导出药剂溶液质量：

$$G=\frac{Q}{R}=\frac{RV\rho'}{(R+\rho'-R\rho')R}=\frac{V\rho'}{R+\rho'-R\rho'}$$

式中 R——药剂的质量分数,%；

Q——干药剂的质量，g；

G——药剂溶液的质量，g；

V——浓度壶的容积，mL；

ρ'——药剂的密度，g/cm^3；

W——溶剂的质量，g。

例4-3 假定某选矿厂用氢氧化钠作 pH 值调整剂，要求配制的浓度为10%；测定浓度的器具是浓度壶，其容积 250mL，空壶的质量为 115g；氢氧化钠的密度为 $2.13g/cm^3$。

$$G=\frac{V\rho'}{R+\rho'-R\rho'}=\frac{250\times 2.13}{10\%+2.13-10\%\times 2.13}=\frac{532.5}{2.017}=264.0$$

药液加浓度壶的质量为： $264.0+115=379.0g$

计算出的药液浓度和药液加浓度壶质量的关系见表4-8。

表4-8 计算出的药液浓度和药液加浓度壶质量的关系

药液质量分数/%	7	8	9	10	11	12	13
药液加浓度壶质量/g	374.6	376.0	377.6	379.0	380.5	382.1	383.5

用比重瓶测定时，先称出比重瓶的空瓶重，其容积是已知的，因此编制药液浓度查对表同浓度壶编制法。

由于药液有一定的腐蚀作用，因而浓度壶在用镀锌白铁皮或其他金属制作时，其使用寿命大大缩短，最好用耐腐蚀的薄塑料板焊制。

应当指出，由于药液中的微细颗粒有沉淀现象和离析作用，药槽（桶）中的静止药液，上部和下部的密度是不同的，因而浓度也有差异。所以在测定浓度时，一定要使药液搅拌均匀，再行取样测定。

有不少选矿厂利用江、湖、河水，作为生产水源，在洪水季节，水质十分浑浊又无净化设施，用此水制备药剂时，药液浓度已达到规定要求，而实际浓度却因水过于浑浊而偏低。因此，在水过于浑浊制备药剂时，要先测出水的浑浊度（或浓度)，在制备药液时将水的浑浊度（或浓度）考虑进去。例如，要求药液的配制浓度为10%，测得水的浓度（即含泥沙量）为2%，此时为保证10%的药液浓度，必须制备成12%的浓度。

在有条件的地方，应尽量用清水（或井水）配药。用浑水配药，不仅药液浓度增加，而且还有可能引起化学变化，对浮选不利。

4.2.5.2 各加药点药液添加量的测定

检查浮选作业各加药点药液添加量是否准确，一般用量筒或量杯进行测定。根据药液添加量的多少不同，来选择容积合适的量筒或量杯。一般说来所选择的测量器皿容积，能够容纳 30s 的药液添加量。

量筒或量杯的容积越小，刻度越精密，所测定的准确性也越高。因此，能用小量杯（筒）测定的，决不用大规格的量杯（筒）代替。检查药液添加量是否准确，通常以 1min 的药量为标准。用测量器皿接取某给药点 20s 的药液量，乘以 3 就变为 1min 的给药量了。

粗略的测定可用手表中的秒表计时；精确测定最好用秒表计时。每次测定的时间长短，当然是越长越精确，比如测定 15s 的加药量乘以 4 得到 1min 的给药量，当然没有测定 30s 乘以 2 得到 1min 的加药量精确。因为测定的时间越短，量杯移近和离开给药点的间隔时间相应也短，产生的测量误差较大。因此，只要测量器皿的容积允许，应当尽量延长每次测定时接取药液的时间。

4.2.6 药剂加入地点和方式

为保证药剂能发挥最佳效能，应根据矿石性质、药剂性质及工艺要求合理地选择加药地点和加药方式。

4.2.6.1 加药地点

加药地点的选择与药剂的用途和性质有关，通常是先加 pH 值调节剂，可加到球磨机中，一方面可使抑制剂和捕收剂在 pH 值适宜的矿浆中发挥作用，另一方面可以消除某些对浮选有害的“难免离子”。抑制剂应加在捕收剂之前，通常也加到球磨机中，让抑制剂及早地与被抑制矿物产生的新鲜表面作用。活化剂常加到搅拌槽中，在槽中与矿浆搅拌一段时间，促使和被活化的矿物作用。捕收剂和起泡剂加到搅拌槽或浮选机中，而难溶的捕收剂（如甲酚黑药、白药、煤油等）亦常加入磨矿机中，可以起到促使其分散、增长与矿物的作用时间。

常见的加药顺序视情况而定。浮选原矿时：pH 值调节剂—抑制剂—捕收剂—起泡剂。浮选被抑制的矿物时：活化剂—捕收剂—起泡剂。

4.2.6.2 加药方式

加药方式一般有两种，一种是一次性添加，一种是分批添加。一次性添加是在粗选作业前，将药剂集中一次加完。这样添加的药剂浓度高，添加起来方便。一般对于易溶于水的、不致被泡沫带走且在矿浆中不易反应而失效的药剂，常采用一次性加药，如苛性钠、石灰、苏打等。分批加药是沿着粗、精、扫的作业线分成几批几次添加。一般在浮选前加入总量的 60% ~70%，其余的分几批加入适当地点。对以下情况，应采用分批添加：

（1）易氧化、易分解、易起反应变质的药剂，如黄药、二氧化硫气体等。

（2）难溶于水，易被泡沫带走的药剂，如氧化石蜡皂、RA－715、油酸、脂肪胺类捕收剂。

（3）用量要求严格的药剂，如淀粉作为选择性絮凝赤铁矿的絮凝剂。如果局部用量过量，将会起反作用，如降低品位。

浮选厂根据上述原则设计好的加药地点和药剂添加量，在生产操作中是不允许轻易变动的。但在浮选作业线较长的现场，如果碰到浮选机“跑槽”、“沉槽”、精矿质量变坏或金属大量进入尾矿等紧急情况时，允许根据情况在适当的地点临时加入一些药剂以尽快减少损失。但要及时分析出不正常的原因，尽快调整，使生产情况转入正常。

参考文献

[1] 胡为柏. 浮选 [M]. 北京：冶金工业出版社，1983.
[2] 牛福生，吴根，白丽梅，等. 河北某地难选鲕状赤铁矿选矿试验研究 [J]. 中国矿业，2008，17(3)：57~60，68.
[3] 牛福生，白丽梅，吴根，等. 宣钢龙烟鲕状赤铁矿强磁—反浮选试验研究 [J]. 金属矿山，2008，2(380)：49~52，101.
[4] 徐柏辉. 褐铁矿阳离子反浮选试验研究 [J]. 矿产保护与利用，2006，(3)：30~33.
[5] 卢寿慈. 矿物浮选原理 [M]. 北京：冶金工业出版社，1988.
[6] 张永坤，郑为民，牛福生. 司家营铁矿选矿工艺改进及生产实践 [J]. 金属矿山，2010：9 (411)：56~58，110.
[7] 唐雪峰，陈雯，余永富，等. 细粒铁矿选矿中选择性絮凝的研究与应用 [J]. 金属矿山，2010，9(411)：44~46.
[8] 秦贵杰. 某铁矿选矿试验研究 [J]. 有色矿冶，2011，27 (4)：30~32.

5 铁矿石选矿实践

我国铁矿资源丰富，矿石类型主要包括磁铁矿、赤铁矿、褐铁矿、菱铁矿、镜铁矿等。有工业价值的铁矿物主要是：磁铁矿（Fe_3O_4）、赤铁矿、假象赤铁矿（Fe_2O_3）、褐铁矿（$2Fe_2O_3 \cdot 3H_2O$）及菱铁矿（$FeCO_3$）等。这些矿物除磁铁矿为强磁性矿物外，其他都为弱磁性矿物。

5.1 磁铁矿石选矿

5.1.1 矿石特点

磁铁矿矿石一般可分为单一磁铁矿矿石、含磁铁矿混合矿石以及钒钛磁铁矿石。

5.1.1.1 *单一磁铁矿石*

由于单一磁铁矿石中绝大部分是强磁性的磁性矿，并且矿石组成简单，常采用弱磁选方法选别。典型的单一磁铁矿石类型为鞍山式铁矿，该矿石物质组分一般较简单，金属矿物主要是磁铁矿，其次是赤褐矿、菱铁矿、假象赤铁矿、水赤铁矿；脉石矿物有石英、绿泥石、角闪石、云母、长石、白云石和方解石等。此类矿石品均含铁品位为27% ~34%，SiO_2 30% ~50%，一般低硫、低磷，极少有可供综合利用的伴生组分。鞍山式铁矿石除富矿多为块状构造外，其他品位较低的矿石绝大多数是条带状或条纹状构造。处理这类矿石的选矿厂有大孤山、东鞍山、齐大山、大石河、水厂、南芬、歪头山、石人沟和马兰庄等铁矿选矿厂。

5.1.1.2 *含磁铁矿混合矿石*

含磁铁矿混合矿石组分比较复杂，往往伴生有Cu、Sn、Co、Mo、S、Pb、Zn、Au等元素。矿石含铁量也较高，平均品位TFe在42%以上。矿石中的矿物以磁铁矿为主，部分矿床为磁—赤铁矿石，或为赤铁矿、磁铁矿与菱铁矿的混合型矿石。金属矿物主要为磁铁矿，次为赤铁矿、菱铁矿，还有少量至微量黄铜矿、黄铁矿和磁黄铁矿等。磷含量一般较低，硫含量变化很大，由百分之几至百分之十几，往往有一些可供综合利用的伴生元素如Cu、Co等。矿石中，磁铁矿呈自形、半自形及他形晶粒状集合体与脉石交代，形成交代残余结构，在磁铁矿颗粒集合体中往往保留脉石残余体，成为磁铁矿的包裹物出现，而后期生成的碳酸盐又沿着磁铁矿晶体的中心向外交代，形成骸晶状结构。磁铁矿粒径大小不均，一般粒径为0.1 ~0.5mm。黄铁矿呈自形、半自形和他形晶粒状集合体嵌布于脉石中，黄铁矿与磁铁矿关系比较密切，黄铁矿粒径大小一般为0.04 ~0.1mm。黄铜矿呈不规则的颗粒状及星点状嵌布在脉石中，也有的镶嵌在磁铁矿中呈包裹体出现，与辉铜矿、铜蓝紧密共生，粒度在0.05 ~0.008mm之间，钴矿物以硫化钴、氧化钴两种形态存在，硫化钴主要共生于黄铁矿中，随黄铁矿的回收而得到综合利用。伴生铜、硫、钴的磁铁矿床，一般矿石硬度8~12，铁矿床中含钙、镁比较高，含二氧化硅较低，所以脉石矿物较软，铁矿床含铁品位较高，一般为Fe 35%~45%，属于较好选的矿石。处理这类矿石的选矿厂有大冶、程潮和金山店等。

5.1.1.3 *钒钛磁铁矿石*

攀枝花式铁矿是一种伴生钒、钛、钴等多种元素的磁铁矿，其矿石储量居我国铁储量第二位（占15%左右），矿石可选性良好，其矿物组成、嵌布特性与一般磁铁矿有明显的差别。矿石中主要金属矿物为含钒钛磁铁矿、钛铁矿，另外含极少量的磁铁矿、赤铁矿、褐铁矿、针铁矿等；硫化物以磁黄铁矿为主；脉石矿物以钛普通辉石、斜长石为主。铁不但赋存于钒钛磁铁矿中，而且在钛铁矿、硅酸盐矿物和硫化物矿物中，都含一定数量的铁。含钒钛磁铁矿一般呈自形、半自形或其他形粒状产出、粒度大，易破碎解离。钛元素主要赋存于钒钛磁铁矿和钛铁矿中，少量赋存于脉石矿物中，由于钛在钒钛磁铁矿中成固溶体存在，用机械选矿方法无法分离，故铁精矿中含钛量很高，选矿目前很难回收利用钒钛磁铁矿中的钛，而只能回收矿石中的钛铁矿。脉石矿物中，钛普通辉石与斜长石约占总量的90%以上，矿石硬度大，属难磨矿石且给尾矿输送带来困难。处理这类矿石的选矿厂有攀枝花密地选铁厂、选钛厂等。

5.1.2 选矿工艺

磁铁矿石主要是沉积变质型磁铁矿石。由于磁铁铁矿石是一种强磁性矿物，采用弱磁选方法选别即较容易得到高品位、高回收率的铁精矿。根据矿石性质和选别流程的特点不同，可分为磁铁矿的干式预选工艺、磁铁矿矿石单一弱磁选工艺、弱磁选—磁重选工艺、弱磁选—反浮选工艺等。

5.1.2.1 *磁铁矿的干式预选工艺*

矿石在开采过程中，不可避免地要混入一定数量的围岩，特别是地下开采，围岩混入率一般达15%~20%，采用无底柱分段崩落采矿方法的地下矿，采出的矿石中围岩混入率都要超过20%，从而降低了入选矿石的品位。为了恢复地质品位，降低选矿厂能耗，减少磨矿量，近几年国内外一些磁选厂，通过新建或技术改造，在破碎筛分流程中采用预选工艺研究，并已在多个铁矿石选矿厂应用，效果良好。按预选方式可分为大块干式预选、粉矿干式预选和粉矿湿式预选工艺。

（1）大块干式预选工艺。大块矿石干式永磁磁选机的代表是CTDG系列大块矿石干式永磁磁选机，该机是马鞍山矿山研究院于20世纪80年代研制开发的干式预选设备，并于1991年荣获国家发明专利。现由中钢集团安徽天源科技股份有限公司生产，其处理粒度上限已从75mm发展到350mm。

（2）粉矿干式预选工艺。磁铁矿石中粉矿的磁滑轮预选，在我国磁选厂应用较早，早期使用的磁滑轮其采场强度都比较低，一般为70~100kA/m，入选物料主要是中细碎产品。入选物料的含水量和粉矿量是影响干式预选效果的重要因素。当矿石含水超过5%时，其分选效果明显下降；当水分和粉矿含量过高时，分选无法进行。

（3）粉矿湿式干选。金岭铁矿矿石属矽卡岩型多金属磁铁矿石，除生产主要产品铁精矿外，还综合回收铜、钴金属，这就必然使湿式预选工艺相对要复杂一些。试验室试验研究表明，2mm以上各粒级磁选尾矿品位均低于或接近我矿湿选尾矿品位，金属分布率很低，可作为合格尾矿抛出，而2mm以下粒级磁选尾矿铜、硫、钴品位均明显高于精矿，此粒级必须回收利用。根据试验室试验、半工业试验结果，2002年金岭铁矿在入磨前增设一段湿式预选抛废作业，粉矿经磁选机预选，精矿直接进入球磨机，预选尾矿自流到振动筛筛分，其中2～14mm粒级作为废石抛掉，0.2mm粒级的预选尾矿送至分级机预先分级。粉矿品位44.73%，分级溢流品位47.90%，提高了3.17个百分点；预选抛废品位5%，略低于湿选尾矿品位。由于及早抛掉了难磨的废石，使球磨分级系统处理能力大幅度提高，由原来的38t/h提高到46t/h。

近几年研制成功多种型号的磁滑轮，其设备性能有很大的提高，特别是工作场强大幅度提高，例如CT－108型、CTDG－0808X型、CTDG－0808Y型等，它们的场强都达到150～200kA/m以上，由于场强的提高以及其参数设计合理，使磁滑轮在预选中抗泥、水干扰性能大大提高。

5.1.2.2 *磁铁矿矿石单一弱磁选工艺*

磁铁矿矿石单一弱磁选工艺的特点是选别作业采用单一弱磁选工艺，适合矿物组成简单的易选单一磁铁矿矿石。按照流程结构又可划分为连续磨矿—弱磁选流程和阶段磨矿—弱磁选流程。连续磨矿—弱磁选适用于嵌布粒度较粗或含铁品位较高的矿石，根据矿石的嵌布粒度，可采用一段磨矿或二段连续磨矿。我国铁矿石的特点之一是嵌布粒度细，需要细磨才能获得高品位的精矿，但同时嵌布粒度不均匀。因此，阶段磨矿—弱磁选流程是我国的典型工艺。

在阶段磨矿、阶段选别流程中，细筛的应用得到了广泛的重视。细筛再磨工艺是提高磁铁矿磁选精矿品位的有效方法之一。生产实践表明，物料按等降比分级的螺旋分级机和水力旋流器，在其分出的溢流中常含有部分粗粒贫连生体，这些粗粒贫连生体在磁选过程中大都进入磁选精矿，影响铁精矿质量。如果筛除＋0.074mm的粗粒，磁铁矿品位将显著提高。

5.1.2.3 *弱磁选—磁重选工艺*

A *弱磁选—复合闪烁磁场精选机工艺*

首钢矿业公司大石河、水厂两个选矿厂处理的矿石为鞍山式贫磁铁矿，为了提升工艺技术，节能降耗，进行了一系列的攻关，最终确定了用高频振网筛取代尼龙固定细筛，用复合闪烁磁场精选机取代磁聚机的技术方案，使原流程中的固定细筛—永磁磁聚机—固定细筛工艺提升为高频振网筛—复合闪烁磁场精选机新工艺。

工业生产表明，选矿流程简化后，提高了分级效率和选别效果，铁精矿品位提高了0.4个百分点，球磨机台时能力提高8.10%以上，选矿生产二次循环负荷由350%降低到200%以下，细筛效率提高了2.5倍以上，并减少了一次泵的矿浆输送量，达到了高效节能的目的，取得了较好的经济效益。

B *弱磁选—磁选柱工艺*

磁选柱是一种新型电磁式低弱磁场重选选矿设备，它能从低品位磁选精矿、磁选粗精矿、磁选过程其他中矿－0.2mm部分有效地分出中贫连生体及单体脉石，直接获得高品位磁铁矿精矿。

歪头山铁矿选矿厂采用阶段磨矿、单一弱磁选—细筛—磁选柱工艺进行了技术改造。改造选择三次磁选的精矿为切入点。技术改造后2005年平均生产技术指标：原矿品位

29.61%，铁精矿品位68.67%，精矿中SiO_2含量4.50%以下，尾矿品位8.48%，金属回收率81.24%。

南芬选矿厂同时也采用了阶段磨矿、单一弱磁选—高效细筛自循环—磁选柱进行了技术改造。2005年生产平均指标：原矿品位29.19%，铁精矿68.35%，精矿中SiO_2含量4.71%，尾矿品位9.36%，金属回收率81.50%。

5.1.2.4 弱磁选—反浮选工艺

A 弱磁选—阳离子反浮选工艺

2003年，鞍钢弓长岭矿业公司、中南大学、长沙矿冶研究院、中国矿业大学合作，开展弓长岭磁铁矿精矿旋流—静态微泡浮选柱阳离子反浮选新工艺、新技术的研究。在实验室、现场分流闭路试验的基础上，2004年10月进行磁选精矿浮选柱阳离子反浮选工业试验，采用一次粗选、二次扫选浮选柱—磁选流程，在平均给矿品位63.59%、磨矿细度-0.074mm占89.30%的条件下，获得铁精矿品位69.15%、SiO_2含量2.65%、回收率95.81%的指标，浮选柱工业试验指标明显优于浮选机生产指标。在给矿品位基本相同时，精矿产量提高1.27个百分点，回收率提高3.52个百分点，尾矿品位降低4个百分点，并具有缩短工艺、简化流程、节能降耗等特点。

B 弱磁选—阴离子反浮选工艺

太钢集团矿业公司尖山铁矿选矿厂提铁降硅改造前采用的是三段磨矿、两段细筛、五次磁选流程，在原矿品位30.00%~35.00%、SiO_2含量45.00%左右时，铁精矿品位达到65.00%~66.00%，精矿中SiO_2含量为8.00%左右。2002年，在实验室条件试验、扩大连续试验的基础上，采用一次粗选、一次精选、三次扫选阴离子反浮选流程，对磁选精矿进行了深选，并进行了技术改造。2003年全年平均生产指标：原矿品位34.00%，铁精矿品位68.94%，精矿中SiO_2含量小于4%，尾矿品位7.73%，金属回收率85.25%，作业回收率达98.50%。

5.1.3 选矿实例

5.1.3.1 首钢矿业公司水厂选矿厂

A 选矿厂概况

目前水厂选矿厂有两座选矿厂。至此，水厂新、老厂处理原矿能力达到近2000万吨/年，但由于资源紧张，目前处理原矿仅为1000万吨/年左右。

选矿厂老厂设计采用两段磨矿、两次磁选、三次磁力脱水的工艺流程，后经过多次流程改造升级，现流程为：原矿采用磁滑轮预选抛尾，磨选工艺采用两段磨矿、三次磁选、一次磁重精选机精选。原矿品位一般在27%左右；精矿品位，1976年以前为62%左右，以后通过技术改造，逐年有所提高，1982年以后稳定在68%左右。金属回收率1977年以前低于70%，1982~1996年以后为76%~77%；1997年以后，对主厂尾矿采用复合精选方法进行回收，金属回收率有了大幅度提高，目前实际金属回收率为82%左右。

B 矿石性质

水厂铁矿属于鞍山式沉积变质矿床，主要出露地层为太古界，其次为上元古界和新生界地层。矿石按矿物组成的不同可划分为四个类型：磁铁石英岩、辉石-磁铁石英岩、赤铁－磁铁石英岩和赤铁石英岩，其中以磁铁石英岩最多。

磁铁石英岩多元素化学分析见表5－1。

表5－1 磁铁石英岩多元素分析结果

元素	TFe	SFe	FeO	SiO_2	Al_2O_3	CaO	MgO	P	S	灼减
含量/%	27.53	26.78	11.02	51.07	1.23	1.36	2.67	0.019	0.068	1.11

矿石中主要金属矿物为磁铁矿，其次为少量的赤铁矿、菱铁矿和黄铁矿；脉石矿物主要为石英，其次为辉石、角闪石、碳酸盐类和云母类。磁铁石英岩的矿物组成及铁物相分析结果见表5－2、表5－3。

表5－2 磁铁石英岩的矿物组成

矿物	磁铁矿	赤铁矿	褐铁矿	黄铁矿	金属矿物合计	石英	辉石	角闪石	其他	脉石矿物合计
含量/%	34.8	2.24	0.49	0.13	37.66	36.42	8.06	14.5	3.36	62.34

表5－3 磁铁石英岩铁物相分析结果

样品名称	磁铁矿	碳酸铁	赤铁－褐铁矿	黄铁矿	硅酸铁	合计
含量/%	25.02	0.25	1.57	0.07	0.72	27.63
分布率/%	90.57	0.90	5.68	0.24	2.61	100.00

铁矿物以中粗粒结构为主，一般粒度为0.5mm左右。磁铁矿一般呈他形晶粒状集合体与辉石嵌镶组成深色条带；另有一部分自形晶程度较好的细粒磁铁矿分布在以石英岩为主的浅色条带中。矿石中被氧化的假象赤铁矿多在地表氧化带沿磁铁矿的解离裂隙发育或在矿体的断层带附近，并由地表到深部逐渐减少。石英粒度0.2～0.5mm，呈交错嵌镶组成定向排列的浅色条带。透辉石0.15～0.5mm，呈半自形板状晶体定向排列与紫苏辉石、磁铁矿嵌镶组成深色条带。紫苏辉石粒度，细的为0.3～0.5mm，粗的为2～3mm。

矿石的构造以条带状及粗条纹为主，其次是片麻状和条纹状，还有少量的块状及细条纹状。

矿石抗压强度为117～137MPa，普氏硬度为12～14，密度为3.2g/cm³，松散密度为2g/cm³，平均松散系数为1.5。

C 选矿生产

现水厂选矿厂老厂12个、新厂7个磨选系列，共用一套破碎粗破系统，矿石经采场矿石破碎站粗破后经胶带运输机输送到选矿厂，破碎系统采用三段一闭路流程。细破产品采用磁滑轮预选抛尾，磁滑轮精矿产品进入球磨。磨选工艺流程采用两段磨矿，两段磁选，高频振网筛与二段磨机形成闭路循环，筛下产品进入电磁精选机进行磁重选别，主厂精矿产品输送过滤车间进行三、四磁磁选，磁选精矿产品经内滤式真空过滤机过滤后进入精矿仓，经火车运输至球团、烧结。主厂尾矿经周边传动式浓缩机浓缩后进入尾矿回收车间选别后，粗精矿输送到老厂11、12系列进行再磨精选；最终尾矿经三级总砂泵站输送到尾矿库。选矿厂用水为清水、环水和回水。

a 破碎筛分

水厂破碎分为新、老两个系统。新、老厂粗破共用一套破碎系统，为2台PX-1400/170液压旋回破碎机，生产能力1750~2370t/h；新、老中破各3台PYB-2200标准圆锥破碎机；老细破8台PYD-2200短头圆锥破碎机，新细破9台PYD-2200短头圆锥破碎机；细破段采用预先检查筛分，2台振动筛对1台细破机，循环负荷率130%左右，筛分设备为SZZ1800mm×3600mm自定中心振动筛，筛孔尺寸为13mm×60mm长孔筛，材质为聚氨酯。水厂选矿厂破碎筛分设备技术性能见表5-4。水厂选矿厂破碎设备历年生产技术经济指标见表5-5。

表5-4 水厂选矿厂破碎筛分设备技术性能

设备名称	型 号	数 量	给矿粒度/mm	排矿口或筛孔/mm	排矿粒度/mm	单机产量/t·h⁻¹		筛下产品/%	
						设计	实际	-12mm含量	合格率
液压旋回破碎机	PX-1400/170	新、老厂共用2台	1200~0	170	350	1750~2370	1500	—	—
标准圆锥破碎机	PYB-2200	新、老厂各3台	350~0	30~36	75~0	600~1000	750	—	—
短头圆锥破碎机	PYD-2200	新厂9台 老厂8台	75~0	6~10	12~0	185~350	300	—	—
自定中心振动筛	SZZ1800mm×3600mm	新厂18台 老厂16台	—	13×60长筛孔	—	150		95	95

表5-5 水厂选矿厂破碎设备历年生产技术经济指标

年 份	处理原矿量/kt·a⁻¹	单机产量/t·h⁻¹		
		粗 碎	中 碎	细 碎
2001	8430	1042.51	583.64	240.10
2002	8930	1239.53	596.71	260.34
2003	10580	1544.24	565.40	221.39
2004	10170	1471.13	484.78	201.53
2005	9640	1399.45	486.33	183.84
2006	8500	1301.58	546.79	175.36

b 预选

水厂选矿厂采用磁滑轮预选抛尾工艺流程（图5-1）。细破产品由细破矿仓经执行器或摆式给矿机给入平皮带，经CYT800×1200型永磁筒型干式磁选机（磁场强度143kA/m）预选后，磁滑轮精矿给入一次球磨机；磁滑轮尾矿汇集后经BK0800×1200型永磁筒型干式磁选机（磁场强度280kA/m）进行扫选，扫选尾矿给入YA-1500×2000圆振筛进行筛分，筛下产品与二段磁滑轮精矿汇合一起返回主厂平皮带给入一次磨矿；筛上产品成为最终尾矿，由胶带运输机输送到废石矿仓，由汽车拉走。目前，磁滑轮抛尾品位小于7%。

c 磨矿、分级和选矿

现阶段选矿生产工艺流程为2003 年磨选工艺流程升级后流程（图5-2），与升级前流程相比，主要特点是高频振网筛代替固定尼龙细筛，用复合闪烁磁场精选机代替磁聚机。新、老厂工艺原则流程一样，只是设备型号不同。破碎产品经永磁筒式干式磁选机预先抛尾后进入一次球磨机，一次球磨与高堰式双螺旋分级机构成闭路。分级机溢流给入一次永磁筒式磁选机进行一次磁选，磁选粗精矿进入二次球磨。三次球磨排矿产品给入二次磁选机进行磁选，磁选精矿给入高频振网筛进行控制筛分，筛上产品经中场强筒式磁选机浓缩后与一次磁选精矿汇合给入二次球磨，筛下产品给入复合闪烁磁场精选机进行选别，精矿输送到过滤车间进行过滤前三、四次磁选。复合闪烁磁场精选机溢流与浓缩磁选尾矿一起与一段磨矿分级溢流汇合给入一次磁选机，构成一个闭路循环。磨矿分级和选矿主要设备见表5-6。

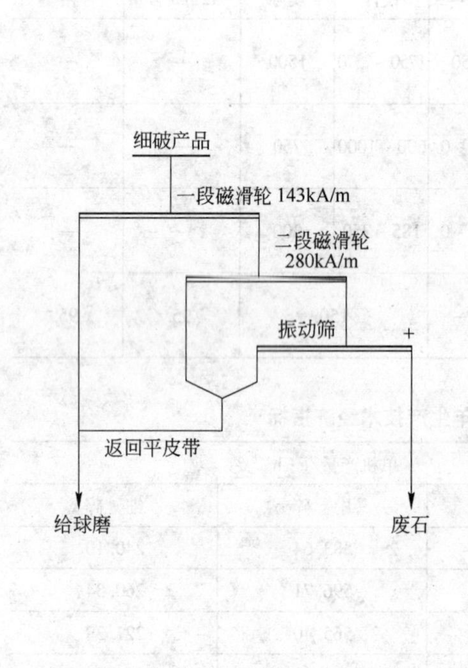

图5-1 磁滑轮预选抛尾工艺流程

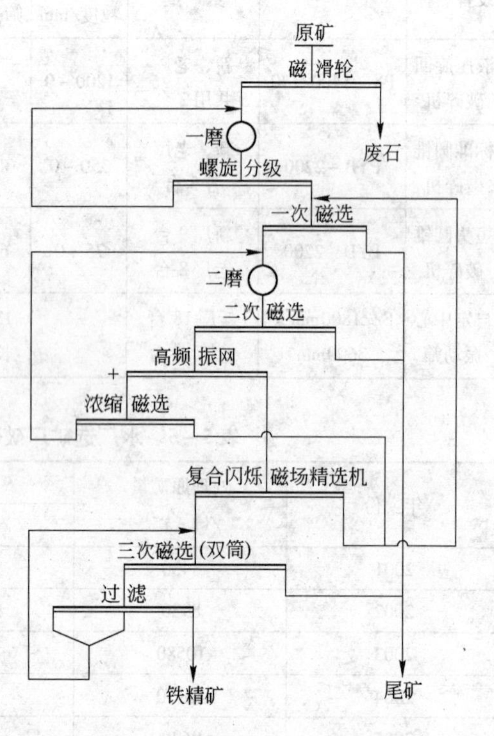

图5-2 现阶段生产工艺流程

表5-6 磨矿分级和选矿主要设备

设备名称	型 号	数量/台	电动机	
			功率/kW	数量/台
永磁磁滑轮	CYT800mm×1200mm	老厂10、新厂14	7.5	新、老厂共24
永磁磁滑轮（回收）	BKO800mm×1200mm	老厂、新厂各1	—	—
振动筛（回收）	YA-1500mm×2000mm 圆振筛	老厂、新厂各1	7.5	—
湿式格子型球磨机	老厂 MQY2736 新厂 MQY3645	老厂10 新厂7	老厂400 新厂1250	老厂10 新厂7

续表 5-6

设备名称	型号	数量/台	电动机	
			功率/kW	数量/台
高堰式双螺旋分级机	老厂 2FLG-2000mm×8200mm 新厂 2FLG-3000mm×12000mm	老厂 10 新厂 7	老厂 22 新厂 45	老厂 10 新厂 7
湿式溢流型球磨机	老厂 MQG2736 新厂 MQG3645	老厂 10 新厂 7	老厂 400 新厂 1250	老厂 10 新厂 7
湿式弱磁场永磁磁选机	DCTB-1050mm×3000mm	71	7.5	老厂 14 新厂 56
	CTY-750mm×1800mm	48	3	老厂 48
高频振动筛	BKS1050mm×3000mm	24	7.5	24
	MVS2000mm×2000mm	120	1.2	—
复合闪烁磁场精选机	ϕ600mm	49	—	—

一次球磨机磨矿浓度 80%~82%，介质充填率为 40%~45%，分级机溢流浓度 50%~60%，粒度 -0.25mm 为 55%，合格率为 85%，返砂比为 100%~250%，球磨老厂台时为 75t,，新厂为 158t；二次球磨机磨矿浓度大于 70%，介质充填率为 38%~42%。磨矿设备历年生产技术经济指标见表 5-7。

表 5-7 磨矿设备历年生产技术经济指标

年份	系统	单机产量 /t·h^{-1}	球磨机作业率/%	磨矿效率 /t·(m^3·h)$^{-1}$	钢球消耗量 /kg·t$_{原矿}$$^{-1}$	铁球消耗量 /kg·t$_{原矿}$$^{-1}$	衬板消耗量 /kg·t$_{原矿}$$^{-1}$
2001	老厂	65	74.26	3.54	0.85	0.89	0.05
	新厂	131.94	40.38	3.22			
2002	老厂	63.5	69.7	3.46	0.76	1.02	0.06
	新厂	117.17	60.21	2.86			
2003	老厂	65.42	71.28	3.56	0.63	0.84	0.06
	新厂	126.06	73.46	3.07			
2004	老厂	65.46	72.68	3.57	0.62	0.79	0.08
	新厂	132.6	63.25	3.23			
2005	老厂	69.7	67.42	3.8	0.61	0.78	0.07
	新厂	141.26	51.75	3.49			
2006	老厂	63.16	70.16	3.44	0.57	0.72	0.11
	新厂	124.28	50.18	3.08			

一次磁选给矿浓度为 40%~45%以下，二次给矿浓度为 35%~40%，高频振网筛给矿浓度小于 50%，精选机给矿浓度为 35%~40%。选矿厂历年主要生产技术经济指标见表 5-8。

表 5-8 选矿厂历年主要生产技术经济指标

年份	年处理量/kt	精矿量/kt	原矿品位/%	精矿品位/%	尾矿品位/%	新水耗/$m^3 \cdot t_{原矿}^{-1}$	电耗/$kW \cdot h \cdot t_{原矿}^{-1}$	衬板消耗量/$kg \cdot t_{原矿}^{-1}$
2001	8430	2787	27.64	67.89	7.14	1.75	26.99	1.74
2002	8930	2988	27.66	67.95	7.13	1.05	25.05	1.78
2003	10580	3529	27.66	68.14	7.14	0.81	24.65	1.47
2004	10170	3383	27.68	67.99	7.17	0.81	24.24	1.41
2005	9640	3192	27.59	68.4	7.13	0.2	23.98	1.39
2006	8500	2811	27.41	68.22	7.03	0.11	24.08	1.29

d 精矿过滤

水厂新、老主厂精矿经精矿泵输送到浓缩过滤系统，经三、四磁选别后，磁选精矿给入内滤式真空过滤机过滤后，精矿经滑板滑入矿仓。过滤系统未升级之前，过滤精矿经胶带运输到矿仓，最终因设备故障率高、维修不方便，后改用滑板直接滑入矿仓后，故障率低，且减少动力、胶带消耗。浓缩过滤流程如图 5-3 所示。浓缩过滤系统主要设备见表 5-9。浓缩过滤设备历年生产技术指标见表 5-10。

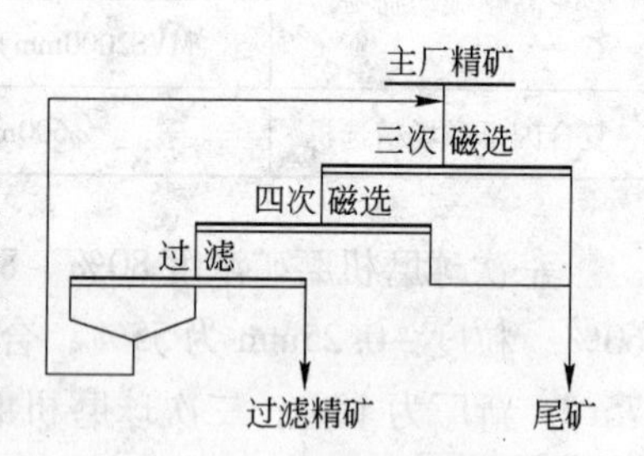

图 5-3 浓缩过滤流程

表 5-9 浓缩过滤系统主要设备

设备名称	规 格	能力/$t \cdot h^{-1}$	场强/$kA \cdot m^{-1}$	数量/台	电动机功率/kW	备 注
三、四次磁选机（老）	CTYϕ750mm × 1800mm	30 ~ 50	95.54	40	3	
三次磁选机(新)	DCTB-1050mm × 3000mm	80 ~ 100	129.78	14	7.5	
四次磁选机(老)	CTYϕ750mm × 1800mm	30 ~ 50	95.54	24	3	
过滤机（老）	18.5m^2	6 ~ 30		20	7.5	
过滤机（新）	40m^2	6 ~ 30		14	11	
真空泵（老）	SK-42			8	60	气量：19.7m^3/min
真空泵（新）	SK-42			12	60	气量：19.7m^3/min
鼓风机(新、老)	叶氏 3 号			8	7.5	风量：780m^3/h

表5－10 浓缩过滤设备历年生产技术指标

年 份	处理精矿量 /kt·a^{-1}	精矿品位/%	精矿水分/%	过滤效率 /t·(m^2·h)$^{-1}$	滤布消耗 /m^2·t$_{精矿}$$^{-1}$
2001	2787	67.89	8.37	0.72	3.88
2002	2988	67.95	8.37	0.78	4.53
2003	3529	68.14	8.40	0.78	2.04
2004	3383	67.99	8.43	0.76	3.64
2005	3192	68.40	8.45	0.72	2.44
2006	3020（其中尾矿再选粉209）	68.22	8.42	0.82	3.42

e 尾矿浓缩及输送

主厂尾矿浓缩老厂采用ϕ50m、新厂采用ϕ30m周边传动式浓缩机浓缩，浓缩机溢流汇集后经环水泵输送到选矿厂，供对水质要求不高的作业使用，浓缩机底流经分砂泵站输送到尾矿回收厂房进行扫选作业。最终尾矿经三级砂泵站输送到尾矿库进行筑坝，尾矿库的回水经静压回收管输送回选矿厂。水厂选矿厂在尾矿浓缩及输送方面取得显著成效。为了提高尾矿输送浓度，对分砂泵站采取更换小电动机、电动机皮带轮等措施，浓缩机底流浓度由17%提高到25%以上，同时利用备用浓缩机对尾矿进行二次浓缩，最终尾矿输送浓度提高到30%左右，从而使尾矿浆输送量大大减少，同时清水使用量也减少，总砂泵站运行泵台数由原来3∶3∶3减为2∶2∶2，新水源也减少1台300kW电动机清水泵运转，每年仅节约电费一项近千万元，同时备件消耗相应减少。尾矿浓缩、磁选及输送工艺流程如图5－4所示。尾矿系统主要设备见表5－11。

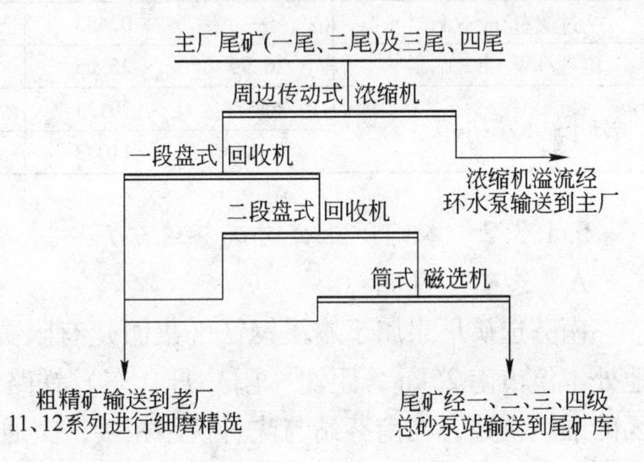

图5－4 尾矿浓缩、磁选及输送工艺流程

表5－11 尾矿系统主要设备

设备名称	型 号	数量/台	电动机功率/kW	台时能力
浓缩机（新厂）	TNB－53周边传动式浓缩机	6	15	沉淀面积2206m^2
浓缩机（老厂）	BCN－50周边传动式浓缩机	5	15	沉淀面积1963m^2
渣浆泵（新厂分砂泵站）	150ZJ－I－A65	12	130	400～600m^3/h
胶泵（老厂分砂泵站）	6PNJB	10	75、115	300m^3/h
环水泵	14sh－13	老厂10、新厂12	老厂220、新厂180	1260m^3/h
盘式磁选机	CPϕ1600mm×18mm	4	5.5	150t/h
筒式磁选机	BKW－1050mm×3000mm	16	7.5	矿浆量500m^3/h
250PN泵（总砂泵站）	250PN	28	710～800	1040m^3/h

f 历年选矿生产主要技术经济指标

水厂选矿厂历年选矿生产主要技术经济指标见表5－12。

表5－12 水厂选矿厂历年选矿生产主要技术经济指标

年 份	2001	2002	2003	2004	2005	2006
处理原矿/$kt \cdot a^{-1}$	2787	2988	3529	3383	3192	2811
原矿品位/%	27.64	27.66	27.76	27.68	27.59	27.41
精矿品位/%	67.89	67.95	68.14	67.99	68.4	68.22
尾矿品位/%	7.14	7.13	7.14	7.17	7.13	7.03
回收率（实际）/%	81.77	81.78	81.85	81.71	82.07	82.37
理论选矿比/$t \cdot t^{-1}$	2.96	2.96	2.96	2.96	2.99	3.00
精矿成本/元·$t_{原矿}^{-1}$	285.97	254.79	208.92	229.09	291.35	—
钢球消耗/$kg \cdot t_{原矿}^{-1}$	0.85	0.76	0.63	0.62	0.61	0.57
铁球消耗/$kg \cdot t_{原矿}^{-1}$	0.89	1.02	0.84	0.79	0.78	0.72
衬板消耗/$kg \cdot t_{原矿}^{-1}$	0.05	0.06	0.06	0.08	0.07	0.11
水耗原矿/$m^3 \cdot t_{原矿}^{-1}$	10.58	10.48	10.25	10.47	9.95	10.69
其中新水消耗原矿/$m^3 \cdot t_{原矿}^{-1}$	1.75	1.05	0.81	0.81	0.2	0.11
胶带/$m^2 \cdot kt^{-1}$	0.335	0.392	0.302	8.708	4.1	13.963
过滤布/$m^2 \cdot kt^{-1}$	—	0.453	0.204	0.364	0.244	0.342
电耗/$kW \cdot h \cdot t_{原矿}^{-1}$	26.99	25.05	24.65	24.24	23.98	24.08
劳动生产率/t·（人·a）$^{-1}$	6557	10133	14922	20632	20960	20769
	7384	11043	16177	25365	26129	23466

5.1.3.2 本钢矿业公司南芬选矿厂

A 选矿厂概况

南芬选矿厂隶属于本溪钢铁（集团）有限责任公司，位于辽宁省本溪市南芬区境内，地处本溪市南25km，距沈（阳）丹（东）铁路南芬站2km，沈丹公路横贯厂区，通往矿区的准轨铁路，在南芬站与沈丹铁路相接，交通方便。

经多次改造后，至2007年8月底，南芬选矿厂实有5个选别车间，球磨系列29个，设计规模处理原矿石1300万吨/年。

B 矿石性质

南芬选矿厂入选矿石来自南芬露天铁矿。南芬露天铁矿属前震旦纪鞍山式沉积变质铁矿床，由黑背沟区、铁山区（即庙儿沟铁山）和黄柏峪区构成，以铁山区最大。矿区由太古界鞍山群含铁石英岩中的三个铁矿层组成，属于单斜构造，铁矿层走向北西，倾向西南，倾角40°～50°。地表露出全长3400m，工业矿段总长2900m。三个铁矿层的平均厚度为40.18m，其中以第三铁矿层最大，储量占全区的82.6%。含铁矿物主要为磁铁矿，有少量赤铁矿。非金属矿物主要为石英岩，有少量角闪石、绿泥石、透闪石、方解石等。原矿品位31%左右（近年下降至29%），矿石密度3.3g/cm^3，岩石密度2.6g/cm^3，磁性率38%左右，矿石硬度$f=12\sim16$。

根据矿石的矿物组成、结构构造等特征，矿石可划为6类：（1）磁铁石英岩。磁铁石英岩是主要成因类型，占矿石总量的75%，以磁铁矿和石英为主，不含或少含赤铁矿和透闪石，铁品位较高，一般均在30%以上。（2）透闪石磁铁石英岩。透闪石磁铁石英岩是磁铁石英岩向磁铁透闪片岩过渡的矿石类型，占矿石总量的20%，铁品位多在30%以下。（3）磁铁赤铁石英岩和赤铁磁铁石英岩。（4）赤铁石英岩。（5）菱铁磁铁石英岩。（6）磁铁滑石片岩。

矿石主要为条带状构造，少数为隐条带和块状构造。条带黑白相间，多数明显，黑色铁矿物条带宽0.399～2.574m，白色脉石矿物条带宽0.495～2.673m。矿物以粒状变晶结构为主，少数为纤维粒状变晶结构、交代结构等。铁矿物结晶好，呈自形、半自形产出，与脉石接触较规则平滑。矿石中铁矿物平均嵌布粒度0.071～0.034mm，石英平均嵌布粒度0.108～0.056mm，属细粒嵌布的贫磁铁矿石。其化学多元素分析结果见表5-13。

表5-13 化学多元素分析结果 （%）

元 素	TFe	SFe	FeO	SFeO	Fe_2O_3	SiO_2
含 量	30.03	28.70	12.95	11.50	28.55	42.27
元 素	Al_2O_3	CaO	MgO	P	S	Mn
含 量	0.981	2.615	2.885	0.059	0.195	0.142

C 选矿生产

南芬选矿厂采用单一磁选选矿工艺流程，可简述为三段一闭路碎矿—二段阶段闭路磨矿—三段磁选—磁选柱精选—中矿浓缩再磨—高频振网筛自循环（图5-5）。

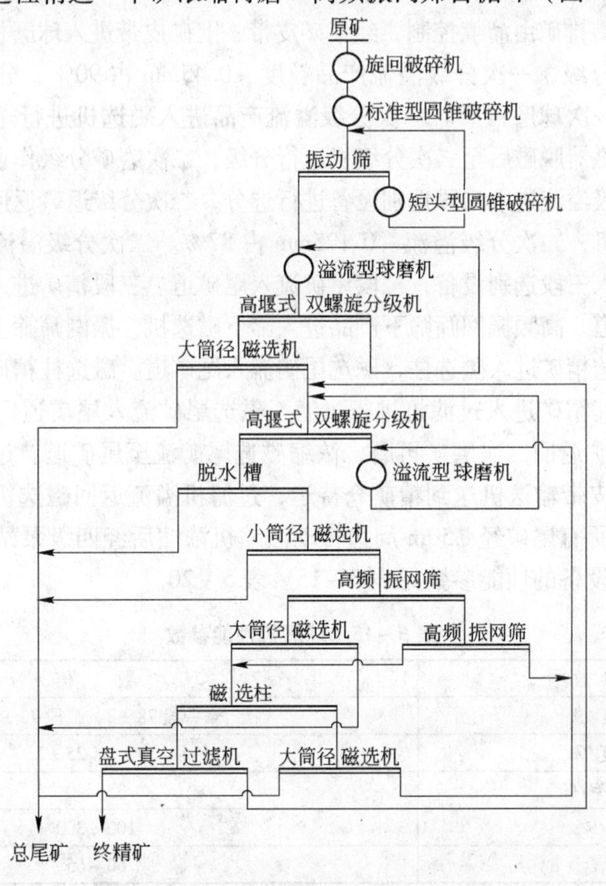

图5-5 南芬选矿厂工艺流程

a 破碎筛分

南芬露天铁矿采出的1200~0mm矿块，用80t电机车牵引，经过公司计控处所设120t轨道衡称重后进入南芬选矿厂粗破碎卸车位置，直接倒入PX1400/170旋回破碎机，破碎后的产品粒度320~0mm，排矿经重型板式给矿机由皮带输送机送到中碎原矿槽。中碎原矿槽排矿经重型板式给矿机由皮带运输机输送至ϕ2100mm标准型弹簧圆锥破碎机进行破碎，碎矿产品粒度60~0mm，进入细碎原矿槽。细碎原矿槽排矿进入1500mm×4000mm自定中心振动筛进行预先筛分，1500mm×4000mm自定中心振动筛筛下产品粒度12~0mm，进入磨选车间原矿槽，筛上产品进入ϕ1650mm短头型弹簧圆锥破碎机进行碎矿，碎矿产品再经1500mm×4000mm自定中心振动筛进行检查筛分，构成预检合一的闭路循环。

破碎主要设备的技术指标见表5-14。

表5-14 破碎主要设备的技术指标

设 备	台数/台	电动机功率/kW	台时能力/t·h^{-1}		作业率/%	产量/kt·a^{-1}
			设计	实际		
PX1400/170旋回破碎机	2	430	1750	1968	46.02	12757.896
ϕ2100mm标准形弹簧圆锥破碎机	4	210	530	623	49.43	10789.966
ϕ1650mm短头型弹簧圆锥	16	155	132	124	69.84	11998.066

b 磨选流程

磨选车间原矿槽排矿由溜嘴控制，经集矿皮带、上矿皮带进入球磨机，一次磨矿排矿进入分级机进行检查分级，一次分级溢流产品粒度-0.45mm占90%，分级溢流进入一次选别，分级返砂返回一次球磨再磨。一次分级溢流产品进入磁选机进行选别，尾矿流入尾矿道，一磁精矿经脱磁器脱磁后至二次分级机进行分级，二次磨矿分级作业是预检合一的磨矿分级作业，二次分级溢流进入二段选别设备进行选分，二次分级返砂返回二次磨矿再磨，其排矿进入二次分级机，二次分级溢流-0.125mm占87%。二次分级溢流产品进入二段选别设备，二段精矿进入三段选别设备，二段尾矿流入尾矿道。三段精矿进入高频振网筛，三段磁选尾矿流入尾矿道。高频振网筛筛下产品进入筛下磁选机，振网筛筛上产品直接返回二次磨矿再磨。筛下磁选精矿进入磁选柱，磁选尾矿流入尾矿道。磁选柱精矿作为最终精矿进入磁选机进行浓缩，其精矿进入过滤机进行过滤，磁选尾矿流入尾矿道。磁选柱中矿进入浓缩磁选机，浓缩精矿返回二次磨矿再磨，浓缩磁选尾矿流至尾矿道。过滤后的铁精矿水分9.0%~9.5%，由皮带输送机送到精矿仓待运，过滤机溢流返回磁选机进行浓缩后再进入过滤机进行过滤。所有尾矿经ϕ50m周边传动浓缩机浓缩后经四级泵站扬送至尾矿坝。

磨选车间主要设备的性能参数见表5-15~表5-20。

表5-15 球磨机性能参数

性能参数	数 值
排矿浓度/%	一段78±2，二段73±2
溢流浓度/%	58±2，25±2
介质充填率/%	35~40
返砂比/%	100~300
生产能力/t·(台·h)$^{-1}$	60~65

表 5-16 分级机性能参数

设 备	性 能 参 数	车 间			
		二选	三选	四选	五选
分级机	形 式	高堰双螺旋（二选一段为高堰单螺旋）			
	螺旋外径×轴长/m×m	ϕ2.4×8.4	ϕ2.0×8.4	ϕ2.0×8.4	ϕ2.4×8.4
	转速/$r\cdot min^{-1}$	2.6	3.1	3.1	3.1
	电动机功率/kW	17	14	14~20	22
	台数/台	5	6	8	8
旋流器	外径/mm	一、二段均为500			
	台数/台	两个系列一、二段均为8			

表 5-17 磁力脱水槽性能参数

性 能 参 数	数 值
励磁方式	永磁
磁系形式	顶部磁系
磁场强度/$kA\cdot m^{-1}$	24~40
槽体外径/m	2
处理能力/$t\cdot h^{-1}$	30
在工艺流程中的位置	二次磁选处理二次分级溢流
台数/台	二选2 三选18 四选16 五选17 大选10

表 5-18 磁选机性能参数

规 格	表面磁感应强度/mT	台数/台	在工艺流程中的位置	处理能力/$t_{干矿}\cdot h^{-1}$	底箱形式
CTB1021	180	18	一段阶段选别	45	均为半逆流
BX1021	180	33	筛下磁选及浓缩磁选	45	
CTB718	180	48	三段磁选	30	
CTB1232	220	4	大选一段阶段选别	150	
CTB1230	180	12	大选筛下磁选及浓缩磁选	60	

表 5-19 磁选柱性能参数

性 能 参 数	数 值
规格/mm	600
磁场强度/$kA\cdot m^{-1}$	0~4
处理量/$t\cdot h^{-1}$	15~20
用水单耗/$m^3\cdot t_{给矿}^{-1}$	2~4
装机功率/kW	4
用电单耗/$kW\cdot h\cdot t_{给矿}^{-1}$	0.1~0.2
外径/mm	940
高度/mm	4200

表 5－20 振网筛性能参数

性能参数	数值
设备名称	MVS2020 电磁振动高频振网筛
筛面规格（长×宽）/mm×mm	2000×2000
外形尺寸（长×宽×高）/mm×mm×mm	2575×2726×2526
装机功率/kW	1.20
设备质量/kg	2371
筛分面积/m^2	4
筛孔尺寸/mm	0.125
处理量/$t \cdot h^{-1}$	20
激振电流/A	可调
筛面倾角/(°)	23/26/29 可调
振动器数量/个	8
瞬振间隔/min	可调
频率/Hz	50
振幅/mm	1～2

c 浓缩过滤

南芬选矿厂的尾矿浓缩作业共有 12 台 ϕ50m 周边传动中心排矿耙式浓缩机，各选别段的尾矿产品通过总尾矿道进入 ϕ50m 浓缩机，平均浓度为 3%～4%，经浓缩处理产生的溢流（环水）通过复水泵返回生产车间继续使用，底流浓度约 25%，通过泵站输送至尾矿库。ϕ50m 周边传动中心排矿耙式浓缩机的设备性能参数见表 5－21。

表 5－21 ϕ50m 周边传动中心排矿耙式浓缩机的设备性能参数

技术参数	数值
容积/m^3	3250
最大深度/m	5.3
小车行走时间/min	二选 21，三、四、五选 20
小车电动机功率/kW	10
处理干矿能力/$t \cdot h^{-1}$	87

南芬选矿厂在 2004 年降硅提铁改造之前一直使用筒式内滤式真空过滤机。1961 年的滤饼水分平均 11.3%，过滤效率为 0.6t/m^3，经对给矿管、错气盘、过滤机角速度、自动排液装置进行系统改造并用真空泵代替鼓风机吹落滤饼后，滤饼水分降低到 8.5% 左右，采用细筛再磨后，精矿粒度组成变细，精矿滤饼水分有些回升，平均 8.8%，过滤效率降低到平均 0.7t/m^3。

d 历年选矿生产主要技术经济指标

历年选矿生产主要技术经济指标见表 5－22。

表 5-22 历年选矿生产主要技术经济指标

年 份			2001	2002	2003	2004	2005	2006
原矿品位/%			29.10	29.10	29.16	29.11	29.19	29.41
处理能力/$kt \cdot a^{-1}$			8615.6	9062.8	8573.3	10808.5	11923.7	12833.8
精矿产量/$kt \cdot a^{-1}$			3105.2	3236.5	3447.9	3880	4150.2	4550.2
精矿品位/%			67.52	67.52	67.53	67.78	68.35	68.43
尾矿品位/%			8.74	9.08	8.95	9.08	9.36	8.35
回收率/%			83.62	82.85	83.40	83.60	81.50	82.50
选矿比/$t \cdot t^{-1}$			2.775	2.800	2.777	2.786	2.875	2.820
精矿成本/元·t^{-1}			243.86	241.24	234.94	320.18	372.34	341.89
钢球消耗/$kg \cdot t_{原矿}^{-1}$			0.48	0.48	0.48	0.48	0.50	0.51
铁球消耗/$kg \cdot t_{原矿}^{-1}$			0.49	0.49	0.49	0.52	0.81	0.76
球磨衬板消耗/$kg \cdot t_{原矿}^{-1}$			0.130	0.114	0.121	0.101	0.112	0.117
水耗/$m^3 \cdot t_{原矿}^{-1}$			6.77	7.27	6.59	6.27	11.94	13.65
新水消耗/$m^3 \cdot t_{原矿}^{-1}$			1.13	1.16	1.01	1.19	1.73	1.11
胶带（单线）			72.37	70.78	72.30	51.39	70.38	88.34
过滤布/$m^2 \cdot kt^{-1}$			0.779	0.825	1.317	0.636	1.011	0.412
电耗/$kW \cdot h \cdot t_{原矿}^{-1}$			26.08	25.21	24.37	25.72	27.55	27.26
劳动生产率	全员	$t_{原矿}$/(人·a)	3025	3172	3324	4376	4841	5119
		$t_{精矿}$/(人·a)	1090	1133	1197	1571	1685	1815
	工人	$t_{原矿}$/(人·a)	3900	4148	4365	4795	5304	5617
		$t_{精矿}$/(人·a)	1406	1481	1572	1721	1846	1991

5.2 赤铁矿石选矿

5.2.1 矿石特点

赤铁矿又名红矿，其化学分子式为 Fe_2O_3，它是一种弱磁性铁矿物，可浮性较磁铁矿好，是炼铁的主要原料之一。我国赤铁矿资源较为丰富，主要分布在辽宁、河北、甘肃、安徽、内蒙古、河南、湖北、山西、贵州等地。

5.2.2 选矿工艺

由于赤铁矿矿石的矿物组成一般比较复杂，传统的选矿方法包括焙烧磁选、浮选、重选和强磁选，但是，单一选矿流程的指标较差，目前多采用几种方法的联合流程。因此目前国内外处理赤铁矿矿石和混合铁矿石大多采用几种选别方法的联合流程，其主要的类型有重选—磁选—浮选、弱磁—强磁—浮选、弱磁—浮选、磁选—重选—浮选、直接还原技术等。

5.2.2.1 *阶段磨矿—重选—磁选—阴离子反浮选流程*

目前，我国大型混合型铁矿石和赤铁矿矿石采用该原则工艺流程的选矿厂主要有鞍钢齐大山选矿厂、齐大山铁矿选矿分厂、东鞍山选矿厂、鞍千公司胡家庙选矿厂、唐钢司家营选矿厂等。

齐大山选矿厂原浮选车间为阶段磨矿—重选—磁选—正浮选流程，精矿品位为63.51%，回收率75.60%。2000年改造后的流程为阶段磨矿—重选—磁选—阴离子反浮选流程。新流程的选别过程是：粗细分级，粗粒部分用重选，在一段磨矿后选出大部分粗粒铁精矿，中磁机抛部分尾矿，细粒部分用SLon高梯度磁选机进一步抛尾和脱泥，为反浮选创造良好的操作条件。

选矿厂技术改造后取得了明显的技术经济效果，选矿工艺指标大幅度提高，改造前后工艺指标对比见表5-23。

表5-23 齐大山选矿厂改造前后生产指标对比 (%)

项 目	原矿品位	精矿品位	尾矿品位	铁回收率
改造前	28.74	63.51	10.66	75.60
改造后	29.64	67.56	10.67	76.01

5.2.2.2 连续磨矿—弱磁—强磁—阴离子反浮选流程

调军台选矿厂所采用的选矿工艺流程是连续磨矿、弱磁—强磁—阴离子反浮选工艺。自1998年3月投产以来，到2003年获得选矿指标为原矿品位29.86%，精矿品位67.54%，尾矿品位8.31%，铁回收率82.32%，年经济效益达4亿元，是全国首家率先应用阴离子反浮选的厂家。在此期间该厂先后进行了用阴离子捕收剂LKY代替阴离子捕收剂RA-315，淀粉代替玉米淀粉的研究，均取得了较好的效果。生产中采用BF-T20型、T10型浮选机，当原矿品位29.60%，精矿品位67.59%，尾矿品位10.56%，回收率82.74%。

采用SLon-2000型高梯度强磁选机代替原使用SHP-3200型平环强磁选机，克服了原强磁选机存在齿板易堵塞，设备故障率高，检修和维护比较困难等问题。在选别指标上，对比试验结果表明，前者比后者入选品位低0.16个百分点的情况下，精矿品位高1.88个百分点，尾矿品位低1.29个百分点，回收率高4.05个百分点。

5.2.2.3 连续磨矿—重选—磁选—阴离子反浮选流程

东鞍山烧结厂处理贫赤铁矿石改造前选矿工艺流程为连续磨矿、单一碱性正浮选工艺，由两段连续磨矿、一次粗选、一次扫选、三次精选、单一浮选工艺，第一段磨矿粒度-0.074mm占45%，二段-0.074mm占80%，浮选作业以碳酸钠为调整剂，矿浆pH=9，以氧化石蜡皂、塔尔油为捕收剂（其比例3∶1~4∶1），到2000年底，其选矿技术指标为原矿品位32.74%，精矿品位59.98%，尾矿品位14.72%，回收率72.94%。

经改造后为连续磨矿至-0.074mm占75%，中矿再磨重选—磁选—阴离子反浮选流程，铁精矿品位可达64.50%以上。采用旋流器分级，粗粒级用螺旋溜槽选出部分粒度较粗精矿；细粒级经弱磁选和强磁选后的精矿合并送至反浮选，选出细粒级铁精矿，螺旋溜槽粗选尾矿经强磁后的精矿与精选螺旋溜槽的尾矿合并作为中矿进行再磨。弱磁选和强磁选可抛弃约40%的尾矿，并于2002年完成改造。当原矿品位32.26%，最终可以获得精矿品位64.80%，尾矿品位16.06%，回收率66.74%，反浮选作业中使用BF-T16型浮选机代替原来JJF浮选机，用ϕ2000SLon脉动高梯度强磁选机代替原来ϕ1750SLon脉动高梯度强磁选机，RA-715捕收剂替代MZ-21以进行提高再磨能力研究，用陶瓷盘式过滤机代替筒式过滤机的研究均取得了较好的效果。

5.2.3 选矿实例

5.2.3.1 鞍钢集团矿业公司弓长岭矿业公司选矿厂

A 选矿厂概况

鞍钢集团矿业公司弓长岭矿业公司选矿厂位于辽宁省辽阳市弓长岭区，选矿厂由一选、二选和三选三个车间构成主体生产系统。一选和二选车间处理原生矿，三选车间处理氧化矿。三选车间始建于2004年，设计年处理赤铁矿300万吨，3个磨选系列，采用闭路破碎—阶段磨矿—粗细分选—重选—强磁—阴离子反浮选联合选矿工艺流程，处理原矿315万吨/年，年产赤铁精矿100万吨，精矿品位67.5%。

B 矿石性质

弓长岭铁矿矿床类型为鞍山式铁矿床，矿石矿物组成、矿石结构与构造、矿石多元素化学分析结果及铁物相分析结果分别见表5-24~表5-27。

表5-24 矿石矿物组成

矿石类型	矿物组成	
	金属矿物	非金属矿物
磁铁石英矿	磁铁矿、赤铁矿、褐铁矿	石英、角闪石类、绿泥石等
假象赤铁石英矿	镜铁矿、假象赤铁矿、磁铁矿及褐铁矿	石英为主，其次为角闪石类
磁铁矿富矿	磁铁矿，偶有赤铁矿	石英、石榴石、铁镁闪石、绿泥石、方解石等
赤铁矿富矿	镜铁矿	石英，偶有白云母等

表5-25 矿石结构与构造

矿石类型	结构构造	矿石类型	结构构造
磁铁石英岩	条带状磁铁石英岩、块状磁铁石英岩	磁铁矿富矿	致密块状、细粒或粗粒结构
假象赤铁石英岩	条纹状或块状	赤铁矿富矿	致密块状

表5-26 矿石多元素化学分析结果 (%)

矿石类型	TFe	FeO	SiO_2	S	P	Mn	备注
磁铁石英矿	25~40	10~25	46.23	0.148	0.032	≤0.06	平均值
假象赤铁石英矿	27.54	≤10	57.58	0.011	0.012	≤0.08	平均值
磁铁矿富矿	64.62	—	4.97	0.098	0.011	≤0.1	平炉
	52.02	—	19.56	0.193	0.049		高炉
赤铁矿富矿	62.54	—	5.40	0.019	0.010	0~0.06	平炉
	49.65	—	22.95	0.005	0.010		高炉

表5-27 矿石铁物相分析 (%)

矿石类型	铁物相分析		
	可溶铁（SFe）	硅酸铁	碳酸铁
磁铁石英矿	28.01~33.65	1.48~6.93	0.87~1.19
假象赤铁石英矿	—	1.39	0.72
磁铁矿富矿	61.26	1.27~6.77	0.89~1.42

C 选矿方法

a 破碎筛分

三选车间破碎流程于2004年6月建成投产，设计年处理赤铁矿300万吨。破碎工艺采用三段闭路破碎流程（图5-6）。

粗破产品由胶带运输机送至中破碎储矿仓后，经胶带运输机给入中破破碎机（H8800）进行二段破碎，中破产品由胶带运输机给入筛分间预先筛分机给矿槽，经胶带运输机给入4台振动筛（LF460D），筛上产品给入细破破碎机（H8800）进行三段破碎，细破产品由胶带运输机给入筛分车间4台振动筛（LF2460D）进行检查筛分，筛上产品返至细破破碎机给矿，形成闭路破碎。预先筛分筛下产品与检查筛分筛下产品粒度0~12mm，为破碎最终产品，由胶带运输机给入三选主厂房储矿仓。

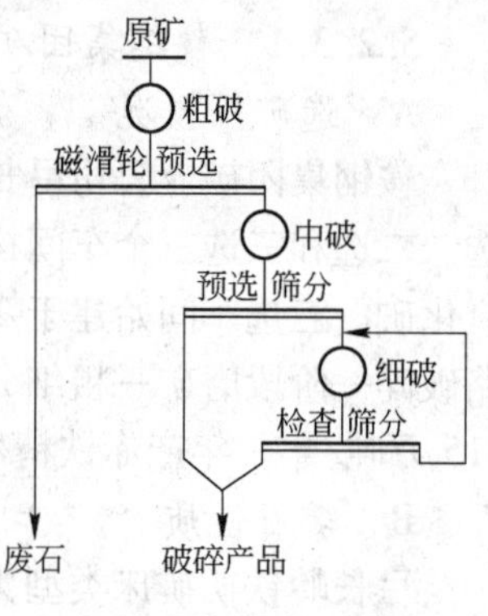

图5-6 三选车间破碎筛分工艺流程

三选车间破碎筛分设备的主要技术参数见表5-28。

表5-28 三选车间破碎筛分设备的主要技术参数

作业工序	设备名称	型 号	数量/台	给矿粒度/mm	排矿粒度/mm	排矿口/mm	单机产量/t·h⁻¹	电动机功率/kW
粗破	液压旋回破碎机	KK_a1200	1	1000~0	350~0	150~165	1000~1100	310
中破	圆锥破碎机	H8800	1	350~0	75~0	30~60	800~1800	600
细破	圆锥破碎机	H8800	2	75~0	23~0	15~30	600~800	600
作业工序	设备名称	型 号	数量/台	筛孔尺寸/mm×mm	筛下粒度/mm		单机产量/$t \cdot h^{-1}$	电动机功率/kW
筛分	振动筛	LF2460D	8	14×14	12~0		200	22

b 磨矿分级与选别

三选车间磨选生产工艺为阶段磨矿、重选—强磁—阴离子反浮选工艺流程（图5-7），共有3个磨选系列。

流程简述：破碎产品经胶带运输机给入一次溢流型球磨机（ϕ3600mm×6000mm），球磨机与一次旋流器组（FX500-GHT）构成一次闭路磨矿。旋流器溢流产品给入粗细分级旋流器（FX500-GXT）分级，粗细分级旋流器沉砂由泵输送至粗选螺旋溜槽选别，粗选螺旋溜槽精矿由泵输送至精选螺旋溜槽（ϕ1200mm）选别，精选螺旋溜槽中矿返回精选螺旋溜槽给矿再选；精选螺旋溜槽精矿由泵输送至电磁振网筛。粗选螺旋溜槽尾矿给入除渣筛（SL-1420mm×1500mm），除渣筛筛下产品给入弱磁选机（BX-1030）选别，弱磁选机尾矿给入中磁高梯度立环磁选机（SLon-2000）选别；电磁振网筛筛上产品、精选螺旋溜槽尾矿、弱磁选机精矿、中磁高梯度磁选机精矿合并给入二次旋流器组（FX500-GHT）分级，二次旋流器沉砂给入二次溢流型球磨机（ϕ3600mm×6000mm），二次球磨机排矿与二次旋流器溢流合并返至粗细旋流器给矿，构成二次闭路磨矿选别。粗细分级旋

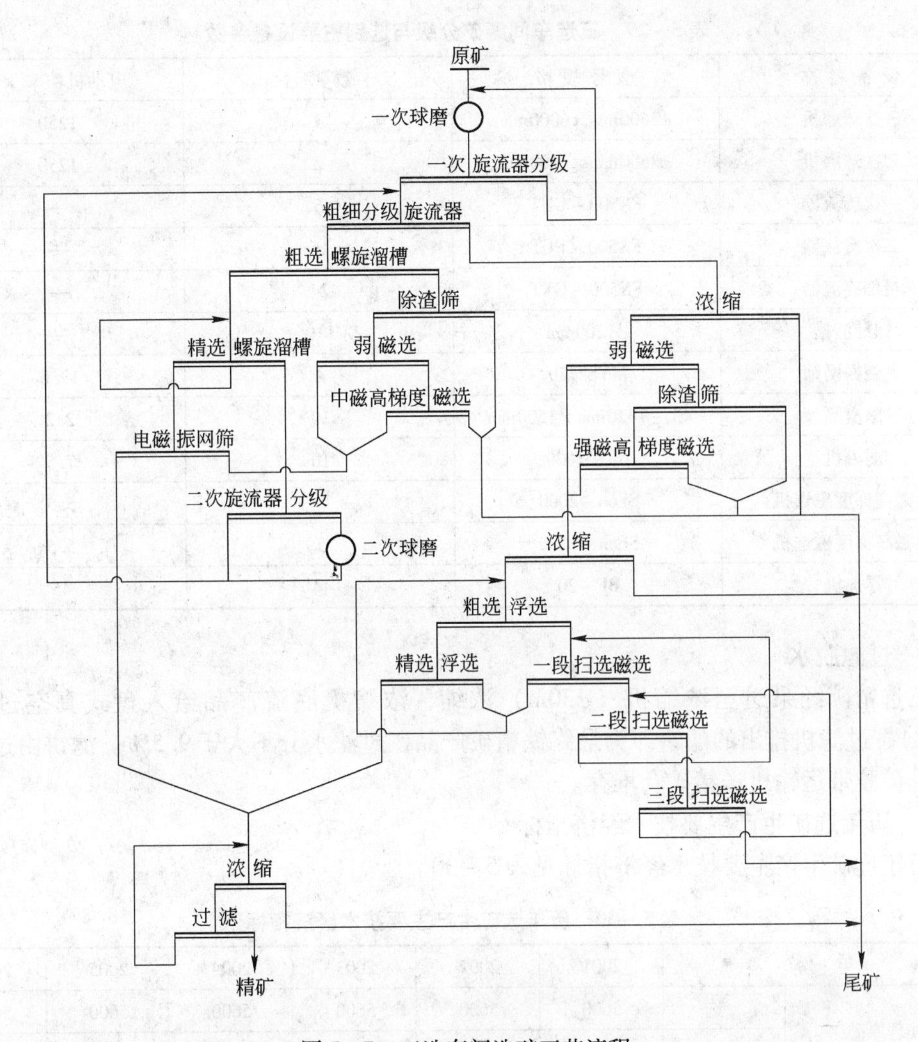

图5-7 三选车间选矿工艺流程

流器溢流产品给入浓缩机（ϕ50m）浓缩，浓缩机底流给入弱磁选机作业（BX-1030），弱磁选机尾矿产品给入除渣筛作业（SL-1420mm×1500mm），除渣筛筛下产品给入强磁高梯度立环磁选机（SLon-2000），强磁高梯度立环磁选机精矿与弱磁选机精矿产品合并给入浓缩机（ϕ24m）浓缩，浓缩机底流产品给入粗选浮选机，粗选浮选机精矿产品进入精选浮选机，精选浮选机泡沫尾矿产品自吸返回粗选浮选机。精选浮选机精矿产品成为最终精矿。粗选浮选机尾矿产品给入一段扫选浮选机，一段扫选浮选机精矿返回粗选浮选机，一段扫选浮选机尾矿给入二段扫选浮选机，二段扫选浮选机精矿返回一段扫选浮选机，二段扫选浮选机尾矿给入三段扫选浮选机，三段扫选浮选机精矿返回二段扫选浮选机。经一粗、一精、三扫浮选作业，一扫精矿和精选尾矿返回粗选浮选机给矿。精选浮选机精矿与电磁振网筛筛下产品合并为三选最终精矿。

中磁高梯度立环磁选机尾矿、强磁高梯度立环磁选机尾矿、三段扫选浮选机尾矿汇总成为最终尾矿，用泵输送到尾矿浓缩机（ϕ29m），浓缩后尾矿产品经泵送至尾矿库。

三选车间磨矿分级与选别主要设备参数见表5-29。

表5-29 三选车间磨矿分级与选别主要设备参数

设备名称	型号规格	数量/台	电动机功率/kW
一次球磨机	ϕ3600mm×6000mm	3	1250
二次球磨机	ϕ3600mm×6000mm	2	1250
一次旋流器	FX500-GHT	6	—
二次旋流器	FX500-PUT	16	—
粗细旋流器	FX500-GXT	24	—
螺旋溜槽	ϕ1200mm	110	—
电磁振网筛	MVS2420	4	19.6
除渣筛	SL-1420mm×1500mm	10	2.2
弱磁机	BX-1030	10	7.5
中磁高梯度磁选机	SLon-2000	5	5.5
强磁高梯度磁选机	SLon-2000	5	5.5
浮选机	BF-20	44	45

c 过滤脱水

三选精矿经泵送至浓缩机（ϕ30m）浓缩，浓缩机底流产品给入盘式真空过滤机（72m^2），过滤机排出的滤饼即为最终铁精矿产品，过滤水分不大于9.5%。滤饼由过滤机下的排矿胶带运输机送精矿仓堆存。

d 历年选矿生产主要技术经济指标

历年选矿生产主要技术经济指标见表5-30。

表5-30 历年选矿生产主要技术经济指标

年份		2001	2002	2003	2004	2005	2006
处理原矿/kt·a^{-1}	一选	5600	5600	5600	5600	5600	5600
	二选	3000	3000	3000	3000	3000	3000
	三选	—	—	—	—	3000	3000
原矿品位/%	一选	33.15	33.83	34.21	33.6	33.83	31.9
	二选	32.69	35.67	34.04	33.47	33.37	30.9
	三选	—	—	—	—	29.78	27.95
精矿品位/%	一选	65.54	67.2	68.85	68.84	69.11	69.15
	二选	66.57	64.89	68.85	68.89	69.17	69.11
	三选	—	—	—	—	66.7	66.92
尾矿品位/%	一选	8.7	9.63	10.25	9.93	9.89	9.62
	二选	8.73	10.67	10.17	9.96	9.92	9.65
	三选	—	—	—	—	12.43	11.06
实际回收率/%	一选	87.93	84.84	83.51	82.64	82.65	81.41
	二选	85.39	84.57	83.57	82.72	83.1	82.55
	三选	—	—	—	—	71.38	70.29

续表 5-30

年份			2001	2002	2003	2004	2005	2006
实际选矿比/t·t^{-1}		一选	2.248	2.341	2.41	2.479	2.471	2.633
		二选	2.335	2.284	2.421	2.488	2.494	2.741
		三选	—	—	—	—	3.134	3.466
精矿成本/元·t^{-1}		一选	220.44	249.68	271.51	324.66	330.15	315.19
		二选	226.09	278.06	275.36	322.74	329.65	314.63
		三选	—	—	—	—	518.73	398.11
		再选	—	—	—	—	443.63	354.42
钢球消耗/kg·$t_{原矿}^{-1}$	一选	一次球	0.8	0.71	0.8	0.92	0.96	0.7
		二次球	0.58	0.52	0.7	0.82	0.91	0.69
		再磨球	0.3	0.27	0.4	0.44	0.47	0.25
	二选	一次球	0.8	0.7	0.78	0.83	0.95	0.72
		二次球	0.58	0.52	0.59	0.68	0.79	0.72
		再磨球	0.3	0.27	0.49	0.4	0.47	0.27
	三选	大钢球	—	—	—	—	1.36	1.13
		中钢球	—	—	—	—	1.07	1.08
衬板消耗/kg·$t_{原矿}^{-1}$		一选	0.27	0.25	0.27	0.32	0.3	0.14
		二选	0.26	0.28	0.28	0.27	0.28	0.12
		三选	—	—	—	—	0.03	0.14
水耗/kg·$t_{原矿}^{-1}$	环水	一选	10.58	12.11	14.28	14.17	13.9	11.81
		二选	7.84	8.22	7.51	9.3	10.52	9.16
		三选	—	—	—	—	14.04	11.36
	新水	一选	1.87	1.45	1.67	2.27	1.73	0.66
		二选	2.21	1.65	1.81	2.49	1.78	0.74
		三选	—	—	—	—	1.2	1.96
胶管/m^2·$t_{原矿}^{-1}$		一选	0.009	0.009	0.009	0.01	0.009	0.01
		二选	0.01	0.011	0.008	0.007	0.018	0.013
		三选	—	—	—	—	0.008	0.006
过滤布/m^2·$kt_{精矿}^{-1}$		一选	2.475	5.44	10.484	10.406	12.559	0.0012
		二选	3.667	4.439	11.018	12.767	17.026	0.0015
		三选	—	—	—	—	25.556	0.9012
电耗/kW·h·t^{-1}		一选	35.88	35.04	41.74	41.33	42.45	38.98
		二选	40.21	41.18	44.98	42.73	41.1	35.53
		三选	—	—	—	—	35.41	31.13
劳动生产率/t·(人·a)$^{-1}$	全员	原矿	2904	3065	3574	3930	4556	3684
		精矿	1236	1319	1481	1584	1771	2306
	工人	原矿	3849	4159	5184	—	—	—
		精矿	1692	1790	2184	—	—	—

5.2.3.2 鞍钢集团矿业公司东鞍山烧结厂

A 选矿厂概况

东鞍山烧结厂位于鞍山市市区南部，在鞍山市千山区境内。东鞍山烧结厂建于1956年，隶属于鞍钢集团鞍山矿业公司，1958年10月建成投产。2002年，在边生产边改造的条件下，建成连续磨矿、中矿再磨、反浮选工艺流程；2007年，在工艺流程不变的情况下，东烧赤铁矿选矿进行阶段性球磨机大型化改造。现有选矿和烧结两大生产系统，设有破碎车间、一选车间、二选车间、尾矿车间、烧结车间等主要生产车间，设计年产铁精矿226万吨，烧结矿365万吨，是鞍钢主要炼铁原料基地之一。

B 矿石性质

东鞍山地区的矿石是选矿专业公认的、典型的贫赤铁矿，其特点是品位低、嵌布粒度细、结构复杂，按矿石类型划分，可分为假象赤铁石英岩、磁铁石英岩、磁铁赤铁石英岩和绿泥假象赤铁石英岩、绿泥假象磁铁石英岩等。随着东鞍山矿石的纵深开采，磁性矿增加较为明显，碳酸铁含量进一步增加。

东鞍山矿石的结构主要为细粒变晶结构、鳞片状变晶结构等。且镶嵌粒度细，原生矿的嵌布粒度只有0.030mm，脉石矿物粒度为0.040mm。东鞍山地区矿石铁矿物粒度在0.034～0.039mm的范围，脉石矿物粒度在0.046～0.056mm。

C 选矿生产

a 破碎筛分流程

破碎筛分作业采用三段一闭路工艺生产流程。

粗破碎使用B1200mm旋回破碎机1台，中破碎使用ϕ2100mm标准圆锥破碎机3台，细破碎使用ϕ2100mm短头圆锥破碎机8台，检查及预先筛分使用1800mm×3600mm自定中心振动筛8台，设计规模年处理铁矿石600万吨，破碎最终产品粒度-12mm。

b 一选车间选矿工艺流程

一选车间采用两段连续磨矿、一段粗选、三段精选的单一正浮选的工艺流程（图5-8）。

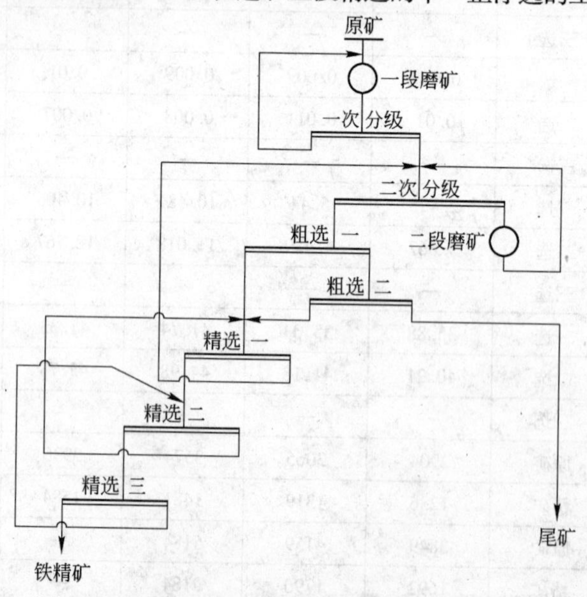

图5-8 东烧选矿厂连续磨矿碱性介质正浮选流程

现有11个生产系统，共有一次、二次ϕ3200mm×3100mm球磨机22台，22台ϕ2000mm高堰式一次、二次螺旋分级机，XJK-2.8浮选机506台。建厂初期，东烧选矿厂主要选别药剂为大豆油脂肪酸；20世纪60年代末期，东烧选矿厂主要选别药剂为塔尔油-石蜡皂。年处理赤铁矿420万吨，年产品位60%左右的铁精矿170万吨。东鞍山烧结厂选矿厂生产指标见表5-31。

表5-31 东鞍山烧结厂选矿厂生产指标

年份	原矿量/kt	精矿量/kt	原品/%	精品/%	尾品/%	处理能力/t·(台·h)$^{-1}$	作业率/%
1999	4112	1701	32.8	61.3	14.18	52.1	81.89
2000	3987	1592	32.75	61.3	14.7	51.24	80.52
2001	3649	1565	32.74	60.48	13.55	47.98	78.94

c 脱水工艺流程

精矿脱水流程采用三段浓缩、分级过滤的工艺流程。共有浓缩机11台，过滤机38台，其中32m^{2}内滤式过滤机32台，40m^{2}内滤式过滤机6台，年处理铁精矿220万吨（含二选50万吨），精矿水分13%左右。

因内滤筒式真空过滤机，仅适宜处理固体密度大的料浆，而东鞍山铁矿石属于细粒浸染，浮选前必须磨至-74μm占80%以上，在浮选过程中采用脂肪酸类捕收剂，增加了矿浆黏性，同时精矿粒度-74μm含量高达98%，其中-10μm含量占26%，构成了过滤机料浆“细、泥、黏”的特点，使用内滤式过滤机，滤饼水分高，滤液浊度大，微细精矿流失。

d 尾矿输送工艺

尾矿输送系统采用“低浓度、多级泵、大管径、不回流”的工艺。

尾矿输送系统由七级泵站、两条DN900mm的尾矿管输送至12.5km外的西果园尾矿库。

每座泵站设4台ZJ300型渣浆泵，渣浆泵电动机功率75kW，2工2备。另设有供渣浆泵作水封用的输水泵和水封泵各2台，水封泵电动机功率为55kW，1工1备，用水量在280m^3/h左右。

鞍钢烧结总厂选矿车间1999年停产后，该尾矿输送系统只为东烧一选和二选服务，输送矿浆量减少到2370m^3/h，仅为原设计量的一半，为维持尾矿系统正常运行，在尾矿矿浆中补加了大量的生产用水。补加300~600m^3/h的水量，以维持生产，且运行容量高达6720kW/h，致使尾矿运行成本过高。

e 历年主要技术经济指标

历年主要技术经济指标见表5-32。

表5-32 历年主要技术经济指标

年 份	2001	2002	2003	2004	2005	2006
处理原矿/kt·a^{-1}	3649	2860	3449	3930	3840	3960
原矿品位/%	32.74	32.85	32.5	32.26	32.19	32.39

续表5-32

年 份		2001	2002	2003	2004	2005	2006
精矿品位/%		60.48	60.16	64.19	64.8	64.75	64.82
尾矿品位/%		13.55	15.06	17.17	16.06	16.85	16.17
理论回收率/%		75.54	72.24	64.39	66.76	64.42	66.72
理论选矿比/$t \cdot t^{-1}$		2.45	2.54	3.07	3.01	3.12	3.00
精矿成本/元·$t_{精矿}^{-1}$		—	291.03	332.35	341.92	351.38	346.81
钢球消耗/kg·$t_{原矿}^{-1}$		2.803	2.902	3.208	3.11	3.048	2.943
衬板消耗/kg·$t_{原矿}^{-1}$		0.217	0.153	0.572	0.402	0.369	0.327
水耗/$m^3 \cdot t_{精矿}^{-1}$		4.050	5.001	2.482	1.435	1.427	1.326
其中：新水消耗		0.098	0.122	0.114	0.145	0.279	0.249
胶带/$m^2 \cdot kt_{原矿}^{-1}$		6.981	9.126	7.1181	10.64	8.15	0.0007
过滤布/$m^2 \cdot kt_{原矿}^{-1}$		—	—	—	—	1.715	—
药剂/kg·$t_{原矿}^{-1}$		0.147	3.207	4.517	4.468	4.33	4.789
电耗/kW·h·t^{-1}		53.36	60.07	55.156	47.6	47	46.4
劳动生产率/t·(人·a)$^{-1}$	全 员	3433	2874	4349	5092	5073	6554
	工 人	4056	3385	5856	—	—	—

5.3 菱铁矿石选矿

5.3.1 矿石特点

我国菱铁矿资源较为丰富，储量居世界前列。保有储量18.21亿吨，已探明储量18.34亿吨，占铁矿石探明储量的3.4%。我国菱铁矿主要分布在湖北、四川、云南、贵州、新疆、陕西、山西、广西、山东、吉林等省（区），特别是在贵州、陕西、山西、甘肃和青海等西部省（区），其菱铁矿资源一般占全省铁矿资源总储量的一半以上，如陕西省柞水县大西沟菱铁矿矿床储量超过3亿吨。

菱铁矿（$FeCO_3$）含铁品位较低，理论铁品位也只有48.20%，有些还含有镁、锰元素，形成镁（锰）菱铁矿[$(Mg,Mn)FeCO_3$]，磁性弱，对磁选的磁场强度要求高；而且多数嵌布粒度微细，成分复杂，品位低，属难选铁矿资源。菱铁矿属三方晶系，粒状构造，菱面体解理发育。其资源的采、选、冶均比较困难，某些钢铁公司由于菱铁矿来源于自有矿山，为了不造成资源浪费，勉强将菱铁矿精矿配入铁精粉中使用，但配入量达到7%~8%就会明显影响烧结矿强度。因此，菱铁矿通常需要通过磁化焙烧使$FeCO_3$转变为Fe_3O_4，然后用回收天然磁铁矿的方法回收，目前已用于冶炼钢铁的部分富矿不足菱铁矿总储量的10%，贫矿未得到开采，在其他方面的应用也基本是空白。

5.3.2 选矿工艺

菱铁矿是很有发展前途的一种铁矿资源，一是经焙烧后提高铁品位，如铁品位35%时，经600~700℃焙烧后，可使铁品位达50%；二是焙烧后菱铁矿转变为磁铁矿，易于磁选；三是菱铁矿具有较好的还原性，经焙烧后 CO_2 自矿石中逸出，使矿石中空隙增加，从而增大了与还原气体的接触面积，利于冶炼。

菱铁矿选矿方法有重选、强磁选、强磁选—浮选、磁化焙烧—弱磁选等。

5.3.2.1 焙烧—磁选技术

磁化焙烧是物料或矿石加热到一定的温度后在相应的气氛中进行物理化学反应的过程。菱铁矿是铁的碳酸盐，经中性或弱还原气氛焙烧后，二氧化碳从矿石中分解出来，矿石品位得以提高，而且铁矿物的磁性显著增强，脉石矿物磁性则变化不大，从而可利用高效的弱磁选将物料分离。所以，菱铁矿通过磁化焙烧后是很易富集的矿石。酒钢镜铁山铁矿、水钢观音山铁矿就是用焙烧磁选工艺处理含（镁）菱铁矿的复合氧化铁矿。例如，酒钢的块矿竖炉磁化焙烧—磁选工艺 1972 年投产；四川省威远、湖南省新化等地的菱铁矿生产，因储量不多，规模不大。我国菱铁矿储量最大的陕西省大西沟菱铁矿已于 2006 年 8 月建成两条 90 万吨/年的生产线。

按照菱铁矿磁化焙烧的反应气氛与化学过程，影响菱铁矿磁化焙烧的因素主要有焙烧方法、焙烧工艺与焙烧炉、焙烧燃料与还原剂、焙烧温度和还原时间等，各条件的控制是相互依存，紧密相关的。物料的焙烧粒度与磁化焙烧炉对焙烧时间影响最大。例如，酒钢选矿厂对镜铁山铁矿用 100m 鞍山式竖炉焙烧 50 ~ 15mm 的块矿，用焦炉和高炉混合煤气作燃料和还原剂，焙烧时间需 8 ~ 10h；用 ϕ2.4m × 50m 回转窑处理 15 ~ 0mm 的粉矿，用褐煤作燃料和还原剂，焙烧时间为 2 ~ 4h。中科院化工冶金所对酒钢菱铁矿用煤气作还原剂的流态化焙烧炉扩大试验表明，焙烧时间只要 10min 左右。菱铁矿块度较大时，热分解存在分层现象，外层形成红褐色的 $\gamma-Fe_2O_3$，内层形成黑色的 Fe_3O_4，内外层的厚度与热处理的温度、焙烧保温时间及焙烧气氛密切相关。对水资源缺乏的地区，对焙烧矿采用干式冷却排矿方式，研究表明从焙烧温度至 400℃的高温区冷却时，焙烧矿需在无氧条件下进行冷却；在 400 ~ 300℃以下可在空气中冷却，磁选作业不受影响。在工业生产中，炽热的焙烧矿（700℃左右）用圆筒冷却机可实现冷却，解决了缺水地区的菱铁矿应用问题。

5.3.2.2 强磁选及其相关分选技术

菱铁矿或镁菱铁矿具有弱磁性，比磁化率为平均达到 $116 \times 10^{-9} m^3/kg$。虽然矿石品位低、矿物组成复杂，随着强磁选工艺技术的发展和装备水平的提高，用强磁选技术可以成功分选包含（镁）菱铁矿在内的赤铁矿、镜铁矿、褐铁矿等弱磁性铁矿物，获得了令人鼓舞的成就。长沙矿冶研究院 20 世纪 90 年代对大西沟菱铁矿的扩大试验表明，将弱磁选后的菱铁矿用 SHP 强磁选机抛尾，铁品位由 23.17% 提高到 28.77%，而且抛去总产率 24.70%、铁品位 8.37% 的尾矿；球团后焙烧的总精矿铁品位达 59.18%，铁回收率为 81.95%。乌克兰对巴卡尔菱铁矿的 10 ~ 0mm 粉矿应用超导磁系的强磁选机分选，在磁感应强度为 1.5 ~ 2.5T、原矿含铁 29.53% 时，干式强磁选的尾矿品位降至 14.90% ~ 9.40%，铁精矿品位提高 4.07 ~ 3.57 个百分点，显示了较好的分选应用潜力。

近年来，对矿浆具有脉动作用的 SLon 高梯度强磁选机在工业上的成功应用，有效地提高了分选包含菱铁矿在内的弱磁性氧化铁矿物的分选指标。针对 SHP 系列强磁选回收率低的状况，作者采用流膜磁分离技术对强磁选机进行改进，对富含菱铁矿的酒钢粉矿，在相当的选别条件下，铁回收率提高 4.82 ~ 5.88 个百分点，而且工业改造易于进行、改造费用低。乌克兰对 6ERM35/315 强磁选机采用齿板 - 钢板网作磁介质，较大幅度地提高了菱铁矿的回收率。

5.3.2.3 浮选及联合分选技术

对菱铁矿等弱磁性矿物的浮选，主要有正浮选富集铁和反浮选脱硅等两大浮选工艺。工业生产上菱铁矿的浮选，主要为含菱铁矿的混合铁矿物资源，总体工艺以含弱磁性铁矿物的选别为目标，如昆钢王家滩、太钢峨口铁矿的浮选工艺。对酒钢镜铁山矿产出的含有重晶石、镜铁矿、菱铁矿和石英的矿物体系，通过调整矿浆 pH 值，用磺酸盐为捕收剂，就能进行重晶石和镜铁矿的优先浮选，且大部分的菱铁矿也能随镜铁矿一起回收。

因弱磁性铁矿物浮选矿浆中菱铁矿的存在且为回收目的矿物，对菱铁矿的复合分选技术及其表面化学性质、疏水絮凝和表面吸附特征的研究相当活跃。何廷树采用高模数水玻璃（$m=3.1$）作分散剂，阴离子聚丙烯酰胺作絮凝剂，同时用六偏磷酸钠消除 Ca^{2+}、Mg^{2+} 的影响，采用选择性脱泥工艺，能有效地回收细粒菱铁矿石。孙克己对菱铁矿的表面性质研究表明，菱铁矿在水溶液中能够发生溶解作用，$pH<6.5$ 时，菱铁矿在溶液中溶解的离子量急剧增加，其等电点 $pH=5.6$；$pH>8.5$ 时，菱铁矿的矿浆溶液中几乎没有铁离子存在；$pH>7.5$ 时，菱铁矿表面的 Zeta－电位迅速下降，具有较高的电负性。当加入阴离子捕收剂，菱铁矿表面的 Zeta－电位的绝对值下降；在这个 pH 值区段的磷灰石，因发生特性吸附而保持较高的负电性，从而实现菱铁矿中磷灰石的分离。钟志勇等人通过表面吸附分析和疏水絮凝过程中菱铁矿粒间的作用势能计算，证明疏水作用能在疏水絮凝过程中是至关重要的作用力且起支配作用。

5.3.2.4 预还原技术

由于高炉对铁原料要求的提高、电弧炉炼钢的增长以及非高炉炼铁技术的发展，以 $FeCO_3$ 形式存在的菱铁矿显然不能适应钢铁工业发展的需要。因此，开展以菱铁矿为原料的预还原技术生产高炉冶炼原料与海绵铁的研究具有重要的实际意义。

对含铁 37.00% 的菱铁矿精矿，煤基回转窑预还原的结果表明，预还原后矿石品位提高到 55.00% 左右，金属化率达到 60%，将预还原矿配矿后在 18.6m 高炉冶炼，高炉顺行，产量增加 5% ~7%，焦比大幅度降低。采用固定床罐式法的还原结果表明，能够得到含铁 55.00%，金属化率大于 90% 的还原矿，经选别后，可得到 TFe >80.00%，SiO_2 为 6.00% 左右的海绵铁，可望为菱铁矿的有效利用开辟新的途径。

5.3.3 选矿实例

5.3.3.1 重钢矿业公司綦江铁矿选矿厂

A 选矿厂概况

重钢集团矿业有限公司綦江铁矿（以下简称綦矿）位于綦江县西南部山区的土台镇，綦矿于 2004 ~2006 年间先后建成投产 $50m^3$ 竖式焙烧炉五座，焙烧矿品位达到 50% 以上，产品主要供重钢集团股份公司炼铁厂。2006 年 1 月 10 日完成中性焙烧工业性试验，2006 年 4 月委托长沙矿冶研究院开展綦江式铁矿石选矿试验研究，采用焙烧磁选的方法，获得了铁精矿品位 60.31%，产率 77.27% 的试验指标。2006 年 6 月完成焙烧磁选铁精矿脱水试验，2007 年完成粉矿造球焙烧磁选工业性试验。

B 矿石性质

矿床属侏罗纪香溪统之水成沉积矿床。綦江式铁矿石是一种以赤铁矿和菱铁矿共生为主，含少量磁铁矿的难选混合矿。原矿多元素分析见表5-33。

表5-33 原矿多元素分析

元素名称	TFe	FeO	Fe_2O_3	SiO_2	Al_2O_3	CaO	MgO	MnO	K_2O
含量/%	40.39	29.70	24.75	17.88	1.85	2.11	1.57	0.65	0.057
元素名称	Na_2O	P	S	灼减	TFe/FeO		$(CaO+MgO)/(SiO_2+Al_2O_3)$		
含量/%	0.017	0.27	0.072	18.96	136		19		

矿石中主要金属矿物种类较多，除菱铁矿以外，其次是赤铁矿，另有少量磁铁矿、半假象赤铁矿和褐铁矿。主要脉石矿物以石英为主，其次是叶绿泥石、鲕绿泥石、伊利石和磷灰石。

原矿中主要矿物的含量见表5-34。

表5-34 原矿中主要矿物含量

矿物名称	磁铁矿	假象赤铁矿	赤铁矿、褐铁矿	菱铁矿	黄铁矿	石英	绿泥石、伊利石	磷灰石	其他
含量/%	2.4	1.45	23.3	44.55	0.10	15.25	10.40	1.55	1.0

C 选矿方法

綦江铁矿采用炉煤气还原焙烧—两段破碎—两段全闭路磨矿—弱磁选粗精扫流程（图5-9）。

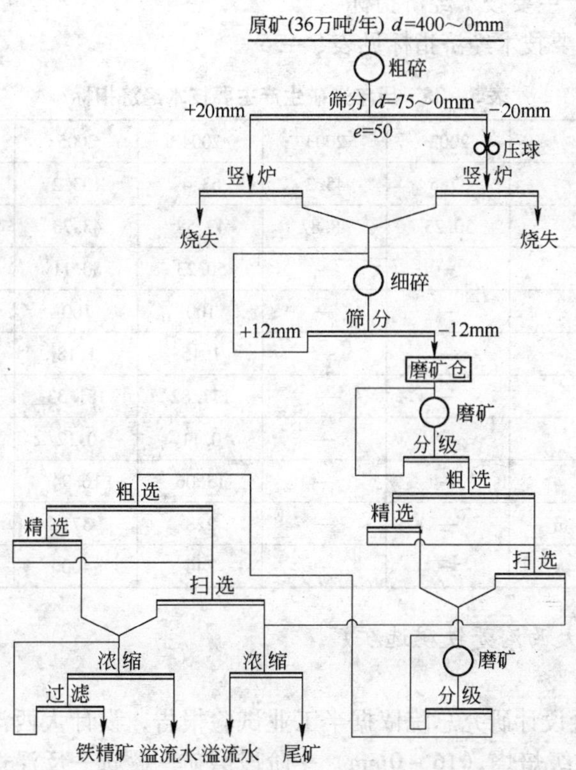

图5-9 綦江铁矿选矿工艺流程

从采场采出的矿石（400～0mm）用小矿车运至竖炉上部矿仓。

a 粗碎、焙烧作业

粗碎采用 PE400×600（$d=40$mm）型颚式破碎机，将矿石破碎至 75～0mm，经 SZZ1400×1500 型振动筛筛分（筛孔尺寸 $d=15$mm），将筛上物料直接送入竖炉进行还原焙烧，焙烧后的矿石用自卸汽车运至麻柳滩选矿厂原矿储矿仓。筛下粉矿集中处理。

b 细碎作业

来自竖炉焙烧后的矿石，通过皮带送入细碎储料仓，用 1 台山特维克 H3800 型液压圆锥破碎机进行二次破碎，并与 2 台 YA1836（$d=12$mm）形成闭路筛分，破碎产品 12～0mm 存储于磨矿前的圆矿仓（一座 ϕ8000mm），矿仓存储时间 10h。

c 磨选作业

主厂房设二段磨矿，一段配有 MQG2700mm×3600mm 球磨机 1 台，并与 2 台 ϕ500mm（1 台备用）旋流器形成闭路磨矿；二段配有 MQY2700mm×3600mm 球磨机 1 台，并与 4 台 ϕ350mm（2 台备用）旋流器形成闭路磨矿；最终磨矿粒度 -0.074mm 大于 80%，组成全闭路磨矿流程。磁选机采用 3 台 CTB ϕ1050mm×2100mm 半逆流型，组成粗选、精选，扫选工艺流程，获得最终铁精矿及尾矿。

d 浓缩过滤

磁选精矿由 2 台 6PNJ 胶泵（1 台备用）扬送至 KLMN120/55 高效浓缩箱浓缩，浓缩后的底流经 2 台 ZPG-60 盘式过滤机（1 台备用）脱水，成品水分小于 16%，由胶带运输机送入精矿仓。

e 历年选矿生产主要技术经济指标

历年选矿生产主要技术经济指标见表 5-35。

表 5-35 历年选矿生产主要技术经济指标

年 份		2002	2003	2004	2005	2006	2007
处理原矿/kt·a^{-1}		37.5	45.2	63.4	103.2	154.8	309.5
原矿品位/%		50.23	48.87	43.58	43.73	41.28	40.17
焙烧矿品位/%		—	—	50.23	50.11	49.56	48.12
回收率/%		—	—	100	100	100	100
选矿比/t·t^{-1}		—	—	1.15	1.18	1.16	1.20
焙烧矿成本/元·$t_{原矿}^{-1}$		—	—	171.82	181.33	232.86	250.91
衬板消耗/kg·$t_{原矿}^{-1}$		—	—	0.11	0.12	0.09	0.08
电耗/kW·h·$t_{原矿}^{-1}$		—	—	15.06	16.94	15.08	13.89
劳动生产率/t·(人·a)$^{-1}$	全 员	—	—	228	371	557	1113
	工 人	—	—	246	400	600	1200

5.3.3.2 陕西大西沟菱铁矿选矿厂

A 选矿厂概况

2004 年鞍山冶金设计研究总院依据半工业试验报告，设计大西沟菱铁矿选矿工艺为三段闭路破碎—全粒级焙烧（16～0mm）—阶段磨矿—磁选—反浮选流程。破碎采用三段一闭路流程，最终破碎产品粒度 16～0mm；两段磁选流程为一粗一精；浮选流程为一粗二扫，采用胺类阳离子药剂。焙烧采用 ϕ4000mm × 5000mm 回转窑，过滤采用陶瓷过滤机。

2006 年 8 月大西沟矿业公司两条 90 万吨的菱铁矿生产线建成，同年 10 月，根据焙烧矿的性质，对磁选流程进行了改造，由原来两段磁选一粗一精改为一段为一粗一扫，二段为一粗一精的磁选流程；同时将原二磁磁选机场强 143.32kA 改为 278.66kA/m，取得较好的选别指标，尾矿平均品位 MFe 6.5% 降为 MFe 4.3%，精矿平均品位 55% 提高到 60%；磁性铁回收率由 70% 左右提高到 80% 左右。二期工程 800 万吨/年生产线于 2010 年建成，大西沟矿业公司将成为陕西龙钢的重要铁原料基地。

B 矿石性质

陕西省柞水县大西沟菱铁矿是我国最大的菱铁矿基地，矿床储量超过 6 亿吨。矿石属沉积变质菱铁矿类型，矿石组成简单，金属矿物以菱铁矿为主，其次是褐铁矿、磁铁矿，菱铁矿中还因类质同象作用含有一定数量的 Mg^{2+} 和 Mn^{2+}，根据 $MgCO_3$ 含量较高的特征，可将其称为镁菱铁矿。脉石矿物主要为绢云母、石英，其次为重晶石、鳞绿泥石、铁白云石、黑云母等，另有少量方解石、鲕状绿泥石等。

铁矿物的嵌布粒度统计表明，无论是菱铁矿还是磁铁矿，嵌布粒度都较为细小。原矿化学多元素分析结果见表 5－36，原矿铁物相分析结果见表 5－37，原矿中主要矿物组成及含量见表 5－38。

表 5－36 原矿的化学多元素分析结果

化学成分	TFe	FeO	Fe_2O_3	MnO	MgO	SiO_2	Al_2O_3	CO_2	灼减
含量/%	26.96	21.61	14.53	0.74	1.62	31.12	8.59	18.41	18.21

表 5－37 原矿铁物相分析结果

物相名称	碳酸铁	磁性铁	赤褐矿	硫化铁	硅酸铁	TFe
含铁量/%	15～35	1.65	8.78	0.16	1.03	26.96
铁分布率/%	56.94	6.12	32.53	0.59	3.82	100.00

表 5－38 原矿中主要矿物组成及含量

矿 物	菱铁矿	磁铁矿	赤褐铁矿	黄铁矿、黄铜矿	石英	绢云母、白云母	绿泥石	其他
含量/%	43.8	1.5	7.1	0.3	17.3	24.9	4.6	0.5

C 选矿方法

a 破碎筛分

采矿场采出的矿石（100～0mm）采用三段一闭路破碎，粗破碎设在采矿场溜井下面，将 1000～0mm 矿石破碎至 300～0mm。选矿厂设中细碎和筛分，中碎机选用 HP800 型圆锥破碎机 2 台，筛分机选用 YA2460 型圆振动筛 8 台，细碎机选用 HP800 型圆锥破碎机 2 台，最终破碎产品粒度为 16～0mm。

b 中性焙烧

粉矿仓中的16~0mm的矿石由胶带机给到φ6.0m×60m回转窑进行中性焙烧。焙烧好的矿石出窑后进入φ2000mm单螺旋分级机中进行水冷，分级机沉砂即水冷焙烧矿用胶带机运到主厂房磨矿仓中，分级机的溢流用泵打到主厂房。

回转窑焙烧所用燃料煤（粒度在30mm以下），由外地购入，用汽车运到原煤堆场储存。原煤由受煤斗下的胶带机，给到煤粉制备间辊盘式磨煤机，磨煤机与粗、细粉分离器组成闭路系数。粗粉返回磨机再磨，合格的细粉（-0.074mm占80%）进入粉煤仓，供煤枪使用，煤枪一次风量、二次风量可调节、可计量。煤粉用输送机输送，通过变频器控制螺旋输送速度来控制燃烧所需的煤粉量。在磨机进、出口管道上及粗粉分离器、旋风分离器的顶盖上设有防爆阀，以确保安全生产。

回转窑测温分窑头、窑尾和窑身测温，测温元件采用镍铬-镍硅热电偶，窑身热电偶信号通过导电滑环引出。为了确保焙烧气氛，装有回转窑尾气成分分析仪，在窑尾排气管上取样，经样气处理后送入CO和O_2分析仪表，在线连续对回转窑焙烧气氛进行实时检测。一方面确保焙烧矿质量；另一方面对CO含量超标进行报警，以保证回转窑尾部给料端电除尘器安全正常工作。窑尾采用4台DBW160-3/0电除尘器，除尘效率在98%以上，电除尘器灰经加湿处理后，集中排放。主抽风机采用SJ12000离心式抽风机，废气进入120m高烟囱排入大气。

中性焙烧采用的主要设备见表5-39。

表5-39 中性焙烧采用的主要设备

序号	设备规格名称	数量/台	单台设备功率/kW
1	φ6.0m×60m回转窑	4	850
2	DBW160-3/0电除尘器	4	146.2
3	SJ12000离心式风机	4	4000
4	MP1410辊盘式磨煤机	4	185
5	φ2000mm单螺旋分级机	8	30

c 磨选工艺

大西沟铁矿石具有易磨的特点，菱铁矿经过焙烧分解后，具有结构疏松、易碎、易磨的特征，采用两段磨矿可满足-0.043mm粒级含量大于95%的粒度要求，选矿厂磨选工艺流程如图5-10所示。

主厂房磨矿仓内焙烧矿经给矿带机给入一段φ3600mm×6000mm溢流型球磨机，球磨机排矿进入一次旋流器给矿泵池，用渣浆泵打入一次φ500mm水力旋流器组进行分级，旋流器沉砂自流入一段φ3600mm×6000mm溢流型球磨机进行闭路磨矿。一段分级机溢流自流到第一次CTB1200mm×3000mm永磁筒式磁选机中，磁选机尾矿丢弃。一次磁选精矿进入第二次CTB1200mm×3000mm永磁筒式磁选机进行精选。磁选机尾矿丢弃，精矿进入二次旋流器给矿泵池，由渣浆泵打入二次φ250mm旋流器组给矿泵池。φ250mm水力旋流器组溢流自流给第三次CTB1200mm×3000mm永磁筒式磁选机进行磁选；磁选尾矿丢弃，磁选精矿自流到第四次CTB1200mm×3000mm永磁筒式磁选机进行精选。磁选最终精矿自流入φ3000mm磁力脱水槽进行脱水，脱水后自流入浮选前搅拌槽。

矿浆经搅拌后流入粗选浮选机槽（$80m^2$）进行粗选，泡沫流进一次扫选浮选槽（$80m^2$）。一次扫选底流返回粗选，一次扫选泡沫流进二次扫选（$42m^2$），二次扫选泡沫为最终尾矿，自流入尾矿泵池，二次扫选底流流入一次扫选。每段浮选作业的首槽采用吸入槽，这样，整个浮选系统矿浆就可以达到自流。粗选槽底为最终铁精矿，自流入精矿浓缩池进行浓缩，然后用管道输送到后处理系统。

磨选工艺采用的主要设备见表5－40。

d　精矿浓缩输送

主厂房产生的铁精矿给入2台 ϕ53m浓缩机进行浓缩，浓缩过的铁精矿（浓度60%），用隔膜泵（SG－MB140/4.0）输送到柞水火车站附近的赤水沟内的后处理车间，输送管线内径 ϕ305mm，输送路14.8km。管道输送的精矿首先给入搅拌槽中，然后给入10台P45/15－C型陶瓷过滤机进行过滤，过滤后精矿水分17%左右，由胶带机送到精矿仓储存外运。

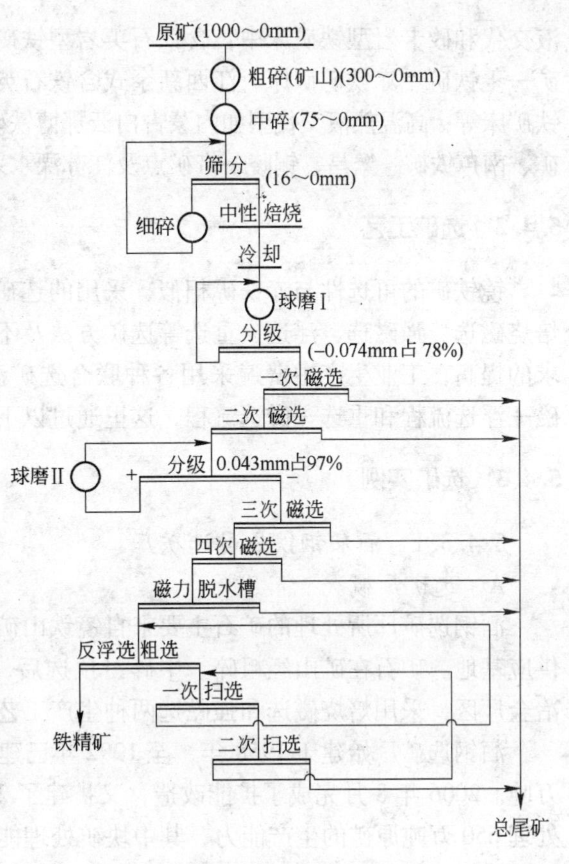

图5－10　选矿厂磨选工艺流程

表5－40　磨选工艺采用的主要设备

序　号	设备规格名称	数量/台	单台设备功率/kW
1	ϕ3600mm×6000mm 湿式溢流型球磨机	8	1250
2	ϕ500mm×8mm 旋流器组	4	—
3	ϕ250mm×20mm 旋流器组	4	—
4	CTB1230 永磁筒式磁选机	32	7.5
5	KYF11－85 浮选机	14	—
6	JJF11－42 浮选机	4	—

5.4　镜铁矿石选矿

5.4.1　矿石特点

镜铁矿是赤铁矿的亚种，赤铁矿的分子式是 Fe_2O_3，形态属三方晶系，完整晶形较少见。经常呈各种集合体，片状、表面发金属状光泽者称镜铁矿，在镜面上常有三角形花纹，细小鳞片状者称云母赤铁矿，鲕状集合体者称鲕状赤铁矿，红色粉末状者称铁赭石。带有放射状构造的巨大肾状体称红色玻璃头。镜铁矿大多产于高温热液型、矽卡岩型和区域变质型铁矿床中。

我国拥有丰富的铁矿资源，镜铁矿主要产于区域变质的含铁石英岩型铁矿床、高温热液交代和矽卡岩型铁矿床中，含铁石英岩型铁矿床如甘肃镜铁山式海相沉积受变质的镜铁矿—菱铁矿—赤铁矿矿床、江西新余式含铁石英岩型铁矿床、安徽霍邱地区含铁石英岩型铁矿床等；高温热液交代型如内蒙古白云鄂博铁矿床；矽卡岩型如安徽桃冲铁矿、顺风山铁矿、南芦铁矿、繁昌、铜陵一带矿点及江苏溧水茅山铁矿等长江中下游矽卡岩型铁矿床。

5.4.2 选矿工艺

镜铁矿的可选性与赤铁矿相似，采用的选矿方法也基本相同。常用的选别方法包括：焙烧磁选、强磁选、浮选、重选等选矿方法及不同方法的联合流程。随着对铁精矿质量要求的提高，工业生产中普遍采用各种联合选矿流程。常见的流程包括焙烧磁选流程、强磁—浮选流程和重选—磁选流程，这里通过以下几个选矿生产实例予以说明。

5.4.3 选矿实例

5.4.3.1 酒泉钢铁公司选矿厂

A 选矿厂概况

酒钢选矿厂所处理的矿石主要来自镜铁山矿桦树沟和黑沟两个矿区，是酒钢主要原料供应基地。矿石在矿山经粗碎、中碎、预选后，矿石粒度 75～0mm，经铁路专用线运至冶金厂区，采用焙烧磁选和强磁选两种生产工艺。

酒钢选矿厂始建于 1958 年，至 1992 年已建成 8 个磨选系列，规模为年处理原矿 500 万吨。2006 年 8 月完成了扩能改造，又扩建了 2 个系列，达到 10 个磨选系列，具备每年处理 650 万吨原矿的生产能力，其中块矿处理能力 370 万吨，粉矿处理能力 280 万吨。进入 2007 年，为了进一步提高铁精矿品位，降低精矿中 SiO_2 含量，焙烧磁选精矿提质降杂改造工程，将现在焙烧磁选二段精矿通过阳离子反浮选工艺，经过一次粗选、一次精选、四次扫选，使铁精矿品位提高 4 个百分点，SiO_2 降低 4 个百分点。

B 矿石性质

镜铁山铁矿为一大型沉积变质铁矿床，由于后期构造运动，使矿体分成桦树沟和黑沟矿区两部分。矿体产于北祁连山加里东地槽带区的下古生代寒武、奥陶纪地层含铁千枚岩系中，上盘为灰黑色千枚岩，下盘为灰绿色千枚岩。矿石结构构造有不规则条带状、块状、浸染状等。

矿石中有用矿物以镜铁矿、菱铁矿、褐铁矿为主，少量的磁铁矿、黄铁矿；脉石矿物主要有碧玉、石英、重晶石、铁白云石、绿泥石、绢云母等；不同矿体各种铁矿物比例变化较大。

矿石中各种铁矿物共生关系比较密切，常以混合矿形式产出，铁矿物嵌布粒度一般为 0.01～0.2mm，矿石硬度 12～16。2007 年 1～8 月原矿多元素分析结果见表 5-41。

表 5-41 酒钢选矿厂原矿多元素分析结果

元素	TFe	FeO	Fe_2O_3	SiO_2	Al_2O_3	CaO	MgO	MnO
含量/%	33.77	10.10	37.05	23.78	2.95	2.12	2.82	1.11
元素	BaO	S	P	K_2O	Na_2O	V_2O_5	TiO_2	灼减
含量/%	4.17	0.98	0.02	11.99	0.84	0.08	0.01	0.2

C 选矿方法

a 筛分分级

进入选矿厂的矿石经一次筛分10台SSZ1.8m×3.6m自定中心振动筛进行分级，振动筛为15mm筛缝的棒条筛，生产能力为240t/(台·h)，筛上产品为75~15mm（以下简称块矿），产率为57%，进入焙烧磁选系统选别；筛下产品为15~0mm（以下简称粉矿），产率为43%，进入强磁选系统选别。

b 焙烧磁选

焙烧系统共有100m^{3}鞍山式竖炉26座，处理筛分分级后的块矿，按工艺要求分大块炉、小块炉和返矿炉，采用闭路焙烧工艺，即75~15mm矿石给入二次筛分的2台SSZ1.8m×3.6m自定中心振动筛，分成75~50mm的大块矿石和50~15mm的小块矿石，分别给入大、小块焙烧炉进行焙烧，大、小块焙烧炉焙烧后的矿石经4台$B \times L = \phi1400mm \times 2000mm$干选机选出磁性产品送往弱磁选球磨机矿仓，不合格产品送往返矿炉再次焙烧后，用磁场强度为127kA/m磁滑轮再选，磁性产品返至干选机再选，不合格产品送往废石场，废石产率12%左右。焙烧流程如图5-11所示。

竖炉焙烧过程中，加热和还原均采用高炉焦炉混合煤气，热值为4500kJ/m^3，单位热耗1.65GJ/$t_{原矿}$，2007年1~8月入炉矿石品位37.49%，焙烧矿石品位42.67%，处理能力24.01t/(台·h)。

与焙烧系统对应的弱磁选系统有五个磨选系列，处理焙烧后的矿石，采用阶段磨矿、二段脱水槽、三段磁选流程。一段磨矿为ϕ3200mm×3100mm、ϕ3200mm×3500mm格子型球磨机与ϕ500mm水力旋流器组成闭路，旋流器溢流粒度为-0.074mm占65%，经一段磁力脱水槽ϕ2200mm、ϕ3000mm、一段BX1024筒式磁选机选别后，抛出约25%的尾矿，磁选精矿进入二段磨矿系统，二段磨矿由ϕ3200mm×3100mm、ϕ200mm×3500mm格子型球磨机与ϕ350mm水力旋流器组成闭路、二段旋流器溢流粒度为-0.074mm占80%，再经过以200mm二段脱水槽，二段、三段BX1024筒式磁选机选别后得到弱磁选精矿。各段脱水槽和磁选机的尾矿合并为最终尾矿。焙烧磁选系统配备的主要设备见表5-42，酒钢选矿厂焙烧磁选主要技术指标见表5-43，弱磁选流程如图5-12所示。

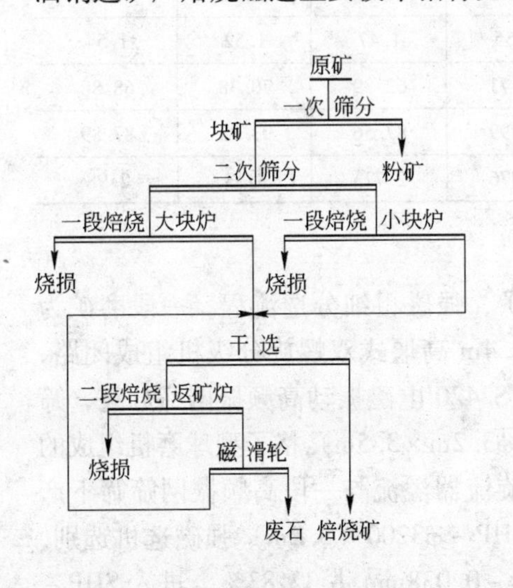

图5-11 酒钢选矿厂焙烧流程

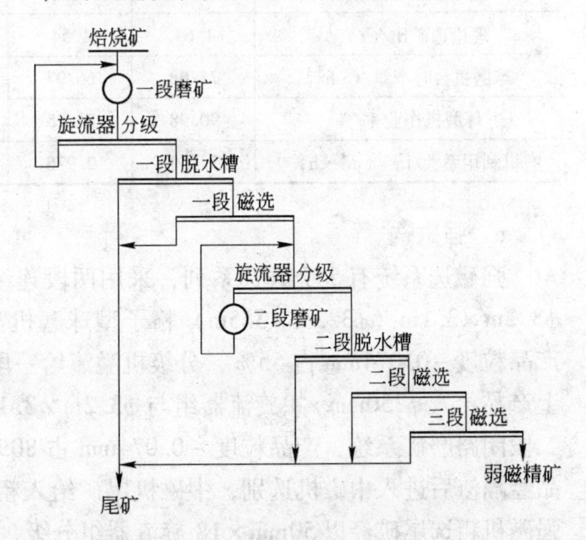

图5-12 酒钢选矿厂弱磁选流程

表5-42 酒钢选矿厂焙烧磁选系统配备的主要设备

作业名称	设备名称和规格	台数/台	电动机功率/kW
一、二次筛分	SZZ1.8m×3.6m 自定中心振动筛	12	18.5
焙烧	100m³ 鞍山式竖炉	26	搬出机：7.5，排矿辊：1.1，抽烟机：132、75，鼓风机：40
干选	B1400mm 永磁干式磁选机	4	7.5
抛废	ϕ750mm×1000mm 磁滑轮	1	22
一段磨矿	ϕ3.2m×3.1m 格子型球磨机 ϕ3.2m×3.5m 格子型球磨机	2 3	600 630
一次分级	ϕ500mm 水力旋流器	20	—
二段磨矿	ϕ3.2m×3.1m 格子型球磨机 ϕ3.2m×3.5m 格子型球磨机	3 2	600 630
二次分级	ϕ350mm 水力旋流器	32	—
一段磁力脱水槽	ϕ2200mm 永磁磁力脱水槽 ϕ3000mm 永磁磁力脱水槽	9 4	— —
一段磁选	BX1024 半逆流筒式磁选机	13	5.5
二段磁力脱水槽	ϕ2200mm 永磁磁力脱水槽	22	—
二段磁选	BX1024 半逆流筒式磁选机	22	5.5
三段磁选	BX1024 半逆流筒式磁选机	18	5.5

表5-43 酒钢选矿厂焙烧磁选主要技术指标

年份	2001	2002	2003	2004	2005	2006
原矿品位/%	40.80	42.52	42.58	42.97	42.95	42.70
精矿品位/%	55.89	55.88	56.24	55.95	56.26	56.65
尾矿品位/%	17.25	17.81	17.52	15.74	17.32	16.97
金属理论回收率/%	83.49	85.3	85.48	88.18	86.22	86.03
理论选矿比/t·t^{-1}	1.64	1.54	1.55	1.47	1.52	1.54
球磨机台时产量/t·h^{-1}	71.08	66.97	64.71	62.39	70.38	68.88
球磨机作业率/%	90.98	87.25	78.99	87.56	93.93	87.89
磨机利用系数/t·(m³·h)$^{-1}$	3.159	2.976	2.876	2.773	3.13	2.98

c 强磁选

强磁选系统有5个磨选系列，采用两段连续磨矿、强磁粗细分选流程。一段磨矿为ϕ3.2m×3.1m（ϕ3.2m×3.5m）格子型球磨机与ϕ2.4m 高堰式双螺旋分级机组成闭路，产品粒度-0.074mm 占55%，分级机溢流给一段 MVS2420 电磁振动高频振网筛分级，筛上产品给入ϕ350mm×4 旋流器组与ϕ3.2m×3.1m（ϕ3.2m×3.5m）格子型球磨机组成的二段闭路磨矿系统，产品粒度-0.074mm 占80%，旋流器溢流与一段高频振网筛筛下产品经隔渣后进入中磁机选别，中磁机尾矿给入粗选 SHP-ϕ3200（3.2m）强磁选机选别，强磁机粗选尾矿经以50mm×18 旋流器组分级，沉砂-0.038mm 占32.83%，进入 SHP-

ϕ3200（3.2m）强磁选机进行一次、二次扫选。旋流器溢流－0.038mm 占 94.97% 经过 2 台 ϕ5m 高效浓缩机浓缩后，浓缩机底流给入 SLon－2000（ϕ2m）立环脉动高梯度磁选机进行一次粗选、一次精选、一次扫选。中磁机选别精矿与粗细两种强磁选精矿混合即为强磁选精矿。酒钢选矿厂强磁选主要设备、主要技术指标见表 5－44 和表 5－45。酒钢选矿厂强磁选流程如图 5－13 所示。

表 5－44 酒钢选矿厂强磁选主要设备

作业名称	设备名称和规格	台数/台	电动机功率/kW
一段磨矿	ϕ3.2m×3.1m 格子型球磨机 ϕ3.2m×3.5m 格子型球磨机	3 2	600 630
一次分级	ϕ2.4m 双螺旋分级机	5	20（传动电动机功率） 2.8×2（升降电动机功率）
辅助分级	MVS2420 电磁振动高频振网筛	12	0.15×8
二段磨矿	ϕ3.2m×3.1m 格子型球磨机 ϕ3.2m×3.5m 格子型球磨机	3 2	600 630
二次分级	ϕ350mm 水力旋流器	40	—
脱　渣	MVS2420 电磁振动高频振网筛	6	0.15×8
中磁选	BX1024 顺流型筒式磁选机	6	5.5
粗粒级强磁选	SHP－3200 强磁选机	10	37、100
细粒级强磁选	SLon－2000 立环脉动高梯度磁选机	9	7.5、5.5、74
粗细分级	ϕ250mm 水力旋流器	36	—
浓　缩	ϕ25mm 高效浓缩机	2	5.5

表 5－45 酒钢选矿厂强磁选主要技术指标

年　份	2001	2002	2003	2004	2005	2006
原矿品位/%	31.71	31.97	31.82	32.79	36.11	36.37
精矿品位/%	48.07	48.25	47.13	47.69	50.79	51.28
尾矿品位/%	17.92	18.03	17.72	17.19	20.27	19.82
金属理论回收率/%	69.34	69.62	71.01	74.39	73.00	74.17
理论选矿比/$t \cdot t^{-1}$	2.19	2.17	2.09	1.96	1.93	1.90
球磨机作业率/%	88.11	85.64	88.46	90.29	93.23	84.83
球磨机利用系数/$t \cdot (m^3 \cdot h)^{-1}$	2.898	2.789	2.848	2.748	3.122	3.08
球磨机台时产量/$t \cdot h^{-1}$	70.18	66.73	68.08	65.65	74.64	73.56

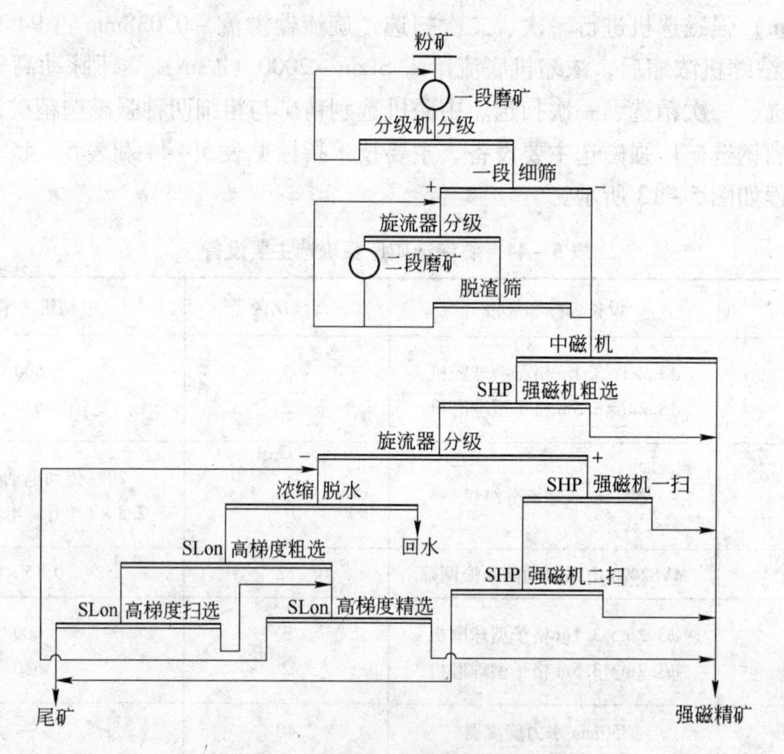

图 5-13 酒钢选矿厂强磁选流程

d 历年选矿生产主要技术经济指标

历年选矿生产主要技术经济指标见表 5-46。

表 5-46 历年选矿生产主要技术经济指标

年 份		2001	2002	2003	2004	2005	2006
处理原矿/$kt \cdot a^{-1}$		4968.2	4675.3	4380.4	4492.6	5340.4	5241.6
原矿品位/%		32.88	33.04	33.16	34.22	36.28	36.35
精矿品位/%		52.70	52.74	51.98	52.23	53.79	54.18
尾矿品位/%	弱磁选尾矿	17.25	17.81	17.52	15.74	17.32	16.97
	强磁选尾矿	17.92	18.03	17.72	17.19	20.27	19.82
	废石品位	13.78	13.51	12.80	12.96	14.62	14.20
实际回收率/%		74.96	76.52	77.26	80.22	77.52	78.01
实际选矿比/$t \cdot t^{-1}$		2.138	2.086	2.029	1.903	1.913	1.910
精矿成本/元·$t_{精矿}^{-1}$		193.55	196.22	136.42	137.74	258.20	274.58
钢球消耗（一次）/$kg \cdot t_{原矿}^{-1}$		0.29	0.25	0.33	0.38	0.38	0.40
钢球消耗（二次）/$kg \cdot t_{原矿}^{-1}$		0.28	0.26	0.28	0.24	0.27	0.28
衬板消耗/$kg \cdot t_{原矿}^{-1}$		0.02	0.105	0.101	0.08	0.104	0.103
水耗/$m^3 \cdot t_{原矿}^{-1}$		9.91	10.00	10.54	11.15	11.17	11.21
其中：新水消耗		0.87	0.65	0.93	0.90	0.94	1.00
胶带/$m^2 \cdot kt_{原矿}^{-1}$		5.49	7.283	8.587	7.379	4.9	6.0

续表 5-46

年份		2001	2002	2003	2004	2005	2006
过滤布/$m^2 \cdot kt_{精矿}^{-1}$		3.213	7.283	2.256	3.732	3.5	2.2
电耗/$kW \cdot h \cdot t_{原矿}^{-1}$		24.93	25.50	25.09	24.69	24.80	25.35
劳动生产率 /t·(人·a)$^{-1}$	全员	7437.42	8033.10	8052.24	9703.33	12419.65	10718.940
	工人	8449.31	9239.65	9031.79	10722.29	15520.00	11596.38

5.5 褐铁矿选矿

5.5.1 矿石特点

褐铁矿（$MFe_2O_3 \cdot nH_2O$）是一系列含水的氢氧化铁及泥质物的统称，包括针铁矿[FeO(OH)]、水针铁矿[$FeO(OH) \cdot nH_2O$]、纤铁矿[FeO(OH)]、水纤铁矿[$FeO(OH) \cdot nH_2O$]、水赤铁矿（$2Fe_2O_3 \cdot H_2O$）等，由于褐铁矿中富含结晶水，理论品位低，因此采用物理选矿方法，铁精矿品位很难达到60%，但与菱铁矿相同，焙烧后因烧失较大而使铁精矿品位大幅度提高，但因褐铁矿在磨矿过程中极易泥化，流失严重，难以获得较高的金属回收率。

我国探明褐铁矿储量12.3亿吨，占全国探明储量的2.3%，主要分布在云南、广东、广西、山东、贵州和福建等地。由于褐铁矿是表生作用产物，由各种含铁矿物在风化过程中同时进行氧化和水化（氧化开始后紧接着发生水化）之后生成褐铁矿。矿床主要类型为风化淋滤及残积型，典型的矿床有山西式风化淋滤型褐、赤铁矿矿床，广东大宝山式褐铁矿矿床，江西铁坑矿床等。目前我国褐铁矿资源利用率极低，大部分没有有效回收利用或根本没有开采。

5.5.2 选矿工艺

褐铁矿是铁矿石中可选性较差的一种铁矿物，传统的选矿方法主要为洗矿—重选、强磁选和磁化焙烧磁选等，随着对铁矿石需求量和质量要求的提高以及选矿技术的进步，褐铁矿的浮选开始得到重视和应用。近年来，随着新型高梯度强磁选机及新型高效反浮选药剂的研制成功，强磁选、反浮选、焙烧等联合选矿工艺也开始在褐铁矿选矿中得到应用。目前工业上采用的褐铁矿选矿流程可分为单一选别流程和联合选矿流程两大类。前者包括重选、磁选和浮选流程，后者包括磁化焙烧—磁选流程、强磁—浮选流程、重选—强磁流程等。

5.5.2.1 *磁化焙烧—磁选流程*

褐铁矿的磁化焙烧是将褐铁矿中添加还原剂（炭、水煤气或煤），加热到一定温度后，使弱磁性的褐铁矿还原成强磁性的磁铁矿的过程。武汉理工大学对山西某褐铁矿进行了磁化焙烧—磁选研究，在配煤8%、焙烧时间80min、温度为800℃的条件下，铁精矿铁品位达60%以上，产率达70%以上，回收率85%以上，尾矿铁品位下降到20%以下，基本满足对该矿石铁矿物的有效回收。河北理工大学李永聪等人针对新疆某含褐铁矿和含铁硅酸盐矿物的铁矿石，采用浮选、重选、磁选和焙烧磁选等选矿方法进行试验研究。试验结果表明，在原矿品位46.50%的情况下，焙烧磁选工艺可获得铁精矿品位59.20%、回收率92.90%的技术指标。

5.5.2.2 强磁—浮选流程

强磁—浮选流程适合于品位较低的难选褐铁矿的选别。强磁选适合于分选粗粒矿物，浮选适用于分选细粒矿物，两者互为补充，扩大了粒级回收范围。河北理工大学对新疆某褐铁矿进行了选矿流程试验。通过试验表明，在磨矿细度-0.074mm占60.0%、一次强磁选粗选、强磁选精矿再选、强磁选尾矿再进行二次强磁选扫选、强磁选精矿再选尾矿和强磁选尾矿再选精矿合并进行反浮选、反浮选尾矿返回强磁选尾矿再选的条件下，可获得产率52.24%，品位54.04%，回收率67.03%的最终精矿和品位29.08%，回收率32.97%的最终尾矿。

5.5.2.3 重选—磁选流程

云南某褐铁矿全铁含量43.61%，主要脉石矿物为石英。在对矿样进行重选试验后，发现重选精矿、中矿和尾矿品位较低（重选精矿品位45.03%，中矿品位40.11%，尾矿品位46.22%），所以决定将重选精矿和中矿合并作为矿样1，进行次选试验，将重选尾矿作为矿样2进行絮凝磁选试验。在最佳的磁场强度和给矿浓度的条件下，对矿样1进行试验，磁选精矿为精1，尾矿为尾1；将矿样2给入最佳剂量的分散剂硅酸钠，强搅拌20~30min，然后加入SD型絮凝剂最佳剂量，采用慢速搅拌10~15min后进行强磁选试验，产出精矿为精2，尾矿为尾2。然后合并精1和精2为最终精矿，综合精矿品位为55.07%，综合回收率为75.55%。

5.5.3 选矿实例

5.5.3.1 选矿厂概况

新钢铁坑矿业有限责任公司是一露天褐铁矿矿山，隶属于新余钢铁有限责任公司。铁坑从1960年开始建矿，1968年建成全国第一个年处理50万吨原矿规模的反浮选厂，2004年委托中钢集团马鞍山研究院进行新的选矿工艺试验研究，马鞍山矿山究院进行了“磨矿—强磁—再磨反浮选”（流程Ⅰ）和“磨矿—强磁—再磨强磁—反浮选（流程Ⅱ）”两个工艺流程试验研究。对流程Ⅰ进行了连选试验，流程Ⅱ由于受试验条件的限制没有进行连选试验，但根据铁坑褐铁的具体情况，最终推荐设计流程采用流程Ⅱ，连选的试验结果为：精矿品位56.73%，回收率58.42%，推荐流程设计指标入图5-14中。

5.5.3.2 矿石性质

铁坑褐铁矿床为酸性残余火山岩与石灰岩接触发生交代硫化作用，并经后期长期氧化作用生成黄铁矿矽卡岩型铁帽状褐铁矿床，整个矿床平均含铁地质品位为38.76%，褐铁矿、石英占总量的90%以上，其中石英占10%~40%，与褐铁矿成消长关系。

矽卡岩型褐铁矿由内含磁铁矿、磁黄铁矿，透辉石的矽卡岩经氧化而形成，是矿区内的主要矿石，占66%，矿石特点呈土黄色，质轻性软，可称“黄矿”。粉矿多由此种矿石形成，矿石主要由褐铁矿、赤铁矿和石英组成；高硅型褐铁矿由含磁铁矿和硫化矿细脉浸染的硅化灰岩氧化而成，占区内矿石的34%，矿石特点呈紫褐色、深褐色或黑褐色，质重性坚，易碎，习称“黑矿”。矿石主要由褐铁矿、赤铁矿、针铁矿和石英组成。金属矿物主要有褐铁矿、针铁矿、赤铁矿，其次有磁铁矿、镜铁矿等；脉石矿物主要为石英。原

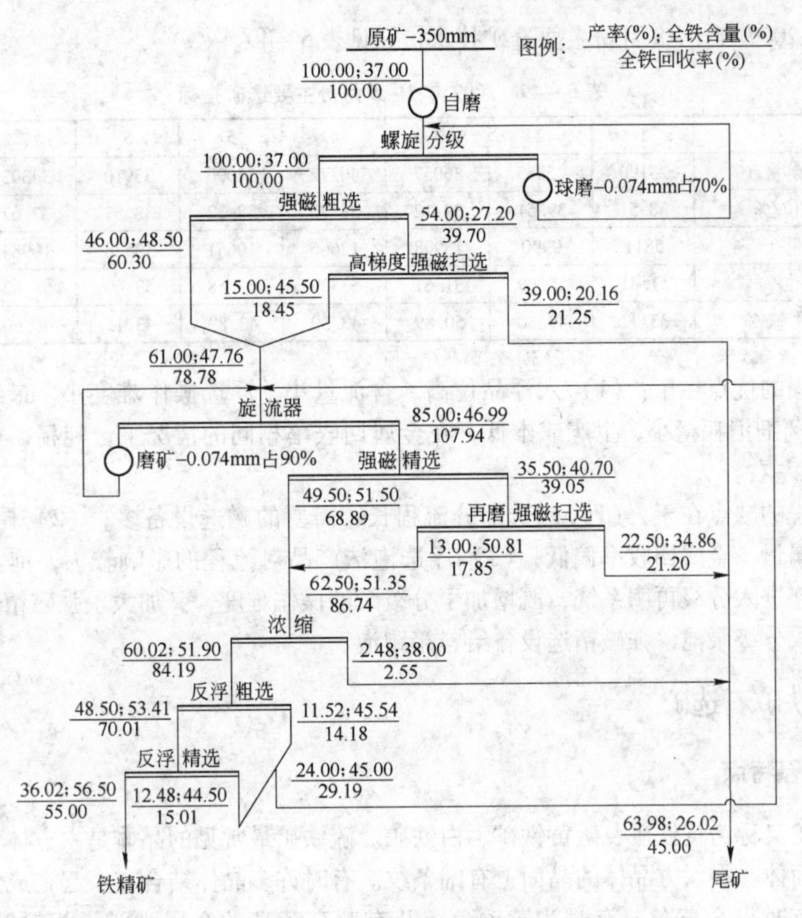

图5-14　设计工艺数质量流程

矿化学多元素的分析结果见表5-47，铁物相的分析结果见表5-48。

表5-47　原矿化学多元素的分析结果

元　素	TFe	SFe	FeO	SiO_2	Al_2O_3	CaO
含量/%	37.07	36.90	0.61	37.83	1.64	0.16
元　素	MgO	K_2O	Na_2O	P	S	灼减
含量/%	0.074	0.16	0.024	0.020	0.068	8.02

表5-48　铁物相的分析结果

矿物名称	赤铁矿、褐铁矿	磁铁矿	硫化铁	碳酸铁	硅酸铁	合计
铁含量/%	36.07	0.30	0.03	0.50	0.17	37.07
占有率/%	97.30	0.81	0.08	1.35	0.46	100.00

5.5.3.3　选矿方法

铁坑褐铁矿生产线于2005年1~10月设计、施工和建设，2005年10月底建成投产，选矿指标波动较大，经过不断调试和改进，选矿指标逐步提高和稳定，2006年共处理原矿308960t，原矿品位38.18%，生产精矿84961t，精矿品位53.79%，金属回收率

38.74%。2007年1~8月份主要选矿技术指标见表5-49。

表5-49 2007年1~8月份主要选矿指标

月 份	1	2	3	4	5	6	7	8
处理原矿量/t	23190	25885	36057	40272	34000	33910	34303	35785
原矿品位/%	38.51	39.51	39.12	38.70	38.22	38.57	37.67	37.48
精矿量/t	5811	9990	13908	12666	10651	10528	10984	11763
精矿品位/%	51.81	50.99	51.61	53.39	53.58	53.60	54.82	54.57
金属回收率/%	33.71	49.80	50.89	43.39	43.89	43.15	46.60	47.86

该流程的优点在于：(1) 入浮品位高、含泥量小、浮选操作难度小，最终精矿品位高；(2) 药剂消耗量小，生产成本低，在金属回收率相同的情况下，吨精矿成本比流程Ⅰ低50元左右。

该流程的缺点在于：(1) 磁选部分流程长，需要的磁选设备多；(2) 尾矿出口多，易丢失金属量，金属回收率偏低；(3) 浮选泡沫产品对流程的影响较大，泡沫和强磁粗精矿浆一起进入分级再磨系统，既增加了分级泵的操作难度，又加大了强磁精选设备的负荷，常造成分级泵池，强磁精选设备给料箱跑泡。

5.6 硫铁矿石选矿

5.6.1 矿石特点

硫铁矿又称为黄铁矿、磁黄铁矿、白铁矿。硫铁矿最常见的晶体是六方体、八面体及五角十二面体。在六方晶体的晶面上有细条纹。有时许多晶体结合在一起，成为各式各样的复晶。有时呈金黄色，有时为黄铜色，并有黄亮黄亮的金属光泽。相对密度4.95~5.20，硬度6.0~6.5。条痕为绿黑色。性脆，受敲打时很容易破碎，破碎面是参差不齐的。焚烧时有蓝色火焰并有刺鼻的硫黄臭味。

我国硫铁矿资源丰富，几乎遍及全国各省，储量40多亿吨，居世界前列，集中分布在西南、中南和华东三大区（占全国总储量的85%以上）。我国硫铁矿多在有色、多金属矿床中伴生（占全国总储量的70%左右），单一硫铁矿矿床次之。全国硫铁矿资源贫矿多富矿少，矿石平均含硫品位只有18%，矿石含硫品位大于35%的富矿，仅占总储量的5%，主要集中在中南和华东地区，其中以广东省最多，约占全国富矿总储量的85%。

5.6.2 选矿工艺

5.6.2.1 *硫铁矿选矿的工艺方法*

流程选择的一般原则：(1) 单一浮选法一般处理嵌布粒度较细的热液型、后期接触交代型和变质型的硫铁矿；(2) 单一重选法适宜处理粗粒嵌布的硫铁矿；(3) 重—浮联合法则适宜处理嵌布粒度粗细不均匀的硫铁矿石。

5.6.2.2 *伴生硫铁矿的选别*

A 从多金属硫化矿中回收硫铁矿

我国有相当数量的硫精矿是从多金属硫化矿石中获取的。含有磁铁矿的有色金属矿石通过破碎、磨矿，使硫铁矿和脉石以及其他金属硫化矿物分离，再通过选矿，分别产出多种精矿。由于硫铁矿是伴生矿物，选矿时一般侧重于主要金属矿物的回收。因此根据不同的矿石性质，常常采用不同的选矿工艺流程。有的流程结构、药剂制度比较简单，而有的却很复杂，如白银选矿厂、云锡大屯硫化矿选矿厂、凡口铅锌矿选矿厂等。

德兴铜矿泗洲选矿厂采用混合—分离两段浮选后尾矿选硫的工艺流程，铜硫分离过程中，硫铁矿由于受石灰强烈的抑制而进入尾矿中，硫品位达20%左右。根据二段尾矿中硫铁矿体积质量大、粒度偏粗的特点，采用ϕ350mm水力旋流器进行重力选硫：将二段尾矿用砂泵直接扬送到旋流器，大部分硫铁矿因其体积质量大、粒度粗富集到沉砂成为硫精矿。实验证明：在入选品位大于25%的条件下，可获得硫精矿品位35%～40%，富集比1.5，作业回收率60%左右的选硫指标。

B 以硫铁矿为主综合回收其他有用矿物

在一部分硫铁矿床中，矿石除含硫铁矿外，还伴生其他有益矿物，如向山硫铁矿除黄铁矿外，还有少量磁铁矿和赤铁矿；大田硫铁矿石中含有黄铜矿和闪锌矿；潭山硫铁矿石中含有方铅矿和闪锌矿等。处理这种类型的矿石，主要是回收硫铁矿，但要考虑尽可能综合回收伴生的有益矿物，充分利用资源，增加企业经济效益。

华北某硫铁矿主回收元素为硫，品位18%左右，伴生的可工业回收的金属元素为铜和锌，品位约0.25%和0.5%，是典型的复杂硫化矿，采用硫等可浮流程可以将复杂的Cu－Zn－S分离简化为Cu－S分离和Zn－S分离。可以获得硫精矿品位可达37%，回收率达90%以上；铜精矿品位达20%以上，回收率67%；锌精矿品位48%以上，回收率54%。硫等可浮流程不仅可以提高精矿质量，而且可以大幅度减少再磨量，降低药剂消耗。

安徽新桥硫铁矿是以黄铁矿为主并伴生铜、金、银等有价组分的大型硫化铁矿床。矿石含S 34.08%、Cu 0.32%、Au 0.75g/t、Ag 12.10g/t，金属硫化物总量为64.9%，其中黄铁矿为63.5%，根据该硫铁矿的工艺学特征，考虑采用常规的抑制硫化铁矿物浮选铜矿物的优先浮选工艺，获得了品位为17.12%、回收率为79.95%的铜精矿，品位为50.08%、回收率为95.23%的硫精矿。

5.6.3 选矿实例

安徽省马鞍山市向山硫铁矿是中国第一个中型硫铁矿采选联合企业，选矿厂规模为年处理原矿石80万吨。该矿系岩浆后期热液充填交代型矿床，多种金属矿物共生。有用矿物有黄铁矿、磁铁矿、赤铁矿、假象赤铁矿、阳起石磁铁矿和少量黄铜矿；脉石矿物有石英、磷灰石、角闪石、绿泥石、高岭土、绢云母、阳起石等。矿石构造为致密块状、粉状（细粒松散状）及浸染状；前两者多为富矿，后者多为贫矿。其矿石物理特性见表5－50。原矿化学多元素分析见表5－51。

表5－50 矿石物理特性

项目	矿石类型				
	致密块状黄铁矿	细粒松散状黄铁矿	浸染状黄铁矿	致密块状铁矿	浸染状铁矿
普氏硬度	7～14	1～2	1～12	16	6～7
密度/t·m^{-3}	2.70～3.59			3.90	3.0
松散系数	1.65		1.543	1.633	

表 5－51 原矿化学多元素分析

项目	SiO_2	Fe_2O_3	Al_2O_3	Na_2O+K_2O	S	P	Co	As	CaO + MgO
含量/%	51.93	19.41	11.29	1.98	13.40	0.21	0.0078	0.0048	微量

选矿厂目前实际生产的工艺流程及相应的主要工艺参数、设备分述如下：

（1）破碎段。入选原矿最大粒度为 400mm，采用如图 5－15 所示的三段一闭路破碎筛分流程。

最终筛下产物经过 20mm 圆孔筛检查，－20mm 粒级占 75%。磨矿、浮选、磁选段的原则流程如图 5－16 所示。

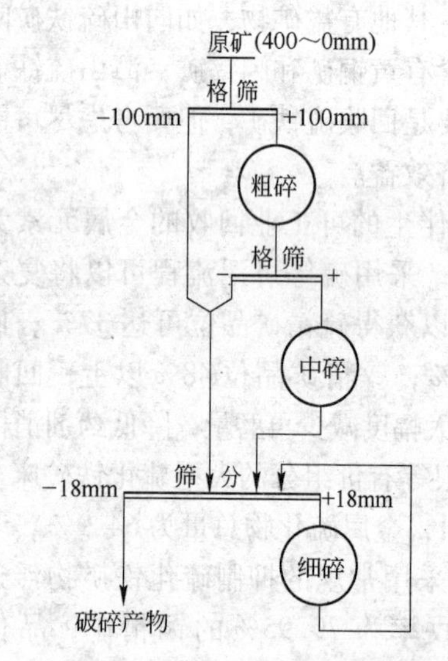

图 5－15 三段一闭路破碎筛分流程

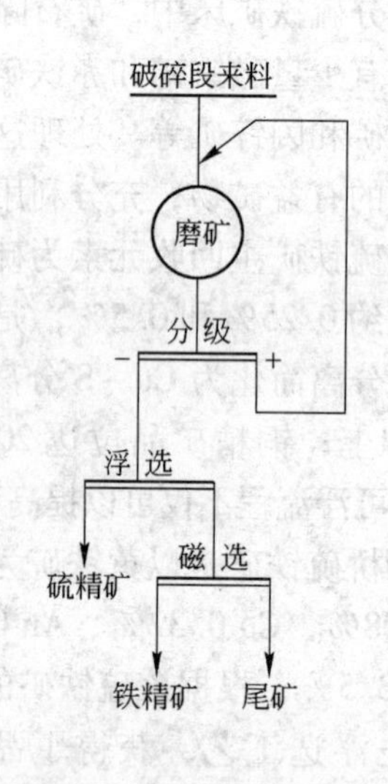

图 5－16 磨矿、浮选、磁选段的原则流程

磨矿采用 2700mm×2100mm 格子型球磨机与直径 2000mm 双螺旋分级机组成一段闭路流程，共三个系列。主要工艺参数：给矿粒度 20mm，磨矿浓度 70%～75%，溢流浓度 18%～22%；溢流细度－0.147mm 占 80%～85%；球磨机处理量 35～40t/(台·h)；按新生成－0.074mm 粒级计算，生产能力为 1.1～1.3t/(台·h)。浮选原设计为酸性介质浮选，流程结构为一次粗选、一次精选和一次扫选。现改为碱性介质浮选，一次粗选流程。采用 16 槽 6A 型浮选机，三个系列。主要工艺参数：入选原矿含硫 10% 左右、精矿含硫 30%～33%、尾矿含硫 1.5%～2.5%，精矿回收率 82%～88%。原设计未设计磁选，为了综合利用铁矿资源，采用弱磁永磁筒式磁选机各三台，从浮选尾矿中回收铁精矿。主要工艺参数：浮选尾矿含铁 10%～20%、铁精矿含铁大于 59%、铁回收率 20%～35%。

（2）精矿脱水段。硫精矿采用浓缩、过滤两段脱水流程。铁精矿为露天矿池自然脱水。浓缩设备为 φ24m 周边传动耙式浓缩机 2 台，生产能力 30～50t/(台·h)。过滤设备为 $40m^2$，真空圆筒外滤机 4 台，给矿浓度 65%～70%，滤饼水分 12%～14%，生产能力为 8～12t/(台·h)，单位面积处理能力 0.2～0.3t/(m^2·h)。

（3）尾矿设施。选矿尾砂经两段泵房加压送至尾砂库，每一泵房有四台（两台备用）

灰浆泵，两台串联使用。长5km的输送管道为250mm铸铁管双线铺设。尾砂输送浓度为16%，尾砂库设计容量为5480000m³。澄清后排出废水基本符合国家要求标准，部分返回选矿厂循环使用，其余直接排放，水量每天约6000m³。

选矿厂主要设备见表5－52。选矿产品硫精矿和铁精矿的化学组成见表5－53。选矿厂经济技术综合指标见表5－54。

表5－52 选矿厂主要设备

设备名称及规格	数量/台	设备名称及规格	数量/台
PEF600×900颚式破碎机	1	2FLG－2000双螺旋分级机	3
ϕ1650标准型圆锥破碎机	1	XJK－2.8浮选机	48槽
ϕ2100短头型圆锥破碎机	1	TNB－24m周边转动式浓缩机	2
SZZ1500×3000悬挂式振动筛	2	40m² 外滤式圆筒真空过滤机	3
MQG2700×2100格子型球磨机	3	40m² 折带式圆筒真空过滤机	1

表5－53 硫精矿和铁精矿的化学组成 (%)

项　目	TS	TFe	FeO	SiO_2	Al_2O_3	CaO	MgO	MnO	P_2O_5
硫精矿	36.07	33.30	1.44	16.62	6.40	1.30	0.47	0.0058	0.107
铁精矿	1.00	61.40	21.27	6.16	2.78	1.20	0.63	0.16	0.28
项　目	V_2O_5	TiO_2	K_2O	As	Se	F	Cu	Zn	
硫精矿	<0.01	0.50	0.60		0.001	0.25	0.076	0.023	
铁精矿	0.71	0.33	0.25	0.0014	0.0025	0.19	0.013	0.011	

表5－54 选矿厂技术经济综合指标

序　号	项　目	设计指标	生产指标
1	原矿处理量/kt·a⁻¹	800	597.5
2	原矿品位/%	13	11.26
3	原矿水分/%	5	7.03
4	精矿实物量/kt·a⁻¹	270	184.0
5	精矿品位/%	36	32.27
6	精矿水分/%		14.22
7	折算标矿（S 35%）产量/kt·a⁻¹		147.6
8	精矿回收率/%	90	82.82（实际） 85.93（理论）
9	选矿比/$t_{精矿} \cdot t_{原矿}^{-1}$	2.91	3.46
10	尾矿品位/%	1.5	2.24
11	铁精矿实物量/kt·a⁻¹		29.2
12	铁精矿品位/%		60.93

续表 5-54

序 号	项 目		设计指标	生产指标
13	铁精矿水分/%			14.04
14	铁精矿回收率/%			34.59（实际）
15	选矿全员		584	430
	工程技术人员			5
	工 人		853	410
16	供矿成本/元·$t_{原矿}^{-1}$		8.30	6.62
17	精矿实物成本/元·$t_{精矿}^{-1}$		45.40	45.16
	折标准矿成本/元·$t_{精矿}^{-1}$			56.31
18	主要材耗消耗（按原矿计）	乙基黄药/g·t^{-1}	80	157
		2号油/g·t^{-1}	50	60
		石灰/kg·t^{-1}		9.85
		钢球/kg·t^{-1}	1.0	1.48
		滤布/m^2·t^{-1}	0.0025	0.004
		水/m^3·t^{-1}	5.05	5.5
		电/kW·h·t^{-1}	23.57	23.53
19	选矿厂设备总量/t		1190	948
20	设备安装容量/kW			4965
	生产容量/kW			4000
	备用容量/kW			865

向山硫铁矿选矿厂的主要特点是：

（1）原设计为酸性浮选 pH = 4.5 左右，后采用石灰为调整剂进行碱性浮选 pH = 8 ~ 9，效果很好，该经验已在全国硫铁选矿厂普遍推广。

（2）生产用水为井下水、尾矿回水、浓缩精矿溢流水，厂内地面水集中沉淀并用石灰净化水。

（3）废水治理较好，达到国家废水排放标准。

（4）部分磨矿分级系统实现了给矿，浓度和细度自动检测和调整。

（5）浓缩机排矿用压缩空气自动控制放矿阀门，以稳定过滤机给矿。

（6）增设磁选机，综合回收浮选尾矿中的铁。

参 考 文 献

[1] 周闪闪，牛福生，唐强．河北某难选赤铁矿强磁选—反浮选试验研究 [J]．金属矿山，2010，6(408)：77 ~ 79，84.

[2] 牛福生，于洋，李凤久，等．鲕状赤铁矿微细颗粒的分散行为研究 [J]．中国矿业，2008，17(10)：57 ~ 59，64.

[3] 张晋霞，牛福生，刘淑贤，等．内蒙古某褐铁矿浮选工艺流程试验研究 [J]．矿山机械，2010，5

(429)：105～108.

[4] 刘淑贤，牛福生，张晋霞，等．某褐铁矿强磁—反浮选选矿试验研究［J］．矿山机械，2009，37(21)：84～87.

[5] 罗立群．菱铁矿的选矿开发研究与发展前景［J］．金属矿山，2006，(1)：68～72.

[6] 王运敏，田嘉印，王化军，等．中国黑色金属矿选矿实践（上、下册）［M］．北京：科学出版社，2008.

[7] 李广涛．某高磷鲕状赤褐铁矿的焙烧—磁选试验研究［J］．矿业快报，2008，(1)：27～30.

[8] 印万忠，丁亚卓．铁矿选矿新技术与新设备［M］．北京：冶金工业出版社，2008.

[9] 李永利，孙体昌，杨慧芬，等．高磷鲕状赤铁矿直接还原同步脱磷研究［J］．矿冶工程，2011，31(2)：68～70.

[10] 裴业虎，陈玉定，韩诗华，等．海南儋州鲕状褐铁矿选矿研究［J］．现代矿业，2011，501(1)：87～88，101.

[11] 陈江安，曾捷，龚恩民，等．褐铁矿选矿工艺的现状及发展［J］．江西理工大学学报，2010，31(5)：5～8，23.

[12] 曹卫国．新疆某镜铁矿选矿实验研究［J］．矿冶工程，2011，31(1)：39～42.

6 小型铁矿选矿厂建设与运营

为了提高钢铁工业的生产水平，在充分利用各地分散资源的条件下，在发展大、中型选矿厂的同时，也建设了许多小型（年处理原矿一般在60万吨以下）铁矿选矿厂，某些小选矿厂由于设备不配套，操作失调，加之技术力量薄弱，造成尾矿中金属流失过多，生产成本较高，特别是处理嵌布粒度较细的弱磁性矿石尤为突出。为了提高金属回收率和精矿质量，充分利用矿产资源，小型铁矿选矿厂的设计、建设与运营应做到技术上先进、经济上合理、生产上可靠。

6.1 小型铁矿选矿厂建设

选矿厂设计是小型铁矿选矿厂建设的基础，以矿石特性、选矿试验研究结果和批准的可行性研究报告等为依据，解决建筑、安装和正常生产所需要的原材料、水、电供应等一系列问题，满足施工和生产要求，具体包括设计合理的工艺流程；选择适宜的工艺设备；合理的设备配置；设计合适的厂房结构；设计与选矿厂规模和工艺相适应的辅助设施；配备必要的劳动定员等。在合理开发资源，保持生态平衡的前提下，设计的选矿厂既能为生产获得较高的技术经济指标创造条件，又能为操作人员提供良好的工作环境，使其投资发挥最大的效益。

6.1.1 建设的依据

选矿厂建设是根据选矿厂设计进行的，设计工作是在具备充足、可靠的原始资料的基础上进行的。铁矿石种类繁多，性质复杂，必须通过选矿试验来确定选矿方法、主要工艺设备和流程。试样采取及试验内容的技术要求，应由试验、设计及建设单位共同研究确定。

（1）对于新建选矿厂，需要收集以下资料：

1）采矿资料。由采矿设计人员提供，包括开采方案及采矿方法，采出矿石种类、数量、块度及品位，采矿进度、服务年限、原矿运输方式及设备、矿山位置、出矿口标高等。

2）地形图。地形不复杂的小型选矿厂的初步设计可用1/2000的地形图。施工图设计可在1/1000图上进行，而对厂区地形复杂者，则需1/500地形图。对于外部供电、供排水及尾矿管线等需在施工图设计前测1/2000或1/1000带状图；地形简单的，踏勘定线后，只测纵断面图也可以。

3）精矿用户及产品运输方式、运距等。

4）生产用的辅助原材料、燃料及建筑材料等的来源及性能分析资料。

5）工程地质及气象资料。土壤成分、地耐力、地下水位、地震烈度、主导风向、温度、土壤冻结深度、降雨雪量等，此项供土建设计用。

6）交通运输条件。了解当地铁路、公路运输状况，历年风、雪、水等自然灾害对运输的影响，采用的工艺方法和拟建选矿厂的生产规模。

7）水文资料。了解可供选择水源的正常涌水量和洪水期、枯水期的水量、水位的变化情况，以及水质分析情况。

8）尾矿出路。了解可供选择的尾矿场地形、距离、容积、尾矿排出条件等。

9）供电条件。电源、电压、输电距离、各级变电所位置等。

10）机修条件。可能协作的机修单位装备及加工能力等。

（2）对于扩建和改建的选矿厂，还需要收集如下资料：

1）原有选矿厂的工艺流程、设备及厂房配置图等。

2）生产的技术经济指标及材料消耗定额。

3）辅助设施能力，如机修、化验、试验、仓库、药剂制备等设施的装备及使用情况。

4）生产厂的改进意见、经验及必要的实测资料。

（3）小型选矿厂的选矿试验报告应包括以下内容：

1）化学分析。说明矿石中的主要成分及伴生的有益、有害主要成分的准确含量。

2）岩矿鉴定。研究矿物组成、嵌布特性及各类矿物的共生关系。

3）物相分析。对有益元素的不同化合物形式进行定量测定。如铁矿石中的磁铁矿、赤铁矿、褐铁矿、菱铁矿、黄铁矿等。

4）筛析。测定矿石粒度特性及其各级别含量，从而测定出各级别中有用成分含量。

5）物理性能。水分、真密度、堆积密度、硬度、自然安息角、摩擦角、比磁化系数等。

6）磨矿细度与磨矿难易度，应进行对比测定并推荐出磨矿产品细度及段数。

7）根据矿石性质进行各项对比试验，推荐出合理的选矿方法、选别条件及工艺流程等。

6.1.2　建设的内容

初步设计文件包括：（1）工艺设计说明书；（2）环境保护、安全卫生、消防和节能说明书；（3）设计图纸；（4）设备表；（5）概算书。一般合并为设计说明书、设计图纸和各种表格等部分。小型选矿厂需要建设的内容根据设计说明书、图纸中各项等来建设。

6.1.2.1　设计说明书

（1）总论和技术经济部分。简述企业地理交通位置，隶属关系和区域经济地理特点，设计依据及主要设计基础资料；扼要论述企业的外部建设条件，设计的基本原则、设计规模、企业组成及重大设计方案，企业综合经济效益及评价，问题及建议等。

（2）工艺部分。原矿供矿情况、矿石性质、选矿试验结果、原则流程和产品方案的评述；设计流程和指标、设备选型计算、厂房布置和设备配置特点；设备检修、药剂设施、试验室、化验室、技术检查站等辅助设施的设计说明。

（3）土建部分。主要生产车间、厂房建筑结构的确定；特殊构筑物结构形式和建筑用材的选择；行政生活福利设施项目和建筑标准的确定；职工住宅的规划，定额指标，建筑标准，建筑面积，绿化面积及占地面积的计算。

（4）总体布置部分（原总图运输部分）。区域概况、厂址及总体布置；工业场地总平面及竖向布置；行政福利及生活区总平面布置；仓库以及企业内、外部运输等的设计。

（5）给排水、尾矿和采暖通风及热工部分。给排水包括给水量、水源、输水系统及净化设施、排水量、排水系统及污水处理。尾矿设施包括尾矿库址选择、尾矿坝的筑坝方式、尾矿输送系统的设计、尾矿水的综合利用。采暖通风包括主要生产厂房、辅助厂房及生活福利设施内的采暖、通风、除尘、空调、制冷系统的设置标准及其主要设施的设计。热工包括工业锅炉房和热力管网的设计等。

（6）电力、自动化仪表及电信部分。电力部分包括供电、电力传动及电力照明。自动化仪表部分包括生产工艺主要环节的控制、检查、监视方式、装备水平、仪表类型等的设计。电信部分包括确定对外通信方式、通信制式及容量，阐明设置电电视共用天线系统、工业电视系统、火灾报警系统、广播系统、电声系统等的原则及设备选型；确定调度系统。

（7）机修、汽修及电修部分。确定机修、汽修和电修的任务、规模、组成、工作制度、装备水平、车间场地面积及劳动定员等。

（8）环境保护、安全卫生、消防及节能部分。环境保护包括废水、废气、废渣、废石及尾矿等的治理工艺过程和噪声、震动防治措施。安全卫生包括通风防尘检测及化验设施、人员配备、防火、防水以及生产安全措施等；选矿工艺过程中降低粉尘，缩小扩散范围，净化空气的综合措施；厂区公共福利、卫生绿化设施。此外还要评价企业建设前的环境背景和企业建成后对环境的影响；说明选矿厂的环境保护管理机构，环境监测体制、手段，主要仪器及当地环境保护部门的意见。新建选矿厂的节能措施是全面贯彻精料方针，积极采用先进技术、先进工艺，推广使用新的耐磨材料和新设备，建立和健全能源管理制度。

（9）概算部分。编制各项工程概算、综合概算及总概算；进行投资分析，说明投资的合理性等。

6.1.2.2 设计图纸

设计图纸包括工艺流程图（必要时增加原则流程图）、选矿厂数质量流程图、矿浆流程图、取样及检查流程图（工艺流程简单时，可与工艺流程图合并）、设备形象联系图、工艺建筑物联系图、选矿厂主要厂房设备配置图等。全部图纸应符合选矿厂设计制图规范。

6.1.2.3 设计表格

设计表格包括主要技术经济指标表，主要设备订货表，劳动定员表，主要原材料、动力、燃料消耗表，工程量表等。

6.1.3 选矿厂总体布置

选矿厂总体布置是对指定的建厂地区内的建筑物（生产车间、辅助车间）、构筑物、露天堆场、运输路线、管线、动力设施及绿化等作全面合理的布置，并综合利用环境和地形条件，尽可能少地占用场地面积，节约投资，创造符合选矿生产要求的统一建筑群体。

厂房设备配置是指根据地形、系列划分、物料自流输送和设备操作、维护需要等条件，把执行工艺流程、承担生产任务的主要和辅助设备、装置合理地布置在厂房里。

6.1.3.1 布置要求

（1）选矿厂配置应考虑场地内部和外部的关系，符合城市规划、区域规划和本企业总体布置的要求。与邻近企业有协作关系时，应使有关部分协调。

(2) 在工艺流程合理、操作安全、满足生产的前提下，应紧凑布置，采用合理的建筑系数，尽量减少占地面积。

(3) 平面布置时，应与竖向联系考虑。因地制宜，充分利用自然地形，以减少土石方工程量。

(4) 根据工艺生产的特点，建立合理的运输系统。力求物料重力自流。货流要短捷、配套成龙、减少装卸量，为工艺和运输机械化和自动化创造条件。

(5) 场地要按环境进行分区，满足各种防护要求。防止大气污染和内外有害源产生的相互干扰。创造“适用、经济，在可能条件下注意美观”的环境和良好的劳动条件。

(6) 各种设施均应按任务书的计划要求进行布置，以近期为主、远近结合、全面考虑，为分期建设或改、扩建预留应变和发展条件。

6.1.3.2 布置形式

A 主要生产车间平面布置形式

(1) 横列式。生产车间之间的物料运输方向与地形等高线方向平行，适用于场地上下地形受限制的长条形场地和碎矿采用闭路流程者（图6-1）。

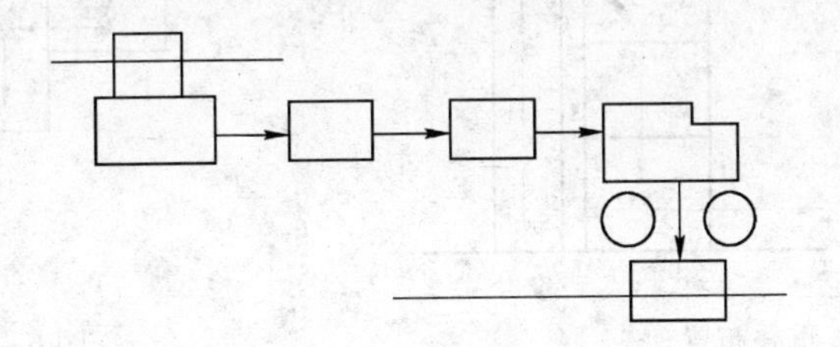

图6-1 主要生产车间横列式平面布置

(2) 纵列式。生产车间之间的物料运输方向与地形等高线方向垂直，适用于一面坡和狭窄的场地（图6-2）。

(3) 混合式，即纵列和横列混合式。适用于垂直山坡方向可用场地较短的长方形和方形场地（图6-3）。

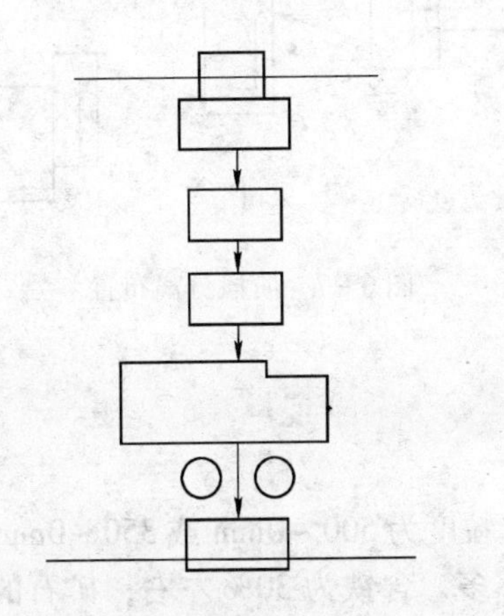

图6-2 主要生产车间纵列式平面布置

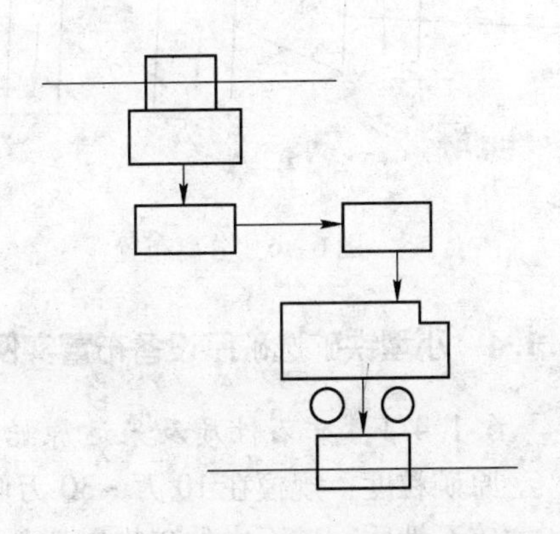

图6-3 主要生产车间混合式平面布置

平面布置形式的确定，应综合考虑各方面的条件。在一般情况下，小型选矿厂以横列式布置最为适宜。这种布置可以充分利用地形高差，便于物料重力自流。生产车间之间返矿量不大时可使生产作业线最短，也有利于按生产系统分期建设，场地布置较为紧凑，节省占地面积，减少管线长度，破碎部分也便于合并。但是，场内道路布置困难，需要迂回折返，增加斜坡运输，也不利于逆向货物的运输。

B 主要生产车间竖向布置形式

（1）重叠布置。生产设备垂直配置、物料借助重力沿溜槽、漏斗、管道自流运输。布置要求大于30°的岩石山坡，提升机械一次提升。一般适用于粗碎、中细碎、过滤干燥等车间（图6-4）。

（2）阶段布置。生产设备布置在不同的阶段上，物料重力自流运输，水平运距最小。布置要求地形：碎矿一般为20°~40°，磨矿一般为10°~20°，脱水一般为10°~25°（图6-5）。

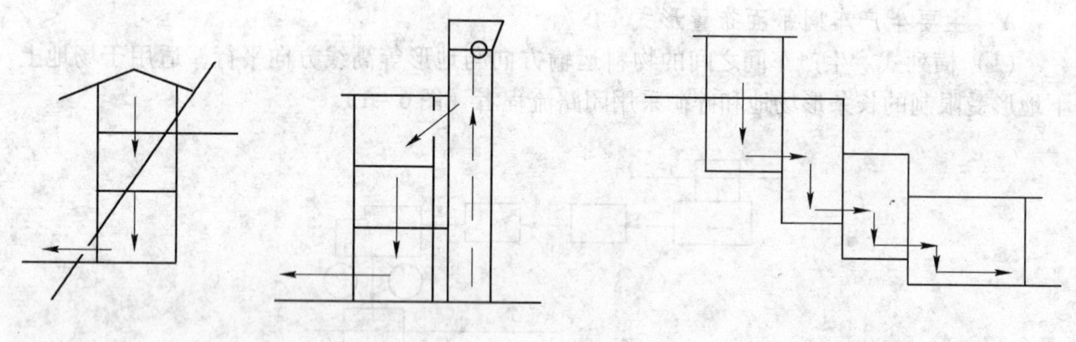

图6-4 重叠布置

图6-5 阶段布置

（3）分离布置。生产设备形成多车间单独布置，物料利用机械运输（如带式输送机），一般在平地或缓坡建厂时采用（图6-6）。

（4）阶段分离布置。生产车间充分考虑地形特点，结合阶段布置和分离布置特点。物料重力自流与机械运输结合，在既有缓坡又有陡坡地形的场地采用（图6-7）。

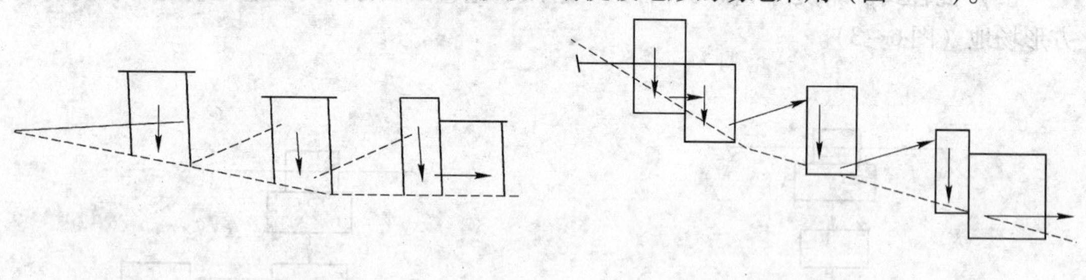

图6-6 分离布置

图6-7 阶段分离布置

6.1.4 小型铁矿选矿厂设备布置实例

6.1.4.1 *矿石性质及采运原始条件*

原矿粒度：规模在10万~30万吨/年以上，原矿粒度为500~0mm或350~0mm。

矿石性质：矿石中的矿物以磁铁矿为主，含泥不多，含铁为30%左右；矿石的硬度$f=8\sim16$，堆积密度为$2g/m^3$左右；废石混入率为15%左右。

原矿运输设备：原矿运输设备采用汽车或小型翻斗车。

6.1.4.2 设计指标及流程

破碎产品粒度：15～0mm。

磨矿粒度：-0.074mm 占 60%～65%。

选别指标：精矿品位 65%、回收率 85%。

精矿含水：约 10%。

设备作业率：破碎为 55%；磨选为 85%。

矿仓贮矿时间：磨矿仓为 24h 以上；精矿仓为 3 昼夜以上。

设计流程：10 万～30 万吨/年磁选厂配套原则流程如图 6-8 所示。

破碎流程：一般二段开路破碎或二段一闭路破碎，并在细碎前进行干式磁选。

磨矿流程：一段闭路磨矿。

磁选：二次磁选。

脱水：一般规模小于 10 万吨/年磁选厂的精矿用沉淀池脱水，而规模大于 10 万吨/年以上用过滤机。

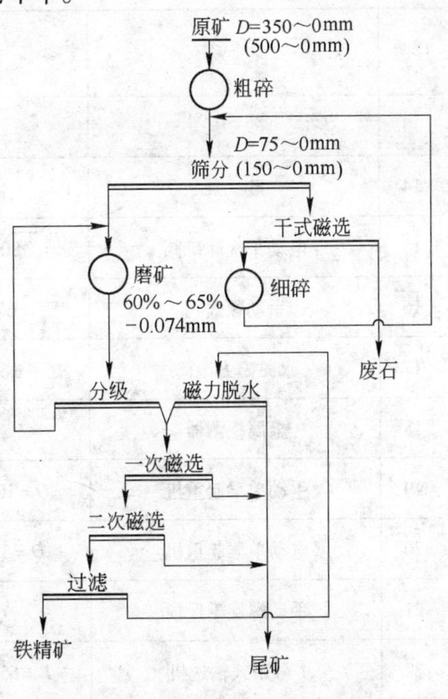

图 6-8 10 万～30 万吨/年磁选厂配套原则流程

6.1.4.3 10 万～30 万吨/年磁选工艺设备配套

10 万～30 万吨/年磁选厂工艺设备配套见表 6-1。

表 6-1 10 万～30 万吨/年磁选厂工艺设备配套

序号	名 称	规 格	附电动机容量/kW	台数/台	备 注
1	槽式给矿机	1200×1800	13	1	
2	颚式破碎机	600×900	80	1	
3	单缸液压中型圆锥破碎机	ϕ1200	80	1	
4	矿用单轴双层振动筛	1200×2400	5.5	1	
5	摆式给矿机	600×600	1.5	4	
6	湿式格子型球磨机	ϕ2100×3000	210	2	左、右旋
7	高堰式单螺旋分级机	ϕ2000	10 及 3	2	
8	半逆流永磁筒式磁选机	ϕ750×1200	2.8	4	
9	永磁磁力脱水机	ϕ2000		1	
10	筒型内滤式过滤机	8m^2	2.2	2	或用 2 台 5m^2 永磁过滤机
11	水环式真空泵	SZ-3	30	2	
12	自动排液器	ϕ800		2	

续表 6-1

序号	名　称	规　格	附电动机容量/kW	台数/台	备　注
13	砂　泵	2½PS	13	2	或用衬胶、衬铸石泵
14	砂　泵	4PS	30	2	或用衬胶、衬铸石泵
15	电动平板卸矿阀	800×1000	2.1	4	
16	手动颚式阀	600×600		1	
17	永磁磁力滚筒	$\phi 630 \times 750$		1	
18	金属探测器			1	
19	手动单梁起重机	$Q=10$t，$L=11$m		1	
20	电动单梁起重机	$Q=5$t，$L=14$m		1	
21	手动螺旋千斤顶	$Q=30$t		2	
22	1 号带式输送机	$B=650$，$L=50$m		1	
23	2 号带式输送机	$B=650$，$L=45$m		1	
24	3 号带式输送机	$B=500$，$L=11$m		1	
25	4 号及 5 号带式输送机	$B=500$，$L=10$m		共 2	
26	6 号带式输送机	$B=400$，$L=5$m		1	或 $B=500$，$L=5$m
27	7 号带式输送机	$B=500$，$L=32$m		1	

6.2 小型铁矿选矿厂运营

6.2.1 运营成本

运营成本是企业设计的主要经济指标，它是全面准确衡量企业建设投资效果的依据。因此，正确计算运营成本，在企业设计中具有重要意义。

6.2.1.1 产品成本的开支范围

工业企业产品成本开支范围包括：

（1）为制造产品而耗用的各种原料、材料和外购半成品；

（2）为制造产品而耗用的燃料和动力；

（3）生产工人、管理人员的工资和按照工资总额提取的职工福利基金、企业基金；

（4）按照规定提取的固定资产基本折旧基金、大修理折旧基金固定资产的中、小修理费用；

（5）按照规定应当列入产品成本的低值易耗品购置费用；

（6）按照规定应当列入产品成本的停工费用；

(7) 废品损失；

(8) 产品的包装和销售费用；

(9) 经企业主管部门批准的简易料棚修建费；

(10) 其他生产费用，如管理费、运输费、材料、产品盘盈和盘亏、利息收支等费用。

6.2.1.2 选矿厂精矿设计成本计算

A 精矿设计成本组成

精矿设计成本由原矿费（包括运输）和选矿加工费等两部分组成。选矿加工费由辅助材料、水、电、生产工人工资及附加费、折旧、维修和车间经费及企业管理费组成。

精矿设计成本计算到选矿厂精矿仓为止。

B 选矿厂精矿设计成本项目

选矿厂精矿成本项目格式见表6-2。

表6-2 选矿厂精矿成本项目格式

序号	成本项目		单位用量	单价	金额/元
1	原料费 其中：矿石 矿石运费			元/t 元/t 元/t	
2	辅助材料	破碎衬板		kg/t	
		磨矿衬板		kg/t	
		一次钢球		kg/t	
		二次钢球		kg/t	
		钢材		kg/t	
		油脂、药剂			
		滤布		m^2/t	
		胶带		单层 m^2/t	
		其他			
3	生产用水			m^3/t	
4	动力电			kW·h/t	
5	生产工人工资及附加工资			元/t	
6	基本折旧及大修理提成费			元/t	
7	维修费			元/t	
8	车间经费及企业管理费			元/t	
9	精矿成本			元/t	

表6-2中各项费用的计算方法如下：

（1）原料费。原料费由原矿开采成本加原矿运输费用而得。

（2）辅助材料费。辅助材料费按设计消耗的辅助材料定额与当地材料价格相乘求得，或按国家材料单价（如运距较远，应考虑材料运杂费用率10% ~20%）与设计消耗定额相乘求得。

（3）选矿耗用的水、电费。选矿耗用的水、电费按设计定额每吨精矿耗用的水、电指标乘其单价而得（水、电指标应扣除修理和行政福利设施的用电、用水量）。

（4）生产工人工资。生产工人工资是指从事选矿生产的直接生产工人和辅助生产工人的基本工资和辅助工资，但不包括机修、维修和非生产人员的工资。

$$C = \frac{12ND(1+d)}{A} \tag{6-1}$$

式中 C——单位产品生产工人工资，元/t；

N——计算的生产工人人数，人；

D——生产工人月平均工资，元/(人·月)；

d——辅助工资包括工资、奖金和各种津贴系数，一般按0.14 ~0.16选取；

A——年产精矿量，t。

（5）生产工人工资附加费。

（6）基本折旧及大修理提成费。基本折旧及大修理提成费可按单位基建投资提取。

1）基本折旧费。选矿厂设计成本中的基本折旧费按单位基建投资（元/$t_{精矿}$）乘以折旧费率计算。小选矿厂的折旧费率可按5%选取，但对于服务年限不足20年的小选矿厂，其折旧费率可用式(6-2)计算：

$$折旧费率 = \frac{1}{服务年限} \times 100\% \tag{6-2}$$

2）大修理费用提成。按单位基建投资（不包括修理设施投资）乘大修理费率而得，大修理费按2% ~2.5%提成。

（7）维修费。维修费按单位基建投资（扣除机修投资）乘维修费用率求得。维修费用率可按3% ~6%选取。维修费用率亦可按单位基建投资中的设备和建筑、构筑物分别计算，建筑、构筑物的维修费用率为0.1%；设备维修费用率为10%。

（8）车间经费及企业管理费。车间经费及企业管理费包括的项目很多，设计中要详细计算是较繁杂的和较困难的，推荐按统计公式计算。

$$C_f = \frac{N_f[1-(0.2\sim0.25)] \cdot D_f(1+0.16) + N_b B}{KA} \tag{6-3}$$

式中 C_f——单位产品管理费，元/t；

N_f——全厂非生产人员数，人；

0.2 ~0.25——非生产人员中向修理费、工资附加费、营业外出费等费用项目开支的非生产人员比重；

D_f——非生产人员平均工资；

0.16——工资附加费率及企业基金费率；

N_b——计算享有劳动保护费的人数，按全员人数减去机修设施的生产工人数和由修理费、工资附加费、营业外出支出等费用项目的非生产人员数计算；

B——每人每年平均的劳动保护费（包括劳保用品、保健津贴、防暑降温等费用）；

K——由管理费开支的工资及劳动保护费占全部管理费的百分数，选矿厂为30% ~40%；

A——年生产精矿量，t。

上述各项费用合计即得选矿厂精矿设计成本。但随着经济改革成本计算亦相应而变。

6.2.1.3 多种产品的成本计算

选矿厂往往生产多种产品，对工艺流程自成独立系统的，可分别按成本项目计算修补产品的成本；对工艺流程混合生产的，先计算生产总成本，然后按式(6-4)计算每种产品的成本：

$$C_a = \frac{C}{Q_a \times K_a + Q_b \times K_b + \cdots + Q_n \times K_n} \times Q_a \times K_a \tag{6-4}$$

式中 C_a——甲种产品的单位成本，元/t；

C——多种产品的生产总成本，元；

Q_a，Q_b，…，Q_n——各种产品的产量，t；

K_a，K_b，…，K_n——各种产品的调拨(计划)价格，元/t。

6.2.2 运营管理

对一个选矿厂来说，要获得尽可能大的经济效益，就需要加强运营管理，选矿厂的管理任务，就是要使人、财、物的转换获得尽可能大的效益。除了人的转换，其他主要表现为经济效果。所谓经济效果，就是投入的原料（指矿石）、材料消耗、加工等总费用和产成品销售的总费用的比例关系。

选矿厂投入的主要是三个项目，产出的也是三个项目。投入项目包括：(1) 职工；(2) 固定资金，包括机电设备、厂房建筑、土地等；(3) 原材料消耗，包括矿石、材料消耗、能源、工模具等。产出项目包括：(1) 产量，即实物量；(2) 销售额，精矿产品销售额；(3) 净产值，一定时期内，选矿厂新创造的价值，即利润。

选矿厂管理主要包括计划管理、生产管理（组织和指挥）、技术管理（监督和控制）。

6.2.2.1 计划管理

计划是选矿厂管理的首要内容，计划的中心在于决策。制订计划前，必须广泛收集选矿技术发展方向、原材料保证程度、市场供求情况和产品价格等资料，然后拟定几种不同方案进行比较，从中选出最佳方案。计划的制订必须根据社会的需要和选矿厂本身的条件，确定自己生产经营活动的主要目标，即产品品种、质量、数量、利润等。

计划包括长远计划、短期(年、月)计划，同时还包括为实现计划目标所需要的各种生产要素，即劳动力、物资、资金等的计划，也包括实现计划的具体技术措施，以及把计划指标分解到各个车间(工段)、科(组)室和个人，形成一个完整的计划体系。

选矿厂计划管理的基础工作涉及原始记录、计量、定额、统计分析、情报工作五种。

A 原始记录

原始记录是用数字或文字对生产技术经济活动所做的最初记录，它是一项最基本的和最经常的基础工作，是进行调查研究的第一手资料。它及时、正确、全面地反映选矿生产经营活动的原始动态，是选矿厂统计、会计和核算的依据，也是生产、技术、设备等管理人员了解生产情况、改进工作的依据。选矿厂原始记录资料是否正确和完整，对计划管理、科学的组织选矿生产，以及正确地进行经济核算都有重要的意义。

原始记录包括：

（1）产品生产方面的原始记录。产品生产方面的原始记录包括原矿处理量、原矿水分、出厂精矿量、精矿水分；原矿、精矿、尾矿品位；入选矿浆的浓度、细度；氧化率、磁性率、单体解离度等。这些原始数据是计算生产班报、日报、分析技术指标好坏的唯一依据。

（2）物料消耗等方面的原始记录。物料消耗等方面的原始记录包括材料、钢球、钢棒、选矿药剂、燃料、水、电、工具仪表等领用、退回或消耗等的原始记录，这类原始记录为计算材料、燃料、动力消耗，加强物资管理，核算选矿成本等提供原始依据。

（3）职工人数和劳动力调配使用以及工资方面的原始记录。职工人数和劳动力调配使用以及工资方面的原始记录包括职工进厂、调离、晋级、出缺勤和出勤后时间利用以及支付工资等情况的记录。这类原始记录反映选矿厂的劳动力、劳动时间和支付工资情况，是编制劳动工资表、考核劳动时间利用情况、考察工资计划执行情况和加强劳动管理等方面的主要资料来源。

（4）设备利用和安全生产方面的原始记录。设备利用和安全生产方面的原始记录包括设备数量、设备运转、设备检修以及设备事故等情况的记录。它是计算选矿厂设备运转率、设备完好率以及加强设备管理、保证安全生产的依据。

（5）安全生产方面的原始记录，包括粉尘合格率、千人负伤率、设备事故率以及安全活动卡片、事故分析记录等。

B 计量

现代选矿生产具有规模大、连续性强、机械化自动化水平高的特点，如果不用计量仪器仪表，或者计量设备不配套、不准确，那么不仅不能正确地操作，而且对选矿产品的质量的控制和监督材料的消耗，也是无法进行的。目前，国内选矿厂对原矿的计量，一般采用电子皮带秤或机械皮带秤，对出厂精矿的计量，一般采用地中衡或轨道衡，对矿浆计量采用矿浆计量器。如果原矿和出厂精矿计量不准，那么选矿生产日报就要失真，给金属平衡、材料消耗、成本核算等一系列工作造成混乱。因此，计量设备必须配套齐全，而且要指定专人定期进行维护、检查和校正。

C 定额

定额是在一定的生产技术和正常的生产组织条件下，选矿厂经营活动中应当遵守和达到的标准。它是用数量和质量来表示的一种限额，是选矿厂编制计划和检查执行情况的科学依据，也是贯彻按劳分配、监督各项物资消耗、实行经济核算制和开展劳动竞赛的有力工具。在选矿厂的各项管理中，定额是基础，特别是计划管理的基础。

D 统计

计划和统计是相辅相成、密不可分的，计划是选矿厂生产经营活动的纲领，而统计则是为计划管理提供各种必要的原始数据，是计划制定的基础。

6.2.2.2 生产管理

一般选矿厂都设有生产调度、指挥系统，通过它来实现正常的生产指挥。

按生产管理对选矿产品的作用不同，可以分为：

（1）选矿工艺过程。选矿工艺过程是选矿生产过程中最基本的组成部分。

（2）检验过程。

1）对工艺过程中主要环节的检验和控制。如碎矿设备的排矿口、筛分作业的筛孔尺寸、最终碎矿粒度；磨矿机的原始给矿量、磨矿机的排矿浓度和细度；分级机溢流浓度；原、精、尾矿品位；浓缩机溢流的澄清度和沉砂浓度、滤饼水分、干燥精矿和出厂精矿的水分等。

2）对入厂的燃料、材料、工具、仪表、备品备件等，进行质量检验。

（3）运输过程。如选矿厂的各种规格皮带运输机、沟、管、槽、渠等。

（4）储存过程。如选矿厂的原矿仓、中间矿仓、粉矿仓、精矿仓、室外堆场等。

6.2.2.3 技术管理

日常生产技术管理工作的主要内容可以概括如下：

（1）强化生产计划和计划技术管理。实行计划生产、计划检修的科学管理是十分必要的。选矿厂应根据生产需要、设备性能、零件备件使用寿命，组织定时的大、中、小修，做好日常设备维护保养工作，提高设备完好率和运转率；实行材料、燃料和水、电、风、气的计划供应；对入选矿石，要有一定的品位要求及含水、含泥量要求，对必要的技术改造、流程改造和技术措施、设备更新等，要认真组织设计工作，按时提出设计，积极参加施工、验收，达到尽快收效，抓好设备安全运转，尽量减少和杜绝计划外的事故停车，对事故停车原因要组织技术和责任分析，做好计划用水、用电和降低材料消耗等工作。

（2）加强以生产调度为中心的生产指挥系统。抓设备开动台时，抓设备运转率，认真抓班产量、日产量，抓好旬、月、季的均衡生产。

（3）贯彻执行“精料”方针和“精矿质量和金属回收率同时并重”的原则；坚持“均匀给矿、细磨、精选、多收”的技术操作方针，对于浮选厂来说，要坚持“三度一准”，即浓度、细度、酸碱度和给药准确，必须建立包括以下主要内容的技术管理制：

1）原矿管理制度。了解和掌握矿山（或坑口）当月各采场供矿数量及矿石性质，根据采场可选性试验结果，即可综合算出当月现场生产应当达到的指标。选矿厂试验室必须提前1~2个月将采场试验做完，以便给现场提供合理的操作制度和药剂制度。

2）每月初对上月的班综合样，做一次小型可选性闭路验证试验，以检查磨选车间三个生产班组是否达到应该达到的指标，便于检查评比和分析原因。同时将三个班的月综合样组成一个试样（按一定比例组合），做出小型闭路可选性试验，以检查磨选车间生产的好坏。所谓班综合样，就是每班按日处理矿量的多少、按比例组成月综合班样。

3）每个季度进行一次磨选车间全流程考查（包括数、质量），及时发现生产中存在的问题和薄弱环节，以便采取措施加以改进或组织攻关，每半年分别进行一次碎矿流程和精矿脱水流程考查，对尾矿上坝（或入库）的粒级组成，每月要进行一次粒级筛析，积累资料，便于加强对尾矿库和尾砂堆坝的管理。

4）制订合理的补加钢球、钢棒的技术标准。

5）制订中间产品质量检查标准和检查制度，如碎矿粒度、破碎比、磨矿和分级产品的浓度、细度、各选别作业的浓度和选别产品的品位、最终精矿品位。浓缩机沉砂排矿浓度和溢流中允许的固体含量、滤饼水分和精矿产品最终水分等。

（4）加强选矿工艺过程中的技术管理。

1）对入选原矿品位低、而废石与矿石又易区分的选矿厂，应在中碎前设立手选工序，除掉部分废石，使原矿品位得以相应的提高。

2）贯彻“多碎少磨”或“以碎代磨”的方针，尽量降低最终碎矿粒度，严格控制矿石进入第一段磨矿机的粒度。

3）经常组织试验室对生产现场的可选性验证试验，以便发现问题，及时指导生产。

4）做好金属平衡工作。金属平衡工作的好坏是衡量选矿厂生产管理和技术管理工作好坏的重要标准。因此，选矿厂要加强对技术检测人员的培训、教育和管理，加强检测计量、取样、加工、化验等工作。金属平衡的工作是多方面的，除选矿厂领导重视外，有关工段和部门（如磨选、精矿脱水车间及生产技术科等）必须给予支持和密切合作，每月要进行一次实际金属平衡，查清金属损失的流向及其原因，采取有力的措施加以改进，使理论回收率与实际回收率之差达到如下要求：①单一金属选矿厂不超过 ±1%；②多金属选矿厂不超过 ±2%；③重选厂不超过 ±1.5%。

5）健全计量工作。每个选矿厂从原矿入选量到精矿产成品出厂，都要实行严格计量，要求计量设备准确可靠。对于使用电子皮带秤计算的选矿厂，由于电器元件容易受潮及其他各种原因，容易引起计量不准。因此，每周最少要用挂码或实物校正两次。

6）加强取样、加工、化验工作质量、回收率、选矿生产班报、日报和金属平衡等计算的正确性，都依赖于取样、加工、化验工作的均衡和准确。凡原矿、精矿、尾矿品位的取样，其间隔时间为 20～30min 一次，以增强样品的代表性。间隔时间越短，样品代表性越强。对于在出厂精矿的火车或汽车上取样，一定要按照布点的原则进行；样品的加工步骤、注意事项及送化学分析的数量，按照有关规定进行。

7）做好原始记录的记载、保存，原始数据的整理、计算和统计工作。

8）定期检查计量设施的正常运行。定期检查对制订的破碎产品粒度标准的执行情况，定期检查磨矿、分级、溢流产品的粒度及浓度。

9）制订各种材料消耗定额，考核与确定水、电、燃料的消耗标准，提出降低成本的措施。

10）加强技术教育和技术培训工作，严格贯彻技术操作规程和安全生产规程。

6.3 小型铁矿选矿厂实例

为了充分利用各地分散矿产资源，在发展大、中型选矿厂的同时，也建设了许多小型（年处理原矿一般在 60 万吨以下）铁选矿厂，为了提高金属回收率和精矿质量，充分利用矿产资源，小型铁矿选矿厂的设计、建设与运营应做到技术上先进、经济上合理、生产上可靠。现提供几例小型铁矿选矿厂实例以供参考。

6.3.1 磁选厂实例

6.3.1.1 概况

河北某铁矿选矿厂设计规模为年处理原矿 20 万吨，铁精矿品位为 67.2%，回收率为 83.15%。原矿粒度为 350～0mm，用窄轨电机车和内燃机车牵引 0.75m^3 翻斗车，从 800m

外的露天采矿场运至选矿厂原矿仓卸矿。

尾矿经两段砂泵扬送至2.5km外的河滩和废矿坑造田。

生产用水从化肥厂废水水渠中取得，用一段泵扬至400m^{3}高位水池。

电源由化肥厂变电站供给，厂内降压变压器容量为750kV·A。

选矿厂的设备中、小修和部分大修项目，由矿机修车间承担。

6.3.1.2 原矿性质

矿石类型为沉积变质磁铁石英岩。主要金属矿物为磁铁矿，主要脉石为石英。矿石呈条带状和片麻状构造。地质品位约为32%，采出原矿品位为25%左右。矿石硬度$f=8\sim12$，相对密度3.1～3.5。

6.3.1.3 工艺流程

建厂工艺流程是参照类似选矿厂的实际情况设计的，为三段开路破碎、一段闭路磨矿、三段磁选。投产以来主要的革新项目包括：(1) 粗碎后加了磁滑轮干选作业，可抛除废石量约占总矿量的8%，提高入选品位2%；(2) 中碎前加预先筛分作业，以改善雨天粉矿黏潮堵塞圆锥破碎机问题；(3) 将过滤前磁力脱水槽改为磁选机，并在该段磁选作业前加筛孔为0.3mm的细筛再磨闭路再选作业，使精矿品位由62%左右提高至67%以上。

目前生产的工艺流程如图6-9所示。

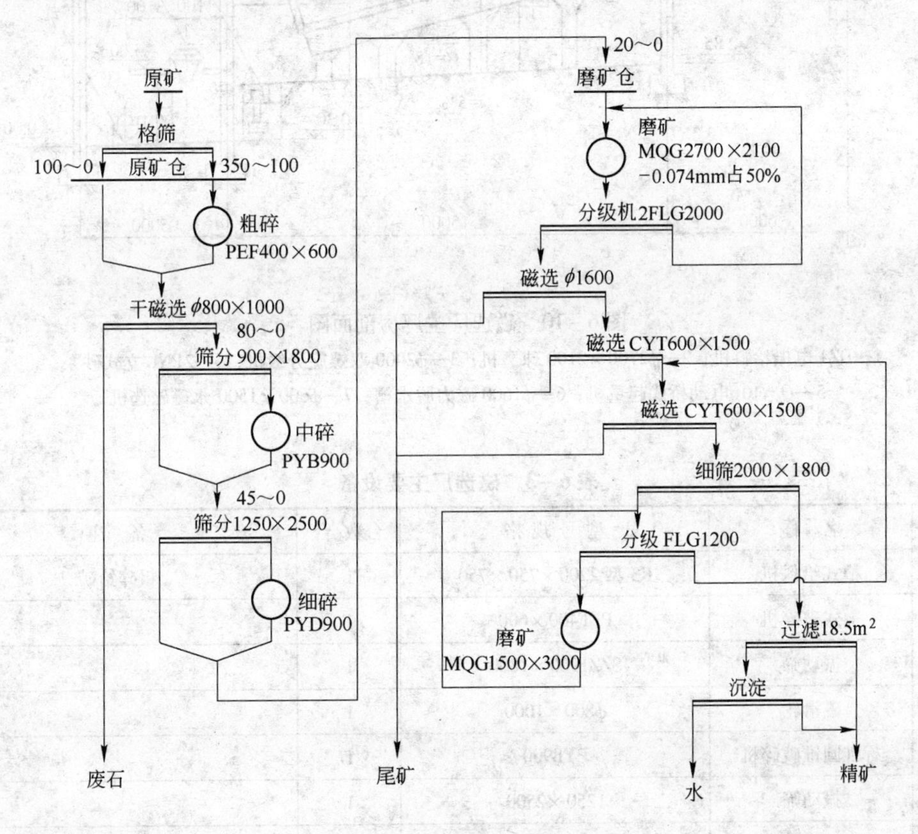

图6-9 磁选厂选矿工艺流程

6.3.1.4 设备、厂房配置

该厂的破碎、磨矿、磁选和过滤只有一个系列。由于后加细筛再磨再选作业，故为半自流配置。主厂房的作业率达到83%以上。

原矿仓储矿量约100t。磨矿仓储矿量约500t。精矿仓储矿量1000t，用5t抓斗吊车装车外运。主厂房配置剖面如图6－10所示。磁选厂主要设备见表6－3。

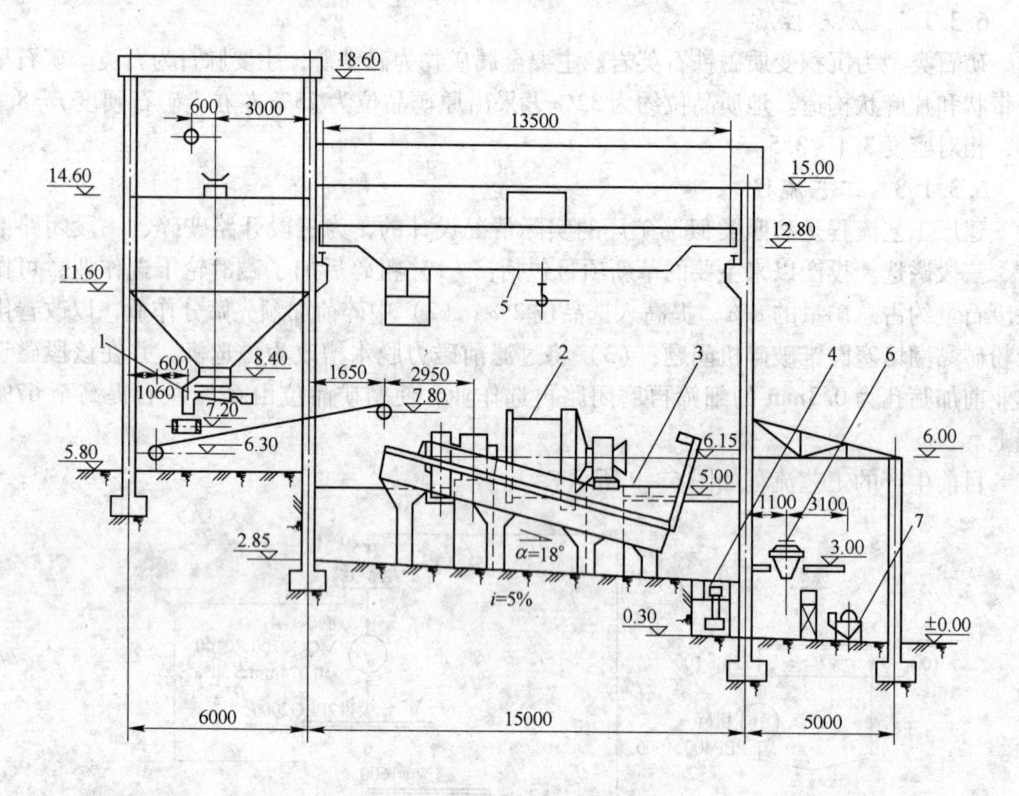

图6－10 磁选厂主厂房剖面图

1—DZ4电振给料机；2—ϕ2700×2100球磨机；3—ϕ2000双螺旋分级机；4—2PNL立式砂泵；5—Q=10t电动桥式起重机；6—ϕ1600磁力脱水槽；7—ϕ600×1500永磁磁选机

表6－3 磁选厂主要设备

序号	名 称	型号规格	台数/台	备 注
1	槽式给料机	K3型2200×750×750	1	粗碎给矿
2	颚式破碎机	PEF400×600	1	
3	振动筛	SZZ1900×1800	1	
4	磁滑轮	ϕ800×1000	1	
5	标准圆锥破碎机	PYB900	1	
6	振动筛	1250×2500	1	
7	短头圆锥破碎机	PYD900	1	
8	带式输送机	B=650	2	1号、2号

续表6-3

序号	名　称	型号规格	台数/台	备　注
9	带式输送机	$B=500$	3	3号、4号、5号、6号
10	电葫芦	$Q=2t$	1	
11	手拉葫芦	$Q=2t$	1	
12	电振给料机	DZ4	3	球磨给矿
13	球磨机	MQG2700×2100	1	
14	双螺旋分级机	2FLG2000	1	
15	立式砂泵	2PNL	1	
16	电动桥式起重机	$Q=10t$，$L_k=13.5m$	1	
17	磁力脱水槽	$\phi1600$	1	
18	永磁磁选机	CYT600×1500	2	
19	细　筛	2000×1800	1	
20	球磨机	MQG1500×3000	1	
21	球磨机单螺旋分级机	FLG1200	1	
22	内滤过滤机	$18.5m^2$	1	
23	电动桥式抓斗起重机	$Q=5t$	1	
24	砂　泵	4PNJ	4	打尾矿
25	砂　泵	2PNJ	2	打再磨分级溢流

6.3.1.5　选矿厂供水、供电系统

A 选矿厂供水

选矿厂水源来自相邻化肥厂冷却用水，为了保证选矿厂正常生产，设有一定容积的高位水池。该厂生产用水通过泵和管道送入选矿厂。尾矿库位于选矿厂附近的山沟，为了节约用水，充分利用尾矿库回水，尾矿库回水用泵通过管道送回选矿厂。供水系统如图6-11所示。

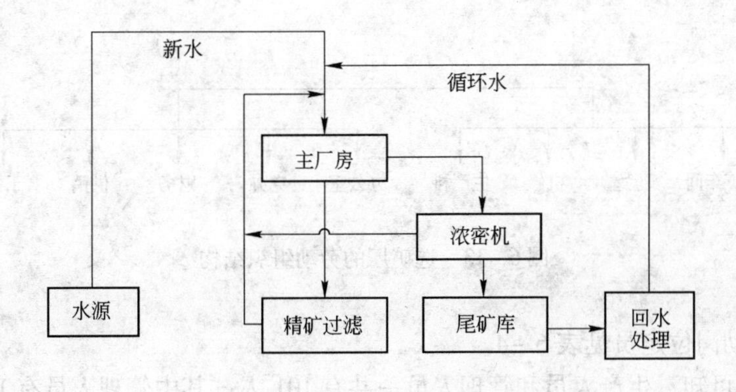

图6-11　选矿厂供水系统

采用高位水池枝状管网供水系统，高位水池容积 400m^3。选矿系统主要利用回水生产，在厂区下端建回水池及回水泵站，可满足选矿厂用量的 70%。

选矿厂工艺用水量：处理 1t 原矿石单耗水约为 6.97m^3，考虑其他用水，选矿厂总水量约为 112.08m^3/h。选矿厂可利用回水约占 70% ~ 80%，选矿厂需补加清水约 30 ~ 40m^3/h。

排水正常情况下零排放，事故时废水经沉淀池净化后由管道排往尾矿库，废水无任何药剂，无毒害，不会造成环境污染。

B 选矿厂供电

距厂区 4km 处有 110kV 高压线通过，当地电力局已将 10kV 高压线架至厂区，经选矿厂变电器变压后输出为 0.4kV 电压供选矿厂设备使用。

选矿厂的供电系统如图 6 – 12 所示。

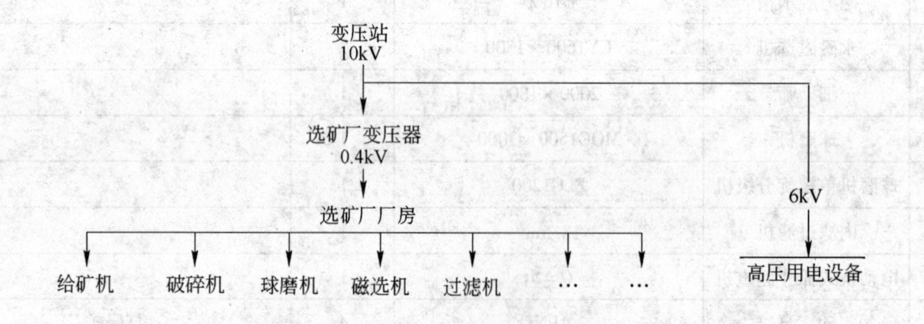

图 6 – 12 选矿厂的供电系统

6.3.1.6 选矿厂劳动定员

职工定员应根据设计选矿厂的实际需要和国家有关部门指定的劳动人事条例进行编制。应力求减少职工人数，压缩非生产人员，提高直接生产工人的比例，合理确定劳动组织。在册人员根据选矿厂工作制度和正常出勤率确定，连续工作制的在册人员系数取 1.30 ~ 1.50。

选矿厂的劳动组织结构如图 6 – 13 所示。

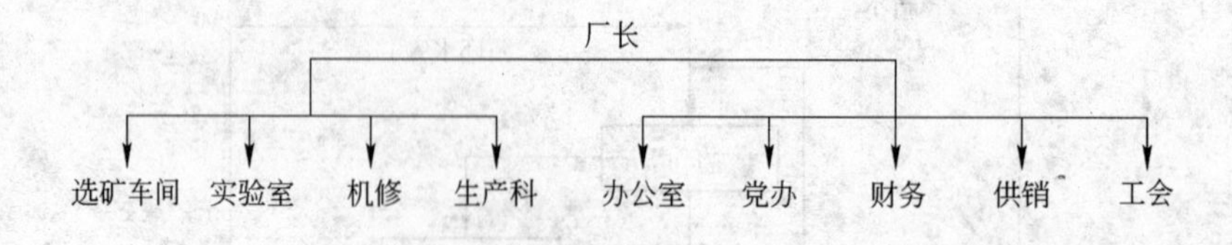

图 6 – 13 选矿厂的劳动组织结构

选矿厂劳动岗位定员见表 6 – 4。

从表 6 – 4 可知，生产人员和管理人员一共有 101 人，其中管理人员有 14 人，岗位生产人员一共有 87 人。

表 6-4 选矿厂劳动岗位定员

项目		昼夜人数				在册人数	备注
		一班	二班	三班	合计		
管理人员	厂长	2			2	2	
	技术员	1	1	1	3	4	
	会计	1			1	1	
	出纳	1			1	1	
	办公室	2			2	2	
	供销	3			3	4	
	合计	10			12	14	
岗位生产人员	矿仓工	1	1	1	3	3	
	给矿机工	1	1	1	3	3	
	破碎工	2	2	2	6	10	粗、细碎均1人/班
	筛分工	1	1	1	3	4	兼管皮带
	起重机工	2	2	2	6	7	主厂房，破碎厂房
	球磨机工	2	2	2	6	7	兼管给矿机和给矿皮带分级机
	细筛工	1	1	1	3	4	
	磁选机工	1	1	1	3	4	
	过滤机工	1	1	1	3	4	
	化验工	2	2	2	6	8	
	尾矿坝维修工	2	2	2	6	7	
	取样工	1	1	1	3	4	
	胶带工	3	3	3	9	10	
	检修工	2	2	2	6	8	
	砂泵工	1	1	1	3	4	
	合计	23	23	23	69	87	

6.3.1.7 选矿厂技术经济概算

选矿厂基建投资包括选矿厂工艺投资概算（包括设备概算价值、工艺金属结构件概算价值、工艺管道的概算价值）、基建投资概算等。

其中根据表6-3设备概算价值为605.37万元，工艺金属结构件概算价值为17.66万元，工艺管道的概算价值为14.60万元。那么，工艺概算价值=设备概算价值+工艺金属结构件概算价值+工艺管道概算价值=605.37+17.66+14.60=637.63万元。

选矿厂基建总投资见表6-5。

表 6-5 选矿厂基建总投资

项目	选矿工艺	土建	电气	给排水	其他	合计
所占比例/%	50	18	8	5	19	100
金额/万元	637.63	229.55	102.02	63.76	242.30	1275.26

选矿厂的主要经济指标见表6-6。

表6-6 选矿厂的主要经济指标

序 号	指标名称	数 量
1	选矿厂年处理矿石/kt	200
2	年产精矿/kt	80.2
3	原矿品位/%	29.07
4	精矿品位/%	66.80
5	尾矿品位/%	6.92
6	选矿回收率/%	85
7	选矿比	2.75
8	年工作天数	330
9	破碎车间日工作小时数	18
10	磨选车间日工作小时数	24
11	选矿厂人数	101
12	生产人员	87
13	管理人员	14

6.3.2 重选厂实例

6.3.2.1 概况

安徽省某铁厂，采出的大块富矿石直接送钢铁厂冶炼；剩下50~0mm的矿石因含泥较多，品位只有40%左右，因无法利用，长期积存已达10万余吨。故该矿自制槽式洗矿机，经洗矿可得到品位约47.85%的净矿，回收率约53.1%。为了充分回收洗矿溢流中的铁矿物，该矿进行了洗矿—螺旋选矿机工业试验，可增加回收率20.82%。在此基础上设计了洗矿—螺旋选矿厂，该厂的处理能力约20~25t/h。经过半年多的生产表明，采用洗矿—螺旋处理含泥低品位富粉矿是经济有效的。

6.3.2.2 原矿性质

铁矿属高温热液充填交代矿床。金属矿物以赤铁矿和磁铁矿为主，褐铁矿次之。脉石矿物有石英、碳酸盐矿物、长石、绿泥石、高岭土等。

矿山浅部因风化较重原矿多呈松散状，以赤铁矿为主。而深部呈块状，主要为磁铁矿。矿体上、下盘的闪长岩一般都受绿泥石化、高岭土化，加之强烈的蚀变作用，裂隙及构造空洞发育。矿石硬度$f=4\sim6$。

6.3.2.3 工艺流程

铁矿洗矿—螺旋选矿厂为一粗、一精、一扫的螺旋选矿机回收槽式洗矿机溢流的重选流程（图6-14）。

积存于堆场的矿石，用电铲装入3.5t自卸汽车运至选矿厂，卸到原矿仓的格筛上。+60mm的筛上矿石，经1号带式输送机堆于露天手选；-60mm的筛下粉矿储于原矿仓中，再由400×400摆式给料机、2号带式输送机给至1070×4600槽式洗矿机擦洗。品位大于45%的净矿经条筛分为60~10mm及10~0mm两级分别储入成品矿仓中；溢流经2

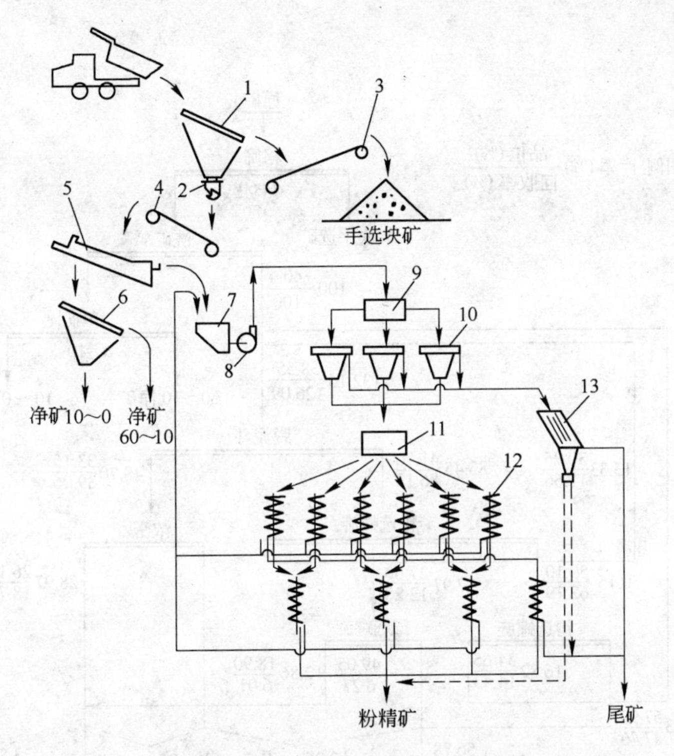

图6-14 螺旋选矿机回收槽式洗矿机溢流的重选流程

1—格筛；2—400×400 摆式给矿机；3，4—带式输送机；5—1070×4600 槽式洗矿机；
6—条筛；7—矿浆池；8—PS 砂泵；9，11—矿浆分配器；10—ϕ1200 脱泥斗；
12—ϕ600 螺旋选矿机；13—3000×3000 倾斜浓密箱

(1/2) PS 砂泵及矿浆分配器进入 3 台 ϕ1200 脱泥斗。脱泥斗沉砂经矿浆分配器分至 6 台粗选螺旋选矿机。螺旋选矿机的粗精矿再经 3 台螺旋选矿机精选得到最终螺旋精矿。粗选尾矿借设置于承接箱的隔板分为泥尾矿和砂尾矿。泥尾矿与精选尾矿合并作为中矿返回泵池循环再选，砂尾矿经 1 台螺旋选矿机扫选。扫选的尾矿即为最终尾矿。扫选精矿与精选精矿合并为螺旋精矿（品位一般在 55% 以上）储入精矿仓自然脱水。3 台 ϕ1200 脱泥斗溢流给入 1 台 3000×3000 倾斜浓密箱浓缩，其溢流作为尾矿，沉砂用锥形阀间断排放，其取舍视含铁品位而定。当品位较高时，与螺旋精矿合并作为综合精矿；当品位偏低时，作为尾矿舍弃。全部螺旋选矿机均采用 FLX-1 型 ϕ600×339 五圈铸铁螺旋选矿机。

铁矿洗矿—螺旋选矿厂的生产实践表明，采用洗矿—螺旋选矿处理积存的含泥低品位矿石是有成效的。当原矿品位为 40% ~43% 时，矿石经选洗后，可获得产率为 45% ~50%、铁品位为 46% ~48% 的块净矿和产率为 25% ~30%、品位为 50% ~53% 的粉精矿，总回收率为 75% ~85%，从而使国家资源得到充分利用。其螺旋选矿数质量流程如图 6-15 所示，其指标与小型试验流程指标对比见表 6-7。

1070×4600 槽式洗矿机的处理能力为 20 ~25t/(台·h)。洗矿溢流中 60% ~70% 进入 ϕ600 螺旋选矿机分选，则粗选螺旋选矿机的处理能力约为 1 ~1.5t/(台·h)，精选和扫选螺旋选矿机处理能力约为 1.2 ~1.8t/(台·h)。

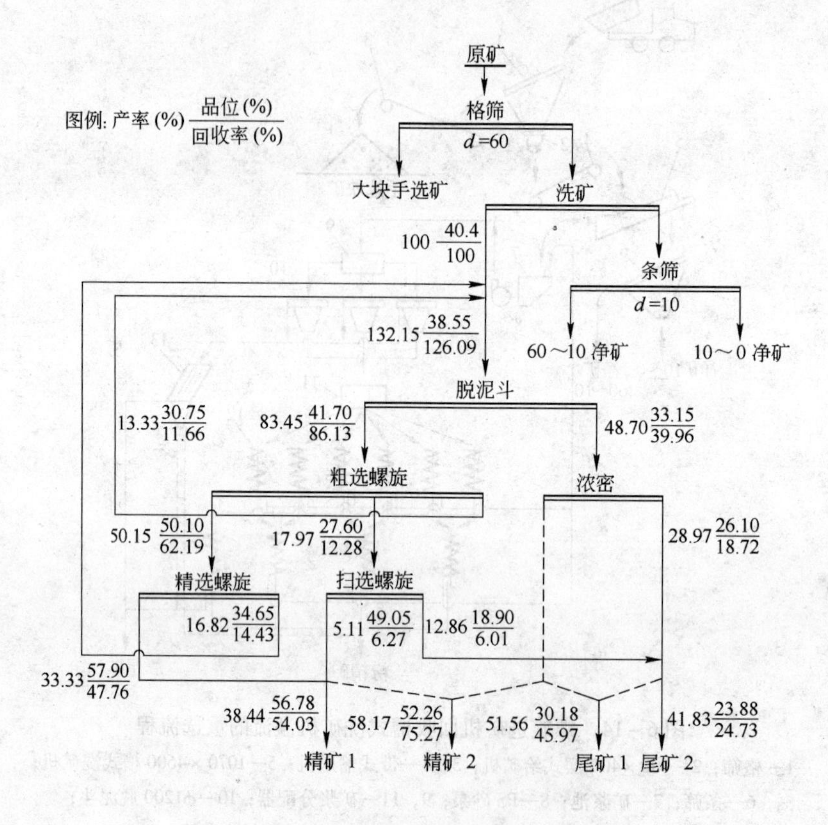

图 6-15 铁矿洗矿—螺旋选矿数质量流程

表 6-7 铁矿选矿试验与生产指标

编号	流程	入选物料性质	产品名称	产率/%	品位/%	回收率/%
1	单一强磁（试验）	全部磨矿	精矿	48.32	52.25	69.05
			尾矿	51.68	21.89	30.95
			原矿	100.00	36.56	100.00
2	跳汰—摇床（试验）	破碎产品给跳汰，磨矿产品给摇床	精矿	42.06	51.72	50.78
			尾矿	57.94	25.26	40.22
			原矿	100.00	36.39	100.00
3	跳汰—螺旋—强磁（试验）	破碎产品给跳汰，磨矿产品给螺旋及强磁	精矿	50.32	50.21	69.44
			尾矿	49.68	22.38	30.56
			原矿	100.00	36.39	100.00
4	单一螺旋（生产）	洗矿溢流	螺旋精矿	38.44	56.78	54.03
			浓密沉砂	19.73	43.50	21.24
			综合精矿	58.17	52.26	75.27
			尾矿	41.83	23.88	24.73
			原矿	100.00	40.40	100.00

6.3.2.4 选矿厂供水、供电系统

该选矿厂水源与原有选矿厂一样均来自附近河水，生产用水通过泵和管道送入选矿厂。尾矿库位于选矿厂附近的山沟，为了节约用水，充分利用尾矿库回水，尾矿库回水用泵通过管道送回选矿厂。

选矿厂工艺用水量：对于处理1t原矿石耗水约为9.74 m^3，考虑其他用水，选矿厂总水量约为277.36 m^3/h。选矿厂可利用回水约占70%～80%，选矿厂需补加清水约30～80m^3/h。

厂区供电采用原有选矿厂备用电源供选矿厂设备使用。

6.3.2.5 选矿厂劳动定员

选矿厂人员的管理人员、化验工、取样工、检修工等从原有选矿厂抽调或共用。

选矿厂劳动岗位定员见表6-8。

表6-8 选矿厂劳动岗位定员

项 目	昼夜人数				在册人员	备 注
	一班	二班	三班	合计		
筛分工	1	1	1	3	4	兼管皮带
起重机工	2	2	2	6	7	主厂房
螺旋选矿机工	1	1	1	3	4	主厂房
合 计	4	4	4	12	15	

从表6-8中可知，在原有选矿厂增加生产人员15人。

6.3.2.6 选矿厂技术经济概算

选矿厂在原有厂房预留空间安装螺旋选矿机、脱泥斗等设备，不需要土建投资、其他投资。见表6-9。

表6-9 选矿厂各个部门投资分配

项 目	选矿工艺	电气	给排水	其他	合 计
所占比例/%	67.18	13.05	6.53	13.24	100
金额/万元	580.96	112.85	56.47	114.50	864.78

选矿厂的主要经济指标见表6-10。

表6-10 选矿厂的主要经济指标

序 号	指标名称	数 量
1	选矿厂年处理矿石/kt	100
2	年产精矿/kt	38.4
3	原矿品位/%	40
4	精矿品位/%	56.78
5	尾矿品位/%	23.88
6	选矿回收率/%	54.03

6.3.3 磁重选厂实例

6.3.3.1 概况

湖南省某铁矿规模为15万吨/年，某钢铁厂组成部分之一。该地区铁矿储量较大，矿石类型及品种较为复杂。

6.3.3.2 *矿石性质*

该铁矿为海相沉积变质矿床，系高硅低硫中磷微细粒嵌布的贫铁难选矿石。矿石中金属矿物以磁铁矿、赤铁矿为主，次为假象赤铁矿、镜铁矿，还有少量褐铁矿、针铁矿、黄铁矿、斑铜矿、闪锌矿及方铅矿。矿石中有益组分钛、钒、铂、铁、铝均未达到综合回收指标；有害杂质硫及砷含量很低，含磷中等（主要以磷灰石矿物存在），易于选除。脉石矿物以石英为主，另有云母、绿泥石、阳起石、绿帘石、石榴子石、透闪石、角闪石等，尚有少量方解石、白云石、磷灰石。

矿物的粒度嵌布特性，按分布累积质量80%计，大部分磁铁矿粒径为74～26μm之间，赤铁矿为13～9mm，脉石为74～37mm。

6.3.3.3 *工艺流程*

原设计及投产初期流程为两段一闭路破碎、一段开路球磨、单一磁选流程。改造设计及试验流程破碎仍为两段一闭路，磨矿选别流程依据试验要求而定。最主要的工艺流程为闭路磨矿—絮凝脱泥—弱磁选—离心机重选—粗精矿再磨—絮凝脱泥（图6－16）。其指标为原矿品位28.61%、精矿品位62.97%、回收率72%、尾矿品位11.9%。絮凝脱泥药剂为腐殖酸铵，单耗约1.5kg/t。

该厂采用的主要设备见表6－11。

表6－11 选矿厂的主要设备

序号	名称	台数/台
一、投产初期设备		
1	400×600 颚式破碎机	1
2	ϕ1000×700 反击式破碎机	1
3	1500×3000 自定中心振动筛	1
4	980×1240 槽式给料机	1
5	ϕ1500×5700 球磨机	2
6	ϕ750×1500 永磁磁选机	2
7	ϕ2000 磁力脱水槽	4
8	10m^2 折带式过滤机	1
9	SZ－2 永环式真空泵	2
10	带式输送机	10条
二、改建后增加的设备		
1	ϕ1500 沉没式双螺旋分级机	2
2	ϕ800×600 离心选矿机	8
3	ϕ125 水力旋流器	18
4	ϕ250 水力旋流器	1
5	ϕ3000、ϕ2500、ϕ2000、ϕ1500 脱泥斗	共6
6	ϕ1200×1200 格子型球磨机	1
7	ϕ2000、ϕ1500、ϕ1000 搅拌槽	共7
8	2PNJ 胶泵	6
9	ϕ50 立式砂泵	6
10	ϕ9m、ϕ6m、ϕ3.6m 浓缩机	共4
11	双环给药机	2
12	XJK－0.35 浮选机	12槽
13	ϕ900 短头圆锥破碎机	1

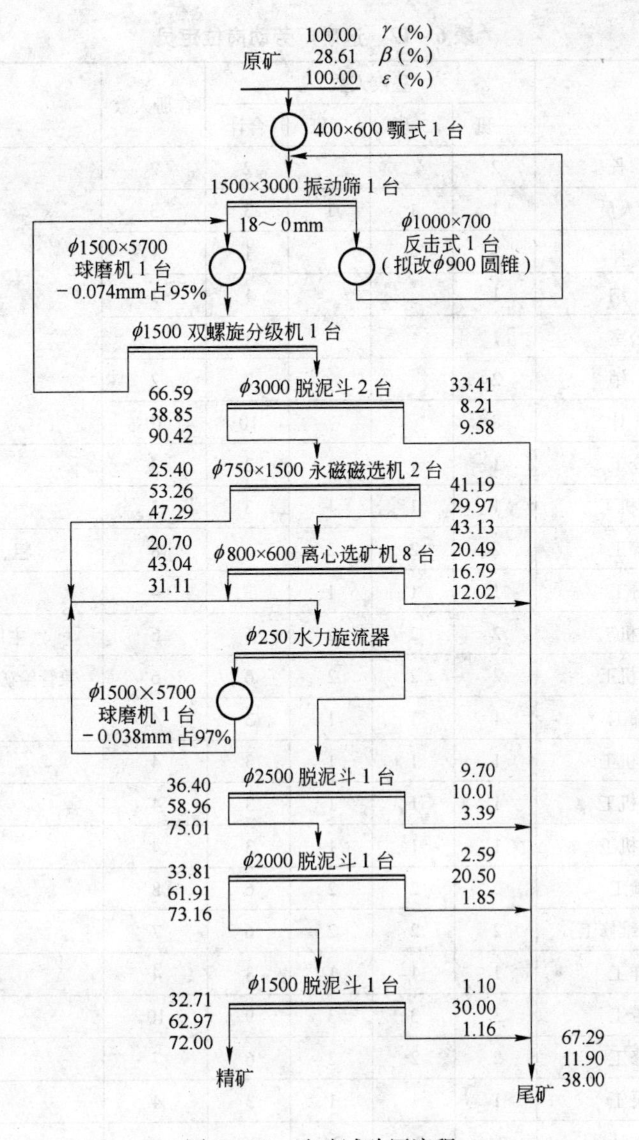

图 6-16 选矿试验厂流程

6.3.3.4 选矿厂供水供电系统

生产用水取自附近村庄水源井，用 2 台水泵通过 φ150mm 长 640m 的管道扬至选矿厂山顶的 $150m^3$ 高位水池中，再经 φ150mm 管道自流至选矿厂。另在选矿厂下面水沟旁设有一回水泵站，以回收尾矿溢流水、精矿沉淀池溢流水及雨水。用 1 台水泵通过两根 φ150mm 管道分南北两路送至选矿厂。在距厂 3.3km 的千金水塘另建水源泵站。

矿山现由 6km 外的变电所供电，以 10kV 电压引至矿山变电所，变为 380V 及 220V。为提高矿山供电的可靠性，改由距矿山 5km 的铁厂变电所供电。

6.3.3.5 选矿厂劳动定员

选矿厂劳动岗位定员见表 6-12。从表 6-12 可知，生产人员和管理人员一共有 96 人，其中管理人员有 10 人，岗位生产人员一共有 86 人。

表 6 – 12 选矿厂劳动岗位定员

项目		昼夜人数				在册人数	备注
		一班	二班	三班	合计		
管理人员	厂长	2			2	2	
	技术人员	1	1	1	3	3	
	会计	1			1	1	
	出纳	1			1	1	
	办公室	1			1	1	
	供销	2			2	2	
	小计	8			10	10	
岗位生产人员	矿仓工	1	1	1	3	3	
	给矿机工	1	1	1	3	3	
	破碎工	2	2	2	6	8	粗、细碎均 1 人/班
	筛分工	1	1	1	3	4	兼管皮带
	起重机工	2	2	2	6	6	主厂房、破碎厂房
	球磨机工	2	2	2	6	6	兼管给矿机和给矿皮带分级机
	细筛工	1	1	1	3	4	
	磁选机工	1	1	1	3	4	
	重选机工	1	1	1	3	4	
	过滤机工	1	1	1	3	4	
	化验工	2	2	2	6	8	
	尾矿坝维修工	2	2	2	6	7	
	取样工	1	1	1	3	4	
	胶带工	3	3	3	9	10	
	检修工	2	2	2	6	7	
	砂泵工	1	1	1	3	4	
	小计	24	24	24	72	86	

6.3.3.6 选矿厂技术经济概算

选矿厂基建总投资见表 6 – 13。

表 6 – 13 选矿厂基建总投资

项目	选矿工艺	土建	电气	给排水	其他	合计
所占比例/%	40.69	20.30	9.90	4.66	24.46	100
金额/万元	572.74	285.73	139.35	65.59	344.29	1407.56

选矿厂的主要经济指标见表 6 – 14。

表 6-14 选矿厂的主要经济指标

序 号	指标名称	数 量
1	选矿厂年处理矿石/kt	150
2	年产精矿/kt	80.2
3	原矿品位/%	28.61
4	精矿品位/%	62.97
5	尾矿品位/%	11.90
6	选矿回收率/%	72
7	年工作天数	330
8	破碎车间日工作小时数	18
9	磨选车间日工作小时数	24
10	选矿厂人数	96
11	生产人员	86
12	管理人员	10

6.3.4 复合铁矿磁浮选厂实例

6.3.4.1 概况

山东某复合铁矿规模为125t/d。入选原矿品位：TFe 28% ~30%、Cu 0.2%左右。可选得品位为62%，回收率为90% ~93%的铁精矿；可综合回收品位为8% ~12%，回收率为50% ~60%的铜精矿；尾矿含铁仅3% ~5%。该矿为低洼露天开采。矿石由0.6m^3柴油铲或电铲装至0.55m^3矿车中经卷扬机提升至地面堆放，然后用0.2m^3电铲再装至0.55m^3矿车中，再用7t电机车拖运到选矿厂，经14kW卷扬机拉至高架式原矿受矿仓人工卸至矿仓中。

6.3.4.2 矿石性质

铁矿生成于前震旦纪变质岩系之大理岩化花岗闪长斑岩与大理岩之接触带，属高温热液接触交代型矿床。

矿石中金属矿物主要为磁铁矿，并含少量黄铜矿、黄铁矿。脉石矿物主要有滑石、方解石、绿泥石及蛇纹石等。

磁铁矿多为他形晶粒状结构，颗粒一般为0.1 ~0.14mm。最大为0.4mm，最小为0.004mm。黄铜矿一般呈他形粒状结构，颗粒一般为0.014 ~0.069mm。黄铁矿主要为半自形粒状结构，颗粒一般为0.1 ~0.2mm。

矿石中因含滑石、方解石较多，故较软，也易泥化。

6.3.4.3 工艺流程

选矿厂经多次改革后，工艺流程为：两段开路破碎，产品粒度约50 ~0mm；一段闭路磨矿，磨至 -0.074mm 占70%（不选铜时 -0.074mm 占40%），先浮后磁（图6-17），其设备连接系统如图6-18所示。

铁、铜精矿统一调出。尾矿用2（1/2）PS砂泵泵到附近的洼池中，澄清水用后返回再用。

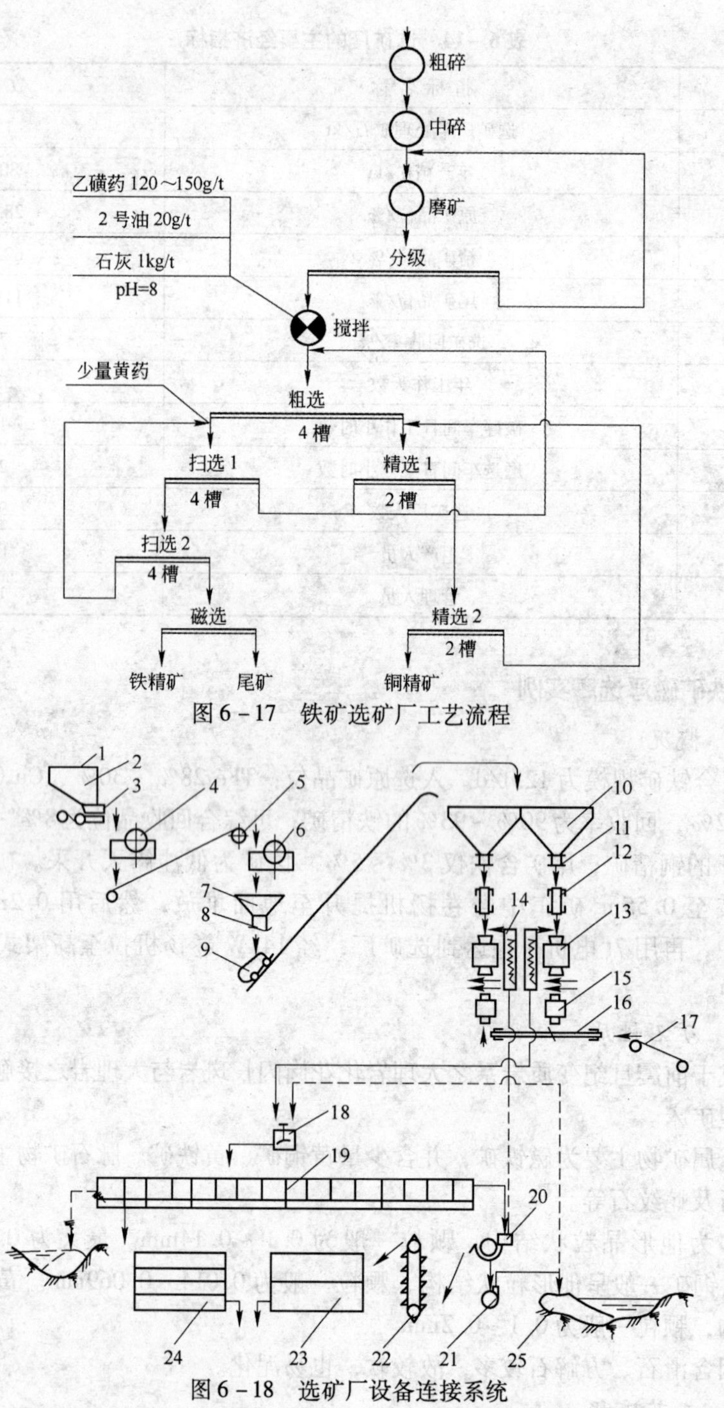

图 6－17 铁矿选矿厂工艺流程

图 6－18 选矿厂设备连接系统

1—格筛；2—原矿仓；3—980×1240 槽式给矿机；4—400×600 颚式破碎机；5—B=500 带式输送机；6—250×400 颚式破碎机；7—小料仓；8—400×400 手动扇形阀；9—箕斗配 0.5t 绞车；10—磨矿仓；11—400×600 手动阀；12—给料带式输送机；13—ϕ1200×1500 溢流型球磨机；14—ϕ750 单螺旋分级机；15—ϕ1000×1000 溢流型球磨机；16，17—给料带式输送机；18—ϕ1000 搅拌槽；19—5A 浮选机 16 槽；20—ϕ600×1800 永磁磁选机；21—PS 砂泵；22—斗式提升机；23—铁精矿沉淀池；24—铜精矿沉淀池；25—堆尾矿洼池

6.3.4.4 选矿厂供水供电系统

生产用水取自自备水井，用2台水泵和 ϕ150mm 管道扬至选矿厂。另在选矿厂下面水沟旁设有一回水泵站，以回收尾矿溢流水、精矿沉淀池溢流水及雨水。用1台水泵通过两根 ϕ150mm 管道分南北两路送至选矿厂。

矿山现由附近变电所引至矿山变电所供电，电压为10kV电压，变为380V及220V。

6.3.4.5 选矿厂劳动定员

选矿厂劳动岗位定员见表6-15。

表6-15 选矿厂劳动岗位定员

项目		昼夜人数				在册人数	备注
		一班	二班	三班	合计		
管理人员	厂长	2			2	2	
	技术人员	1	1	1	3	3	
	会计	1			1	1	
	出纳	1			1	1	
	办公室	1			1	1	
	供销	2			2	2	
	合计	8			10	10	
岗位生产人员	矿仓工	1	1	1	3	3	
	给矿机工	1	1	1	3	3	
	破碎工	2	2	2	6	8	粗、细碎均1人/班
	筛分工	1	1	1	3	4	兼管皮带
	起重机工	2	2	2	6	6	主厂房、破碎厂房
	球磨机工	2	2	2	6	6	兼管给矿机和给矿皮带分级机
	细筛工	1	1	1	3	4	
	磁选机工	1	1	1	3	4	
	浮选机工	1	1	1	3	4	
	沉淀池工	1	1	1	3	4	
	过滤机工	1	1	1	3	4	
	化验工	2	2	2	6	8	
	尾矿坝维修工	2	2	2	6	7	
	取样工	1	1	1	3	4	
	胶带工	3	3	3	9	10	
	检修工	2	2	2	6	7	
	砂泵工	1	1	1	3	4	
	合计	25	25	25	75	100	

从表6-15中可知，生产人员和管理人员一共有110人，其中管理人员有10人，岗位生产人员一共有100人。

6.3.4.6 选矿厂技术经济概算

选矿厂基建总投资见表6-16。

表6-16 选矿厂基建总投资

项　目	选矿工艺	土建	电气	给排水	其他	合　计
所占比例/%	40.91	20.51	11.11	5.11	26.32	100
金额/万元	840.34	421.30	228.21	104.97	540.64	2054.12

选矿厂的主要经济指标见表6-17。

表6-17 选矿厂的主要经济指标

序　号	指标名称	数　量
1	选矿厂年处理矿石/kt	150
2	年产精矿/kt	80.2
3	原矿铁品位/%	30.45
4	原矿铜品位/%	0.19
5	铁精矿品位/%	62.04
6	铜精矿品位/%	11.98
7	铁尾矿品位/%	3.96
8	铁回收率/%	92.13
9	铜回收率/%	56.57
10	年工作天数	330
11	破碎车间日工作小时数	18
12	磨选车间日工作小时数	24
13	选矿厂人数	110
14	生产人员	100
15	管理人员	10

参 考 文 献

[1] 冯守本．选矿厂设计［M］．北京：冶金工业出版社，1996.

[2] 小型铁锰选矿厂设计编写组．小型铁锰选矿厂设计［M］．北京：冶金工业出版社，1985.

[3] 查桂华．凹山选矿厂超细碎厂房的设计特点［J］．现代矿业，2010，8（496）：128～129.

[4] 张永明，王明华．选矿厂碎矿工艺系统自动化监控改造方案设计［J］．矿山机械，2009，37（3）：104～105.

[5] 孙景敏，李世厚，张艳伟，等．选矿厂磨机给矿自动控制系统设计研究［J］．有色金属，2007，6：39～41，45.

[6] 朱冰龙，张保．昆钢大红山50万t/a、400万t/a铁矿厂工艺流程研究［J］．云南冶金，2010，39（4）：26～28.

[7] 何俭，刘全轩．铁选厂破碎系统干选流程及设计［J］．新疆有色金属，2007，增刊：84～85.

7 复杂难选铁矿资源开发利用

R. A. 威廉斯在20世纪90年代初就定性和定量地提出了矿石难选的概念，定义了三种类型的难选矿石：本质上难选（复杂的矿物组成）、经济上难选（为达到所要求的精矿品位而进行加工处理和对废物的处理过程带来的高成本）和环保限制难选（处理过程中受到使用化学物品的限制或所产生气相、固相或液相废物排放的限制）。

（1）贫。一般按矿石需要选矿加工和不需要选矿加工来划分贫矿、富矿。能直接入炉冶炼而不需要选矿加工的铁矿石统称富矿，澳大利亚将富矿称为DSO矿（direct shipping ore），一般TFe品位62%以上。需要选矿加工的铁矿石统称为贫矿。

（2）细。有用矿物嵌布粒度细，通常将磨细到45μm时铁矿物的单体解离度才能达到90%以上的赤铁矿和磨细到30μm时铁矿物的单体解离度才能达到90%以上的磁铁矿称为微细粒铁矿。

（3）杂。矿石组分杂，金属矿物种类较多，矿石含杂质较多。我国多组分共（伴）生铁矿石储量占总储量的三分之一，典型矿床有攀枝花铁矿、白云鄂博铁矿、大冶铁矿等，共(伴)生组分有钒、钛、稀土、铜等。

我国难选铁矿石资源开发利用还有很大的发展空间，我国最大量入选的矿石为鞍山式沉积变质铁矿石，但其中也有部分矿石由于嵌布粒度微细、矿物组成复杂尚未得到有效的开发利用，如本钢贾家堡子铁矿，属贫磁铁矿石，储量约1.55亿吨，由于矿石嵌布粒度微细，结构较为复杂，目前尚未开发利用。山西太古岚矿区的袁家村铁矿，全区累计探明及保有储量为89450万吨，矿石类型分石英型和闪石型，有氧化矿和原生矿，矿石嵌布粒度微细，磁铁、赤铁矿石粒度 -0.043mm 占 75% ~80%，其中石英型铁矿石有 -0.010mm占20%，闪石型铁矿石有 -0.010mm 占40%，原矿铁品位又较低，实属复杂难选的铁矿石。昆钢大红山铁矿，属磁铁矿-赤铁矿混合矿石，储量约为4.6亿吨，其中有近2.0亿吨赤铁矿，由于矿石嵌布粒度微细，脉石矿物组成较复杂，选矿指标较低，也属复杂难选的铁矿石。包头白云鄂博铁矿为大型多金属共生复合铁矿，除铁外，尚有稀土、铌等多种金属，已发现有71种元素，170多种矿物，矿石类型多，其中稀土储量居世界首位。我国各类难选铁矿石的储量见表7-1。

表7-1 我国各类难选铁矿石的储量

矿石类型	累计探明		保有		采出		利用率/%
	亿吨	%	亿吨	%	亿吨	%	
赤铁矿	95.93	72.55	89.91	72.10	6.02	79.98	6.27
菱铁矿	18.35	13.88	18.25	14.64	0.10	1.33	0.55
褐铁矿	12.30	9.30	10.90	8.74	1.40	18.60	11.39
镜铁矿	5.65	4.27	5.64	4.52	0.007	0.09	0.12
合　计	132.23	100.00	124.71	100.00	7.527	100.00	5.69

我国作为世界第一铁矿石生产与消费大国，再加上铁矿资源“贫、细、杂、散”，开发利用难度大的特点，近几年已成为世界铁矿石选矿技术研究开发的中心，工艺技术达到了国际领先水平。

7.1 原生铁矿资源综合开发利用

7.1.1 钒钛铁矿开发利用

7.1.1.1 钒钛磁铁矿的分布状况

我国钒钛磁铁矿（包括含钒磁铁矿）主要分布在四川、河北、安徽、陕西、山西、广东、新疆、江苏等省区。钒钛磁铁矿最集中的产地在四川攀枝花—西昌地区，该地区是我国钒钛工业的重要资源基地。

含钒铁矿床主要有两类：一类是钒钛磁铁矿床，主要分布在四川攀枝花—西昌地区及河北承德地区，山西、广东、陕西、湖北等省也有规模较小的钒钛磁铁矿床，这类矿床的主要矿物是钛磁铁矿、钛铁矿，矿石的特点是钛高、硅偏低、伴生元素种类较多，可选性良好，钒以类质同象存在于钛磁铁矿中；另一类是含钒磁(赤)铁矿床，主要分布在宁芜地区，主要矿物是磁铁矿、赤铁矿、假象赤铁矿等，矿石特点是钛低、硅高、可选性一般，钒以类质同象存在于磁铁矿中。

我国含钒铁矿床见表 7-2。

表 7-2 我国含钒铁矿床

<table>
<tr><th colspan="3" rowspan="2">矿山名称</th><th rowspan="2">矿床类型</th><th rowspan="2">主要矿物组成</th><th colspan="7">矿石化学成分/%</th></tr>
<tr><th>TFe</th><th>TiO_2</th><th>V_2O_5</th><th>S</th><th>P</th><th>Co</th><th>Ni</th></tr>
<tr><td rowspan="4">攀西钒钛磁铁矿</td><td colspan="2">210 矿区</td><td rowspan="4">晚期岩浆矿床</td><td rowspan="4">主要金属矿物为钛磁铁矿、钛铁矿、钛铁晶石磁黄铁矿、黄铁矿、黄铜矿等。主要非金属矿物为辉石、长石橄榄石、尖晶石、角闪石、石灰石等</td><td>33.23</td><td>11.68</td><td>0.31</td><td>0.051</td><td>0.018</td><td>0.014~0.023</td><td>0.012</td></tr>
<tr><td colspan="2">402 矿区</td><td>28.42</td><td>6.88</td><td>0.27</td><td>0.55</td><td></td><td>0.016</td><td>0.025</td></tr>
<tr><td colspan="2">403 矿区</td><td>30.84</td><td>11.73</td><td>0.28</td><td>0.473</td><td>0.325</td><td>0.015</td><td>0.016</td></tr>
<tr><td colspan="2">823 矿区</td><td>21.98</td><td>9.05</td><td>0.19</td><td>0.40</td><td>0.629</td><td></td><td>0.044</td></tr>
<tr><td rowspan="4">承德地区钒钛磁铁矿</td><td rowspan="2">大庙矿区</td><td>Ⅰ级矿</td><td rowspan="4">岩浆分异钒钛磁铁矿床</td><td rowspan="4">主要金属矿物为钛磁铁矿、钛铁矿、赤铁矿、黄铁矿、黄铜矿、磁黄铁矿；非金属矿物为磷灰石、斜长石、纤闪石、绿泥石、绢云母、云英等</td><td>42.84</td><td>11.04</td><td>0.39</td><td>0.45</td><td>0.07</td><td></td><td></td></tr>
<tr><td>Ⅱ级矿</td><td>21.82</td><td>5.53</td><td>0.16</td><td>0.41</td><td>0.93</td><td></td><td></td></tr>
<tr><td rowspan="2">黑山矿区</td><td>Ⅰ级矿</td><td>37.43</td><td>9.66</td><td>0.38</td><td>0.04</td><td>0.31</td><td></td><td></td></tr>
<tr><td>Ⅱ级矿</td><td>25.04</td><td>6.20</td><td>0.23</td><td>0.03</td><td>0.56</td><td></td><td></td></tr>
<tr><td colspan="3">湖北均县银洞山钒钛磁铁矿</td><td>高温热液矿床</td><td>主要有用矿物是磁铁矿少量钛铁矿</td><td>15.05</td><td>5.53</td><td>0.129</td><td></td><td></td><td></td><td></td></tr>
<tr><td colspan="3">广东兴宁钒钛磁铁矿</td><td>晚期岩浆矿床</td><td>主要有用矿物是钛磁铁矿及钛铁矿</td><td>27.4</td><td>7.81</td><td>0.37</td><td>0.142</td><td>0.019</td><td>0.03</td><td>0.001</td></tr>
<tr><td colspan="3">山西代县黑山沟钒钛磁铁矿</td><td>岩浆分异钒钛磁铁矿床</td><td>主要有用矿物是磁铁矿、次为钛铁矿、钛磁铁矿，脉石矿物为角闪石等</td><td>22.58</td><td>5.33</td><td>0.35</td><td>0.04</td><td>0.01</td><td></td><td></td></tr>
</table>

续表 7-2

矿山名称		矿床类型	主要矿物组成	矿石化学成分/%						
				TFe	TiO_2	V_2O_5	S	P	Co	Ni
宁芜地区含钒铁矿床	凹山矿	高（中）温热液矿床	主要有用矿物是磁铁矿，赤铁矿，假象赤铁矿、褐铁矿、东山尚含少量铜铁矿。主要脉石为阳起石、磷灰石、石灰、绿泥石，高岭石及磷酸岩类等。钒以类质同象状态存在于磁铁矿中	32.53		0.21	1.15	0.96		
				51.29	1.11	0.34	4.02	1.39		
	小东山矿 富矿			32.80	0.77	0.174	4.92	1.023		
	小东山矿 贫矿			52.68	2.87	0.45	0.96	0.059		
	大东山矿 富矿									
	大东山矿 贫矿			32.65	2.73	0.381	1.09	0.169		

7.1.1.2 钒钛磁铁矿的综合利用概况

钒钛磁铁矿资源丰富，尤其是四川攀枝花—西昌地区，它是最主要的钒钛资源和生产基地，对我国钒钛工业发展有着举足轻重的作用。

A 钛综合利用状况

20 世纪 70 年代初承钢双塔山选矿厂已开始小规模生产回收钛精矿，1975～1977 年采用重选—电选流程生产，钛精矿品位含 TiO_2 46% 左右，年生产能力 5000t 钛精矿。1988 年由长沙冶金设计研究院进行扩建设计，使钛精矿产量增加到 1.75 万吨，钛精矿品位 45.5%、回收率 31.17%，采用的工艺流程是弱磁—强磁—摇床—浮选方案。

攀枝花第一座 5 万吨钛精矿选钛厂，由长沙黑色冶金矿山设计研究院设计，1981 年投产，工艺流程为螺旋选—浮选—电选。1987 年又进行了扩建设计，扩建后年产 10 万吨钛精矿。为了满足市场对钛精矿的不断增长的需要，攀矿公司选钛厂二期扩建工程规模为 10 万吨，成为我国最大的钛原料供应基地。

B 钒综合利用状况

钒钛磁铁矿是提钒的主要原料来源。20 世纪 60 年代末，70 年代初承德钢铁厂、马鞍山钢铁公司、攀枝花钢铁公司先后开始提取钒渣，钒渣中 V_2O_5 含量分别为 17%、7.5%、18%。攀钢钒渣车间设计能力 8.3 万吨/年，每吨铁水可提钒渣约 30kg。在 60 年代上海第二冶炼厂采用钒钛磁铁矿为原料、锦州铁合金厂采用钒渣为原料提取五氧化二钒投入生产。特别是攀钢 1970 年投产后，钒渣不但满足了国内提钒需要，尚有相当一部分出口外销，使我国成为一个钒生产大国。

7.1.1.3 钒钛磁铁矿矿石特性及综合利用工艺技术

A 钒钛磁铁矿矿石特性

钒钛磁铁矿同普通铁矿相比，其矿石性质有独特之处。这种特殊的矿石性质是确定钒钛磁铁矿选矿工艺流程和资源综合利用方案的基础。

攀枝花地区各个铁矿床其矿石性质、物质组成基本相同，只是各种矿物的相对含量和嵌布粒度有所差别。矿石的共同特性是：

（1）攀枝花地区的钒钛磁铁矿是一种伴生有钒、钛、钴、镍、铜、铬、硫等多种有益元素的复合磁铁矿石，其中含钛特别高。

（2）各矿区、各品级的矿石皆有相同的矿物组合。其组成矿物包括氧化物类、硫化物类、硅酸盐类、磷酸盐类。

1）氧化物类主要是钛磁铁矿、钛铁矿；

2）硫化物类主要是磁黄铁矿、黄铁矿；

3）硅酸盐类含钛普通辉石、斜长石、橄榄石、角闪石等；

4）磷酸盐类磷灰石。

（3）矿石结构以海绵陨铁结构为主，并有包含结构、粒间充填、粒状镶嵌结构。矿石构造以稠密浸染和稀疏浸染状为主。矿石嵌布粒度都较粗，且脉石矿物比金属矿物的嵌布粒度显著粗大，因此有可能在较粗的磨矿粒度下，抛除一部分脉石和贫连生体。

（4）矿石中的铁主要赋存于钛磁铁矿中（TFe 在钛磁铁矿中分配率为 74% ~88%），其次赋存于钛铁矿、硫化物及脉石矿物中。根据目前的技术水平，只有钛磁铁矿是机械选矿回收铁精矿的目的矿物。钛铁矿、硫化物和脉石中的铁选矿难以回收。因此，钒钛磁铁矿选矿的铁回收率低于普通磁铁矿的选矿回收率。

（5）矿石中的钛主要赋存于钛磁铁矿中（TiO_2在钛磁铁矿中分配率为 50% ~65%）和钛铁矿中（TiO_2在钛铁矿中分配率为 30% ~50%），少量赋存于脉石矿物中。由于钛磁铁矿中的钛铁晶石和片状钛铁矿粒度极微细。一般机械选矿方法难以使之与磁铁矿分离而进入铁精矿，只能在冶炼过程中加以回收。因此，只有呈粒状的钛铁矿才是选矿回收钛精矿的目的矿物，这也就决定了钛选矿的 TiO_2 回收率一般都比较低。

（6）矿石中钴和镍主要赋存于硫化物中（钴在硫化物中分配率为 23% ~59%，镍的分配率为 14% ~56%），其余赋存于钛磁铁矿中和脉石矿物中。赋存于钛磁铁矿及脉石矿物中的钴、镍一部分显微细包体，一部分以类质同象超显微包体产于其中，选矿难以分离。因此只有硫化物才是选矿回收钴、镍的工业矿物，这也决定了选矿时钴、镍精矿回收率不高。

（7）矿石中钒和铬主要以类质同象赋存于钛磁铁矿中（钒 90% 以上分布于钛磁铁矿中），在选矿过程中无法获得钒、铬的独立相，只能获得含钒、铬的铁精矿。因此，钒、铬只能在冶炼中加以回收。

（8）钛磁铁矿［$Fe_3O_4-Fe_2TiO_4-Mg(Fe,Al)_2O_4-FeTiO_3$］是一种复合矿物相，它是由磁铁矿（$Fe_3O_4$）、钛铁晶石（$2FeO\cdot TiO_2$）、镁铝尖晶石［$Mg(Fe,Al)_2O_3$］和钛铁矿片晶（$FeTiO_3$）等组成。由于钛铁晶石、镁铝尖晶石和钛铁矿片晶等嵌布极为微细，一般为几微米宽、几十微米长，用机械选矿方法无法解离，而只能作为一种复合体解离。因此，铁精矿的理论最高品位只能接近纯钛磁铁矿的品位。

以上矿石特性表明，钛磁铁矿是现有流程回收铁、钒、铬的工业矿物粒状钛铁矿是现有流程回收钛的工业矿物，硫化物是现有流程加收钴、镍的工业矿物。

根据各种单矿物、钛磁铁矿、钛铁矿、硫化物等的化学成分及有用元素在各矿物相中的分配率，可以推断出钒钛磁铁矿选矿加工处理后所得到的铁钒精矿、钛精矿、硫钴精矿的理论最高精矿品位和理论回收率为：铁钒精矿中铁回收率为 74% ~88%、V_2O_5 回收率 90% 以上；钛精矿中含 TiO_2 49% ~51%，选钛回收率 31% ~49%；钴精矿中含 Co 0.3% ~0.8%、S 36% ~40%，选钴回收率 23% ~59%，实际生产中由于废石的混入使原矿品位降低，以及选矿工艺过程的不完善，精矿品位、特别是选矿回收率将低于理论值。

B 钒钛磁铁矿综合利用工艺技术

a 钒的综合利用

钒钛磁铁矿矿石中的钒主要以类质同象赋存于钛磁铁矿中，钒90%以上分布于钛磁铁矿中，在选矿中无法获得钒的独立相，只能获得含钒的铁精矿。精矿中含钒量随着铁品位的提高而提高，攀枝花钒钛铁精矿一般含 V_2O_5 0.55%；经烧结、炼铁后，铁水中含钒0.4%；雾化吹钒的钒渣含 V_2O_5 18%~20%；马钢铁水含钒0.3%，槽式炉吹钒的钒渣含 V_2O_5 11%~58%。

根据含钒铁矿石的特点，提钒有多种途径，按其在炼铁、炼钢流程中的前后可分为：前提钒法，又称直接法，由含钒铁精矿提钒，其中又分粉料（铁精矿）回转窑钠化焙烧—水浸提钒和钠化球团—水浸提钒两类；中提钒法，又称间接法，由铁水吹钒渣，再由钒渣水浸提钒；后提钒法，由铁水炼钢，再由含钒钢渣水浸提钒。

湿法提钒的基本流程和工艺过程为：含钒铁精矿配加钠盐（氯化钠，硫酸钠或碳酸钠）经混料、造球、氧化焙烧（焙烧温度因添加剂种类而异，一般在800~1000℃之间），氧化焙烧过程中，低价钒转化为五价，与碱金属的氧化物形成可溶于水的偏钒酸钠盐（$NaVO_3$），用水浸出，加硫酸调整pH值到2~3，沉淀出五氧化二钒，俗称“红钒”品位为 V_2O_5 85%（即为工业五氧化二钒）。

由于化工生产和炼制高牌号钒铁等需要，一般的工业五氧化二钒质量不合要求，需要生产高纯五氧化二钒。高纯五氧化二钒的制取主要是采用苛性钠溶解工业五氧化二钒，将钒酸钠溶液加氯化铵（或硫酸铵）沉淀得偏钒酸铵，再将偏钒酸铵加热（350~550℃）灼烧后即得纯度98%以上的五氧化二钒。

火法提钒的基本流程和工艺过程为：含钒铁精矿经烧结后加入高炉炼铁，钒在高炉冶炼中绝大部分（75%）还原到铁水中，所得含钒铁水在转炉（或雾化炉、槽式炉）中用氧气（或压缩空气）吹炼—吹钒，钒氧化富集于渣相（一般钒渣含 V_2O_5 10%~20%），钒渣加入芒硝（或纯碱、食碱等）混合造球，经回转窑氧化焙烧，再经水浸、沉淀过滤、碱溶、偏钒酸铵沉淀过滤、热分解等工序，获得 V_2O_5 98%以上的高纯五氧化二钒。

钒钛磁铁矿提钒工艺方法见表7-3。

表7-3 钒钛磁铁矿提钒工艺方法

厂 名	提钒原料	产 名	工艺方法	备 注
攀钢公司	含钒铁水 铁水含钒0.4%	钒 渣	雾化炉吹钒渣	生 产
攀矿公司	含钒铁精矿	五氧化二钒	链箅机—回转窑 焙烧钠化球团—水法提钒	设 计
锦州铁合金厂	钒 渣	五氧化二钒	水法提钒	生 产
马钢公司	含钒铁水 铁水含钒0.26%	钒 渣	槽式炉吹钒渣	生 产
上海第二冶炼厂	含钒铁精矿	五氧化二钒	回转窑直接焙烧—水法提钒	生 产
承德钢铁厂	含钒铁精矿	五氧化二钒	竖炉焙烧钠化球团—水浸提钒	生 产
攀西二基地	含钒钢渣	五氧化二钒	钢渣水浸提钒	设 计

b 钛的综合利用

钒钛磁铁矿中，钛矿物主要是钛铁矿和钛铁晶石。根据目前技术水平，只有钛磁铁矿是机械选矿回收铁精矿的目的矿物。由于钛磁铁矿是一种复合矿物相，进入铁精矿中的钛磁铁矿中的钛选矿不能回收，相应也造成铁精矿中 TiO_2 含量高。

采用弱磁选回收铁精矿后，钛铁矿进入尾矿，因此，主要是在选铁尾矿中回收粒状钛铁矿。

目前，从钒磁铁矿选铁尾矿中回收钛的流程主要采用螺旋选—浮选—电选和螺旋选—强磁选—浮选—电选以及弱磁—强磁—摇床—浮选等流程方案（其中浮选是为了浮硫钴精矿）。钛精矿主要供生产钛白粉、高钛渣、人造金红石、钛铁合金用的基本原料。

7.1.2 鲕状铁矿开发利用

我国铁矿资源储量的1/9为鲕状赤铁矿，占我国红矿储量的30%。鲕状赤铁矿常形成大型矿山，例如北方的宣龙式铁矿、南方的宁乡式铁矿。鲕状赤铁矿嵌布粒度极细且经常与菱铁矿、鲕绿泥石和含磷矿物共生或相互包裹。由于鲕状赤铁矿嵌布粒度极细且其层层包裹的结构，所以很不利于矿石的单体解离，并且矿石经破碎和磨矿后特别容易形成微细颗粒，而且含泥量大，这就决定了该铁矿石的选冶是非常困难的。

7.1.2.1 鲕状赤铁矿选矿工艺研究现状

随着选矿技术的不断进步，地质、选矿、冶金学科相互交叉，为我国难选资源的开发利用提供了有力的技术保障。近几年来，国内许多研究机构和高校都对鲕状赤铁矿等难选铁矿石进行了深入的研究。

北京矿冶研究总院刘万峰等对湖北某铁品位和磷品位分别为49.99%和1.13%的鲕状赤铁矿进行了浮选扩大试验，在-0.074mm占70.73%的磨矿细度下，获得了精矿铁品位为57.43%，磷含量为0.22%，铁回收率为78.24%的较好指标，为开发该矿提供了选矿技术依据。

武汉理工大学彭会清等采用复合药剂对某鲕状赤铁矿进行选择性絮凝—反浮选脱泥试验，使矿石铁品位从47.85%提高到54.63%，铁回收率达到82.49%。红外光谱和扫描电镜检测显示，复合药剂选择性絮凝—反浮选脱泥是处理鲕状赤铁矿的一种有效方法。

武汉科技大学董怡斌等通过试验，考察了自行研制的QD系列阴离子捕收剂对鄂西高磷鲕状赤铁矿的反浮选效果。试验结果显示：在-0.074mm占90%的磨矿细度下，QD系列的3种捕收剂均可以从铁品位为47.87%，P含量为0.78%的强磁选精矿获得铁品位大于52%，磷含量小于0.60%，铁作业回收率大于53%的反浮选铁精矿，其中QD-02和QD-03的铁作业回收率大于70%，QD-01可将铁精矿磷含量降至0.46%。试验结果证明QD系列阴离子捕收剂是高磷鲕状赤铁矿的有效反浮选药剂。

贵州省地质矿产中心实验室陈文祥等针对巫山桃花高磷鲕状赤铁矿比较了物理选矿、化学选矿以及物理选矿—化学选矿联合方法的脱磷效果，结果表明，重选—化学选矿可以将某高磷鲕状赤铁矿中的磷从1.13%降低至0.077%，而且脱磷成本较低，脱磷溶液可以通过回收再利用。

河北理工大学牛福生等对张家口地区某鲕状赤铁矿进行了强磁选—重选和焙烧—弱磁选试验研究，结果表明：强磁选—重选可获得铁品位为61.01%，铁回收率为47.85%的铁精矿，焙烧—弱磁选可获得铁品位为63.06%，铁回收率为86.05%的铁精矿。

浙江大学王国军等采用实验室循环流化床装置，以CO与N_2的混合气体和电加热方式模拟燃煤还原焙烧气氛，对铁品位为47.20%的鄂西某鲕状赤铁矿进行磁化焙烧—弱磁选试验，获得了精矿铁品位为56.60%，对焙烧矿铁回收率为77.79%的较好选别指标。

广西大学沈慧庭等针对某难选鲕状赤铁矿，进行了采用磁化焙烧—磁选工艺获取铁精矿和采用直接还原工艺制取海绵铁的实验室试验，结果表明，采用无烟煤作还原剂进行磁化焙烧，焙烧产品经过磁选后铁精矿铁品位达到61.60%，铁回收率达到96.65%；在环状装料方式下采用无烟煤和碳酸钙的混合物作为还原剂进行直接还原焙烧，焙烧产品经过磁选得到的海绵铁的铁品位、金属化率和铁回收率分别达到89%、90%和85%。

北京科技大学杨大伟等对鄂西某宁乡式高磷鲕状赤铁矿进行了还原焙烧同步脱磷工艺研究。试验在还原焙烧时添加脱磷剂NCP，还原产物经细磨、磁选，最终产品平均铁品位为90.09%，铁回收率为88.91%，磷含量为0.06%。试验中发现，脱磷剂NCP在起到脱磷作用的同时还可以降低焙烧温度；还原焙烧温度应控制在1000℃，温度过高将会使铁矿物与磷重新结合，而温度过低则达不到还原的效果；由于鲕状赤铁矿本身的嵌布粒度极细，所以还原焙烧产物需要充分细磨才能有效分选。

（1）对于铁品位为48%左右、P含量为0.88%的鄂西官店鲕状赤铁矿：1）采用单一强磁选流程，铁精矿铁品位为56%左右，P含量大于0.6%，铁回收率为60%左右；2）采用强磁选—阴离子反浮选流程，铁精矿铁品位为57.03%，P含量为0.3%左右，铁回收率为48%左右；3）采用分散脱泥—阴离子反浮选流程，铁精矿铁品位为58.12%，P含量为0.25%，铁回收率为40%左右，反浮选时捕收剂受温度影响较大；4）采用脱泥—阴离子反浮选脱磷—阳离子反浮选脱硅—解胶脱磷流程，脱硅反浮选铁精矿铁品位为58.12%，P含量为0.37%，铁回收率为69.06%，该精矿经1次解胶脱磷，P含量可以降至0.1%左右，解胶脱磷作业铁损失率不足1%；5）采用强磁选—解胶脱磷流程，铁精矿铁品位为55.74%，P含量为0.12%，铁回收率为70.54%。对比试验指标，脱泥—阴离子反浮选脱磷—阳离子反浮选脱硅—解胶脱磷工艺和强磁选—解胶脱磷工艺。

（2）对于铁品位为41%左右，P含量大于0.77%的重庆桃花鲕状赤铁矿：1）采用脱泥—反浮选脱磷—反浮选脱硅流程，铁精矿铁品位为54.95%，P含量为0.12%，铁回收率为62.85%；2）采用强磁选—阴离子反浮选脱磷流程，铁精矿铁品位为54%左右，P含量低于0.1%，铁回收率低于55%；3）采用强磁选—化学脱磷—强磁选流程，铁精矿铁品位在55.5%左右，P含量降至0.07%以下，铁回收率大于65%；4）采用焙烧—磁选—反浮选脱磷流程，铁精矿铁品位为57.64%，P含量为0.22%，铁回收率为73.13%。对比试验指标并考虑各种因素，在目前情况下，脱泥—反浮选脱磷—反浮选脱硅工艺是开发利用重庆桃花鲕状赤铁矿较为合适的选矿工艺。

7.1.2.2 不同类型鲕状赤铁矿的选冶工艺

对于富铁鲕粒，通过物理选矿可以获得较高品位的铁精矿；对于贫铁鲕粒，由于其中脉石矿物和铁矿物粒度微细，呈均匀嵌布，故仅采用物理选矿方法难以获得含铁较高的铁精矿产品。当鲕状赤铁矿含磷较低时，可考虑用直接还原—选冶联合方法，以转底炉为主要设备，得到直接还原铁；当鲕状赤铁矿含磷高时，直接还原可得到高磷生铁，在炼钢时除磷。但炼钢工艺不同，炼铁时对铁矿石含磷量的要求也是不同的：对于酸性转炉炼钢和碱性平炉炼钢，炼铁时要求铁矿石含磷量低（0.038% ~0.18%）；对于碱性底吹转炉炼钢，炼铁时允许铁矿石含磷量为0.2% ~0.8%；至于托马斯生铁，则专门用高磷铁矿石（P含量0.8% ~1.2%）冶炼。我国炼钢主要采用转炉，为此要大规模开发宁乡式鲕状赤铁矿，则要求铁精矿磷含量最高不能超过0.3%（与其他低磷铁矿产品混合入炉）。如果宁乡式鲕状赤铁矿P含量较低，则可生产直接还原铁，做电炉炼钢的原料，但电炉炼钢产能较小，且一般以来源于高质量铁精矿（含铁68%以上，硫磷含量0.1%以下）的优质海绵铁作为炼特种钢的原料，故面向电炉炼钢开发宁乡式鲕状赤铁矿的实际意义有限。

7.1.2.3 今后研究的方向

由于不同产地鲕状赤铁矿的工艺矿物学特性存在差异，因此选别工艺和手段也不尽相同，因此需要对不同类型鲕状赤铁矿进行如下基础研究，以指导鲕状赤铁矿资源的开发利用。

（1）还原焙烧对鲕状赤铁矿中不同单矿物影响的基础研究。在还原焙烧过程中，物料粒度、还原剂的用量和种类、焙烧条件（如焙烧时间、焙烧温度、冷却方式等）等对不同矿物的影响差异较大，因此需要研究鲕状赤铁矿所含各种矿物如赤铁矿、褐铁矿、磷灰石、绿泥石等在有无磷固化剂和不同还原条件下的物理、化学变化特性，并预测这些特性对后续选别的影响，提出合理的焙烧选别工艺。

（2）不同产地鲕状赤铁矿的工艺矿物学研究。不同产地的鲕状赤铁矿嵌布粒度、矿物组成以及各种矿物的相嵌关系大不相同，使得适合不同产地鲕状赤铁矿的选别工艺也各不相同，因此需要对不同产地的鲕状赤铁矿进行详尽的工艺矿物学研究，以查明不同产地鲕状赤铁矿的工艺特性，并依据还原焙烧对鲕状赤铁矿中各种矿物影响的研究结果，预测不同产地鲕状赤铁矿采用焙烧—选别工艺的可行性。

（3）不同产地鲕状赤铁矿的可选性研究。依托前两项研究的结果，对不同产地的鲕状赤铁矿进行可选性研究，考察焙烧条件、磁选场强、磁选设备、浮选工艺及药剂制度对最终精矿铁品位、铁回收率以及磷品位和磷去除率等指标的影响，提出不同产地鲕状赤铁矿的最佳选别工艺，并评估各工艺的成本以及进行投资概算等，以便根据铁矿石市场的变化情况指导各地鲕状赤铁矿的开发利用。

（4）由于还原条件以及冷却条件对还原产物的影响较大，国内还没有成熟的工业设备保证还原焙烧技术的大规模推广，使还原焙烧设备成为制约鲕状赤铁矿资源开发利用的瓶颈之一，因此国内学者均认为需要在以往研究的基础上，联合国内大型设备制造商，针对还原焙烧工艺设计、制造符合此工艺特点的新型设备，为鲕状赤铁矿的大规模开发利用提供设备保障。

7.1.3 微细粒弱磁性铁矿开发利用

世界铁矿石产量从1992年开始增加，并且呈逐年上升的趋势。由于各国对铁矿资源的开发利用一般总是遵循“先富后贫，先磁后赤，先易后难”的原则，地球上有限的富矿和易选矿资源将逐渐枯竭。据专家预测，21世纪及以后的弱磁性铁矿资源的基本特征将是：品位低，多种组分致密共生，有用矿物微细粒嵌布。此外，一些矿石中含有杂质的载体矿物，如磷灰石等，嵌布粒度更细，大多在5μm以下，甚至是2μm以下。我国铁矿资源具有贫矿多、富矿少，共生、伴生组分多，矿物嵌布粒度细等特征，给选矿工作提出了严峻的考验。

7.1.3.1 微细粒弱磁性铁矿石资源特征

我国弱磁性铁矿以组成矿物的微细粒嵌布为主要特征，采用常规的分选方法往往难以获得满意的选别指标。如东鞍山铁矿石中假象赤铁矿的嵌布粒度不均匀，粗粒达100~200μm，细粒仅为14~40μm，而赤铁矿则为43~104μm；司家营铁矿氧化带矿石中铁矿物及脉石矿物均为细粒不均匀嵌布，大部分铁矿物的粒径小于13μm；鄂西鲕状赤铁矿的鲕粒粒度为0.1~0.8mm，含铁40%~50%，鲕粒中赤铁矿的环带宽为30μm以下；大冶铁矿的菱铁矿，其晶粒粒度一般为10~50μm，大部分与方解石、铁白云石呈集合体共生。

采用常规选矿方法，如强磁选、泡沫浮选、重选及这些方法的组合，分选30μm以下的微细粒弱磁性铁矿石，即使细磨使其单体解离，也难以实现成功的分选，既不能获得高质量的铁精矿，也不能保证有较高的回收率。任何选矿方法及分选设备都有其最佳的分选粒度范围，特别是选别粒度下限。例如，湿式强磁场磁选机以及刻槽矿泥摇床的分选粒度下限均在30μm左右，圆锥选矿机的分选粒度下限一般在75μm左右。大冶铁矿的弱磁选尾矿用湿式强磁选回收其中菱铁矿及赤铁矿微粒，分选效果不好。原因在于30μm粒级铁矿物不能有效地回收进入强磁精矿而流失，作业回收率一般在40%~50%范围内；而+30μm粒级则主要是弱磁性铁矿物与脉石矿物的连生体，即使进入精矿，品位很低，含铁仅33%左右，以致无法入炉。

泡沫浮选虽然是细粒物料分选的常用方法，但对金属矿物而言，其最佳粒度范围在75μm至10~20μm之间。如果入选物料中含大量小于10~20μm的弱磁性铁矿石，选择性降低，浮选速度变慢，分选指标恶化，往往需要浮选前脱泥。通常用水力旋流器脱掉小于10~20μm粒级的矿泥，而矿泥中的有用矿物也随着流失而得不到回收。

微细粒弱磁性铁矿石的基本特征及对分选的影响主要表现在以下3个方面：

(1) 矿粒质量小。由于颗粒的质量小，导致颗粒动量小，粒子在流动场中跟随性好，靠径向传质，与气泡、齿板等捕集介质碰撞概率低。

(2) 矿粒比表面积大。由于颗粒的比表面积大，因而其表面能作用显著，且晶系缺陷、裂隙、尖边角增多，增大选择性聚团的困难；此外，在水中溶解度大，耗药量高，悬浮体黏度大。

(3) 矿粒比磁化系数小。矿粒在磁场中磁化后所获位能小，受力小，采用常规强磁选分选难以奏效，且与捕集介质黏着概率及牢固度低，与脉石矿物的理化性质差异小，强力捕集时磁性夹杂现象严重。

显而易见，为了充分合理地利用我国弱磁性铁矿资源，在这些常规选矿方法之外，研究并发展有效的微细粒弱磁性铁矿石的分选工艺及设备已成为我国选矿工业亟待解决的问题。

7.1.3.2 微细粒弱磁性铁矿石的分选工艺

近年来，关于微细粒弱磁性铁矿分选新工艺方面的报道很多。按照是否改变微细粒目的矿物颗粒在矿浆中的行为体尺寸，可将目前的分选工艺流程分为直接分选工艺与选择性聚团分选工艺。现有的分选工艺流程大多数采用多种工艺方法联合运用，如强磁—浮选、选择性高分子絮凝脱泥—反浮选等，这里以单一工艺方法为脉络简要介绍主要分选工艺的现状。

A 直接分选工艺

a 强磁选

（1）改进现有的常规强磁选机直接分选。乌克兰克里沃罗格黑色冶金选矿设计院采用强磁场磁选机的磁选工艺替代磁化焙烧—磁选工艺，用于选别磨至 -45μm 占 93% ~ 95%、-10μm 占 20%、平均含铁 36% 的含铁石英岩，可获得精矿铁品位 61%，铁回收率 70% 的良好分选指标。

（2）脉动或振动高梯度磁选。

（3）超导磁选。超导磁选工艺及设备近年来在高岭土除铁以及鲕状赤铁矿干选等方面获得应用。

b 浮选

（1）利用新型浮选剂直接浮选。甲基苯胺树脂、十二烷基三甲基溴化物、M-203 以及 RA-315 等药剂应用于常规浮选工艺中选别微细粒红矿，已获得可喜的成果。

（2）微泡浮选。具有微泡发生器的浮选柱在微细粒弱磁性铁矿石的选别中得到了应用，是较为理想的细粒分选设备之一。

B 选择性聚团分选工艺

a 高分子絮凝分选

通过高分子聚合物的桥联作用使微细矿粒絮凝后进行分选。高分子絮凝在固液分离和水处理技术方面已有广泛应用，处理微细粒弱磁性铁矿石也有成功的工业实践。近年来，人们通过高分子絮凝剂选择性絮凝目的矿物，然后使用脱泥工艺分选微细粒弱磁性铁矿方面进行了许多有意义的工作。

河北联合大学牛福生等针对微细粒嵌布难选赤铁矿面临的目前利用质量和利用率较低，沿用现有分选工艺难以获得令人满意的选别指标的难题，在综合分析微细矿粒分选领域研究工作的基础上，展开了对矿石工艺矿物学数值模拟研究、微细赤铁矿颗粒分散絮凝特性的分析研究、新型高效絮凝剂研制等关键技术的基础研究，在此基础上对某微细粒赤铁矿进行合理选矿工艺研究，相对传统流程新工艺精矿品位提高 2% ~5%，回收率提高 20% ~25% 的选别指标。以上研究为微细粒嵌布赤铁矿的有效分选提供了依据，对我国微细粒赤铁矿资源的合理利用产生积极的促进作用。

b 疏水聚团分选

疏水聚团分选是根据矿物颗粒表面选择性疏水化而成团的一种聚团行为。疏水聚团分选工艺的一个基本特征是需要较长时间的中等或强烈搅拌，强湍流条件赋予矿粒足够大的动能以克服颗粒间排斥势垒，并增大聚团速率。

c 磁聚团与磁种团聚分选

（1）磁聚团。微细矿粒在外界磁场作用下，主要依靠磁力聚团后进行分选的工艺。对于弱磁性铁矿物而言，要获得稳定的磁聚团，临界磁场强度一般为 0.5 ~0.6T。

（2）磁种团聚。弱磁性铁矿的磁种以有无外界磁场存在而分为外磁场中的磁种团聚和无外磁场的磁种团聚。这种工艺中的磁种添加量以及磁种的制备、回收与再生问题已引起人们的重视。

C 复合聚团分选工艺

复合聚团指将两种或两种以上的聚团方法叠加在一起而进行的强化聚团的工艺方法。当被分选的矿物颗粒间单一性质差异较小时，复合聚团可使聚团作用增强，同时又保持较高的选择性。

复合聚团分选工艺与单一方法聚团分选工艺相比，从选择性和分离效率等方面已经显示出明显的优势。该项技术不仅在微细粒矿物分选领域受到重视，而且还被用于污水处理，以除去水中所含悬浮颗粒及细菌。复合聚团分选工艺使矿物加工工程进入全面而高速发展的新时代。可以预见，复合聚团分选技术在微细粒物料的分选与处理领域将具有广泛的发展与应用前景。

针对微细粒弱磁性铁矿石的特征，许多选矿科技工作者采用复合聚团分选工艺曾做了大量的试验，并得到宝贵的试验经验。

Huang Y J 研究了 2～20μm 三水铝石、石英和磁铁矿的选择性絮凝磁种分离。三水铝石矿和石英都是抗磁性物，它们的等电点分别为 5.0 和 2.0，磁铁矿的等电点为 6.5。当矿浆 pH 值小于 8.5 时，这些矿物表面带有负电荷，有利于良好的分散。加入阴离子絮凝剂后，由于石英比三水铝石和磁铁矿具有更多的负电荷，吸附较少的絮凝剂而不容易形成絮团。相反，三水铝石和磁铁矿容易吸附絮凝剂而产生絮团。分选结果表明，三水铝石品位从 40% 提高到 69%，回收率为 92%。

胡筱敏、罗倩、张维庆等进行了磁种团聚高分子絮凝重选分离赤铁矿的研究。磁种采用铁 70.04% 的 -37μm 的磁铁矿。矿物和磁种在一定 pH 值下与分散剂搅拌，经外磁场作用，使磁种和赤铁矿形成絮团，再加絮凝剂（苛性淀粉 CS 和水解聚丙烯酰胺 HPAM）处理，使絮团增大，然后用虹吸或旋流器分选。试验结果表明：磁种团聚赤铁矿所得到的磁团粒度小，沉降速度慢，无疑对分离极其不利；高分子絮凝所产生的絮团粒度则相对较大，其沉降速度也较大；磁种团聚和高分子絮凝联合作用所得到的絮团沉降速度则更大，这就为分离提供了方便。

松全元、赵良青等对低品位微细粒含泥菱铁矿矿石、褐铁矿矿石和镜铁矿矿石进行了选择性磁种絮凝—磁选、选择性磁种—磁选、选择性絮凝—磁选、分散直接选 4 种工艺方法的比较。结果表明，4 种工艺方法处理褐铁矿矿石所得到的精矿品位相差不大，但选择性磁种絮凝—磁选法的回收率远远大于其他 3 种方法的回收率。在获得相同的精矿回收率时，选择性磁种絮凝—磁选法所需的背景场强大大低于其他 3 种方法所需的背景场强。

长沙矿冶研究院曾经进行过蒂尔登铁矿选矿试验，进行了各种工业流程的比较，最终确定了试验采用絮凝脱泥—阴离子反浮选流程。在研究中选用 NaOH 作为 pH 值调整剂，水玻璃作为分散剂，淀粉作为铁矿物絮凝剂。当 NaOH 用量为 667g/t、水玻璃用量为 500g/t、淀粉用量为 133g/t 时，脱泥效果较好。在原矿含铁 35.66%、含磷 0.039% 的条件下，脱泥精矿铁品位为 41.96%，精矿中含磷 0.041%，铁回收率达到 94.77%。从工艺指标分析，沉砂中磷含量较原矿中磷品位略有提高，这说明水玻璃对磷灰石的分散效果不佳，磷灰石不能一起随泥脱除。

刘世伟、朱家骥等在对蒂尔登铁矿选矿试验研究中曾做了许多研究工作。在选择性絮凝—脱泥阶段，对许多合成及天然的有机和无机分散剂进行了评价。阶段试验表明，用聚磷酸盐代替硅酸钠可增强磷灰石的脱除。拉西德也描述了使用三聚磷酸钠脱除磷灰石的明显效果。工业试验发现，三聚磷酸钠可以加强细粒磷灰石的脱除。使用长链聚磷酸盐试验表明，随着聚磷酸盐的链长增加，脱磷效果变好，且无副作用。

东鞍山铁矿属震旦纪鞍山系，是沉积变质岩的一种，即所谓“鞍山式”铁矿床。矿物成分单纯，主要为赤铁矿和石英，呈细粒结晶条带状结构。原矿含铁20% ~45%，含二氧化硅40% ~60%，含硫、磷较低。铁矿物嵌布粒度较细，0.074 ~0.009mm 粒级含量占80%。东鞍山铁矿石的矿石类型及铁矿物种类多，矿物嵌布粒度细，矿泥量大。采用脱泥—反浮选工艺流程，首先把有害矿泥脱除，用碳酸钠和水玻璃作为分散剂，淀粉作为絮凝剂抑制铁矿物，实现絮凝脱泥工艺过程，再进行以石英为主的反浮选，对各种不同类型的矿石均有较好的适应性。该流程既可以大幅度提高难选矿石的选别指标，也可以使正常矿石获得更好的选别效果。工业分流试验表明，对于正常矿石，可获得铁品位63.66%、回收率80.13%的铁精矿；对于难选矿石，所得铁精矿品位62.83%、回收率75.48%。

潘其经也做了东鞍山赤铁矿石选择性絮凝脱泥试验。试验表明，采用150g/t 左右的木薯淀粉作为絮凝剂，1000g/t 左右的硅酸钠作为分散剂，在中性 pH 值范围内，就可以脱去占原矿25%左右的低品位矿泥。在原矿铁品位35.41%的条件下，脱泥精矿铁品位45.74%，铁回收率97.23%。与美国蒂尔登选矿厂相比，其主要优点是不需要加碱调浆。试验还说明，硅酸钠必须添加在球磨机内，否则无效。使用木薯淀粉时，其相对分子质量大小对选择性絮凝有影响，相对分子质量过大或过小效果都不好。

复合聚团分选工艺也存在着不足之处，如抗硬水能力差、能耗较高；一些工艺要求较长时间的强烈搅拌；有些工艺磁种的添加量甚至达到20%以上；有些工艺在水中钙镁离子含量达到10^{-3}mol/L 水平时，选择性几乎完全丧失。因此复合聚团分选工艺的工业化依然步履维艰。深入开展微细粒弱磁性铁矿石分选设备与工艺的研究，进一步完善复合聚团分选工艺及设备，具有重要的理论与实际意义。

7.1.3.3 *微细粒弱磁性铁矿石分选工艺的工业应用实例*

白云鄂博矿是世界上罕见的铁、稀土、铌等多金属共生的大型矿床。矿物特征主要表现为：多种矿物相互共生、相互包裹，矿物间嵌布关系复杂，嵌布粒度极细且物理化学性质相近，铁矿物嵌布粒度为0.01 ~0.2mm，矿石品位较低，全铁含量为30%左右。由于白云鄂博矿工艺矿物学的特征所决定，其分选工艺流程复杂，矿石难选。长沙矿冶研究院根据矿石特征及各矿物的选矿行为，选用“弱磁—强磁—反浮选”工艺处理白云鄂博中贫氧化矿，综合回收铁、稀土及降低铁精矿中的氟含量，采用新型浮选药剂和比较完善的强磁选设备，确保这一工艺得以在实际生产中应用，使得包钢选矿厂中贫氧化矿选矿系列在原矿品位33%左右的情况下，经过“弱磁—强磁—反浮选”工艺流程选别后，铁精矿品位达到61%左右，金属回收率在70%左右，含氟1%以下、磷0.1%左右、硫1%左右、氧化钾与氧化钠0.65%以下、二氧化钍0.01%左右。

该工艺的特点是，在磨矿粒度 -0.074mm 粒级占90% ~95%的条件下，先用简单的弱磁—强磁选将矿物按磁性强弱粗选，合理分组，再利用可浮性差异，分别进行反浮选和浮选精加工，获得高质量的铁精矿和稀土精矿。该工艺技术先进，经济合理，对白云鄂博复杂矿石性质适应性强，过程稳定可靠。包钢选矿厂采用“弱磁—强磁—反浮选”工艺对中贫氧化矿石选矿流程进行技术改造并取得了成功，填补了我国在中贫氧化矿选别领域内的空白。包钢选矿厂中贫氧化矿的选矿技术问题基本得到解决。

河北联合大学牛福生等以唐山地区司家营赤铁矿为研究对象，根据司家营铁矿的矿石性质及工艺流程条件，借鉴氧化矿选矿经验以及生产实践，在充分的流程考查、研究论证及试验的基础上，设计出一种适合我国难选微细粒赤铁矿选矿高效分选关键技术、设备和工艺，在处理能力不变的情况下，确定该类型的矿石适合用“阶段磨矿—弱磁选—强磁选—阴离子反浮选”工艺联合流程处理，在原矿品位为21.90%时，通过该工艺选别后可以取得精矿品位66.61%、尾矿品位7.23%、金属回收率75.13%的理想选别指标。

7.1.4 超贫细磁铁矿开发利用

这类矿石由于磁铁矿嵌布粒度太细（-0.038mm占90%）以及铁矿物与含铁硅酸盐脉石矿物的物理化学相近，造成分选困难，使其尚无法在工业上大规模利用。属于该类矿石的有鞍钢谷首峪铁矿、河南舞阳矿业公司铁古坑铁矿石、本钢贾家堡子磁铁矿矿石（储量约1.5亿吨）等。近年来在鞍山式贫磁铁矿的选矿研究方面，国内学者进行了有益的探索，取得了一些研究成果。

7.1.4.1 鞍钢谷首峪铁矿矿石

鞍钢谷首峪铁矿矿石为微细粒嵌布的贫磁铁矿，全铁品位为31.90%，96.14%的铁分布在磁铁矿中，还有一部分以菱铁矿、硅酸铁和假象、半假象赤铁矿形式存在。其多元素化学分析结果和铁物相分析结果分别见表7-4和表7-5。

表7-4 谷首峪铁矿石多元素化学分析结果

元素	TFe	FeO	S	P	SiO_2	Al_2O_3	MgO	CaO	MnO	灼减
含量/%	31.90	16.78	0.086	0.046	44.82	1.02	2.48	2.02	0.14	3.10

表7-5 谷首峪铁矿石铁物相分析结果

铁物相	TFe	磁性铁	碳酸铁	硅酸铁	假象、半假象赤铁矿
铁含量/%	31.90	26.70	2.05	3.00	0.15
铁分布率/%	100.00	96.14	2.00	1.39	0.47

鞍钢集团矿业公司在5种磨矿细度下进行了磁选管试验，发现在磨矿细度为-0.074mm占55%的情况下，可抛弃产率为42.00%、品位为8.71%的尾矿；在磨矿细度为-0.074mm占84%的情况下，取得的精矿品位为58.42%，抛弃的尾矿品位为8.88%，产率为54.00%，因此，谷首峪铁矿石适合阶段磨选工艺。扩大磁选条件试验表明，将谷首峪铁矿石一段磨矿至-0.074mm占55%，进行一次磁选抛尾，一次磁选精矿经过二段磨矿后进行两次磁选分别抛尾，三次磁选精矿给入一段、二段细筛，筛下作为最终精矿，筛上经三段磨矿和一次磁选抛尾后给入三、四段细筛，筛下作为最终精矿，筛上作为中矿，试验的最终结果为原矿品位31.90%，精矿品位65.53%，精矿产率27.07%，中矿品位59.74%，中矿产率14.34%，尾矿品位9.55%，尾矿产率为58.59%；对二段磨矿闭路，将三、四段细筛筛上返回三段磨矿进行连选试验，结果表明，当原矿品位为31.72%时，精矿品位65.05%，尾矿品位10.21%，金属回收率80.43%。

7.1.4.2 铁古坑铁矿石

舞阳矿业公司铁古坑铁矿是安阳钢铁集团的重要矿产原料基地。舞阳矿区探明铁矿石地质储量6.6亿吨，占河南全省铁矿石探明地质储量的80%，平均TFe地质品位29.12%，在河南省占有举足轻重的地位。矿区主要有铁古坑、铁山庙、赵案庄、王道行、经山寺等大小10余个矿体。其中铁古坑铁矿是舞阳矿业公司的主要采选单位。

铁古坑铁矿主要铁矿物为磁铁矿，次为硅酸铁和少量赤铁矿，脉石矿物为碧玉、辉石，与磁铁矿的分离较为困难。由于近年来矿石贫化率增加，入选矿石品位降至20.00%左右。因此，舞阳矿业公司开发了低品位难选此款铁矿的高效节能技术，提出了多段干式预选、多碎少磨、细筛—磁团聚提质—尾矿中磁扫选的技术路线，特别加强了原矿破碎流程中的预选，恢复了矿石地质品位，提高了整个选矿厂的处理能力。

铁古坑低品位矿体不但矿石铁品位低，矿体薄，呈层状赋存，夹层多又难以剔除，且露天采场用4m^3电铲装车，岩石混入率高达25%左右，使得进入选矿厂的原铁矿品位进一步降低，处理5t左右矿石才能得到1t铁精矿，因而必须强化预选，抛去废石，提高入选矿石品位。为此，采用原矿多段预先抛尾工艺，先后在原破碎系统的粗碎和终碎回路中各安装了2台磁滑轮，在细碎回路中安装了1台磁滑轮。粗碎回路中的磁滑轮用于抛去采矿过程中混入的废石，中碎和细碎回路中的磁滑轮用于选出破碎后解离的大块脉石。工艺技术指标见表7-6。

表7-6 多段破碎多段磁滑轮预选结果

产品名称	产率/%	铁品位/%	回收率/%
粗碎废石	15.87	4.65	3.29
中碎废石	6.04	5.09	1.38
细碎废石	3.06	5.85	0.80
入磨矿石	75.03	28.32	94.53
原　矿	100.00	22.48	100.00

从表7-6中可知，采用多段破碎多段磁滑轮干式预选工艺后，废石抛弃率可达25%左右，使选矿厂磨选车间的年处理能力由74万吨提高到115万吨，可年节省电能810kW·h。

新工艺采用多段破碎多段磁滑轮预选，不仅恢复了矿石的铁地质品位，而且还分离出了破碎过程中解离的大块岩石，废石抛弃率达到25%左右，使选矿厂磨选车间的处理能力由原来的74万吨/年提高到115万吨/年。实践证明多段干式预选—多碎少磨—阶段磁选抛尾—细筛+磁聚机提质—尾矿中磁扫选新工艺技术指标先进、操作稳定、对矿石适应性强。采用新工艺后，精矿铁品位由64.05%提高到67.5%以上、铁回收率由64.49%提高到69%左右、选矿电耗由48.1kW·h/t降至25.8kW·h/t，每年可因增加精矿产量、精矿质量提高、最终精矿水分降低和节省选矿电耗新增经济效益7500万元以上。

7.1.4.3 新疆某铁矿床矿石

新疆某铁矿床矿石主要为磁铁矿类型，铁矿物主要为磁铁矿，其次为碳酸铁、赤铁矿、褐铁矿和黄铁矿。矿石的嵌布粒度极细，使该矿石极为难选。其原矿多元素化学分析结果和铁物相分析结果见表7-7和表7-8。

表7-7 新疆某铁矿原矿多元素化学分析结果

元　素	TFe	FeO	S	P	SiO_2	Al_2O_3	MgO	CaO	灼减
含量/%	31.78	18.80	0.20	0.246	23.76	2.48	3.22	3.46	1.61

表7-8 新疆某铁矿原矿铁物相分析结果

铁物相	磁铁矿	假象赤铁矿	赤、褐铁矿	黄铁矿	碳酸铁	硅酸铁	合　计
铁含量/%	22.80	0.20	1.53	0.10	6.75	0.40	31.78
铁分布率/%	71.74	0.63	4.81	0.32	21.24	1.26	100.00

中钢集团马鞍山矿山研究院根据该矿石的特点，通过细磨、磁选和细磨、磁选—浮选两个方案的试验研究，提出了三段磨矿、三次磁选、磁选精矿反浮选工艺（图7-1），其反浮选部分的闭路试验条件见表7-9。

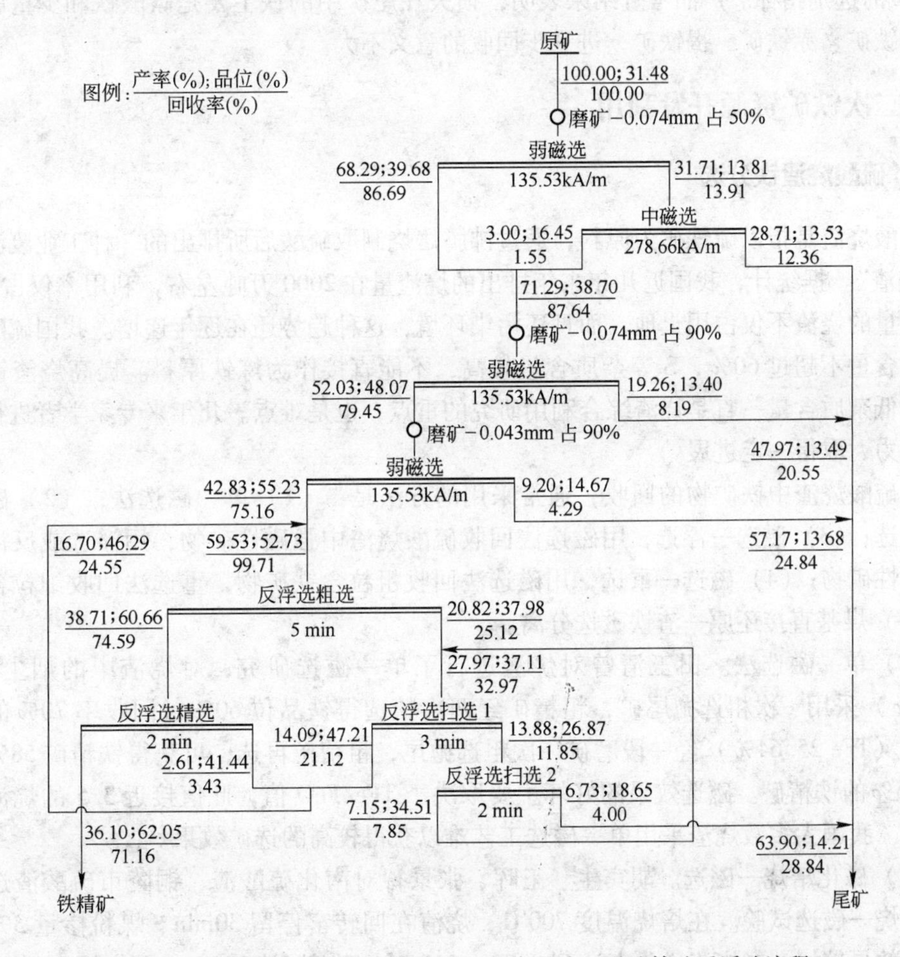

图7-1 新疆某铁矿原矿三段磨矿、三次磁选、磁选精矿反浮选流程

表7-9 新疆某铁矿石磁选精矿反浮选闭路试验条件

作业	NaOH用量/g·t^{-1}	淀粉用量/g·t^{-1}	CaO用量/g·t^{-1}	MD-30用量/g·t^{-1}	浮选时间/min
粗选	600	800	200	470	8
精选				130	3
一次扫选	70				6
二次扫选	70				5

从图7-1中可以看出，新疆某铁矿矿石在-0.043mm占90%的最终磨矿细度下，经过三段磨矿、三次磁选、磁选精矿反浮选流程选别，可以获得产率为36.10%、铁精矿品位62.05%、铁回收率71.16%的选别指标。

而采用筒式永磁弱磁选机、SLon-750mm立环脉动高梯度磁选机、磁选柱的弱磁选—高梯度强磁选—磁重选流程，经过三段磨矿、三次磁选、三次弱磁粗精矿再选，只能获得产率39.47%、铁品位58.59%、铁回收率73.30%的选别指标；经过三段磨矿、三次磁选、三次弱磁粗精矿磁选柱选别，只能获得产率26.26%、铁品位60.55%、铁回收率50.51%的选别指标。产品考查结果表明，损失在尾矿中的铁主要是碳酸铁和少量的贫连生体磁铁矿、赤铁矿、褐铁矿，进一步回收的意义不大。

7.2 二次铁矿资源开发利用

7.2.1 硫酸烧渣铁分选

硫酸烧渣是指以硫铁矿为原料，通过沸腾焙烧制取硫酸后所排出的一种工业废渣，俗称“烧渣”。据统计，我国近几年来年排出的烧渣量在2000万吨左右，利用率仅占30%，剩余大量的烧渣不仅占用土地，而且还污染环境，这种趋势还在逐年递增。我国硫酸烧渣中的铁含量不超过60%，S等杂质含量较高，不能直接作为炼铁原料。提高烧渣铁的含量，降低杂质含量一直是烧渣综合利用研究的重点，也是难点。几年来专家学者进行了不懈的努力，取得一定进展。

对硫酸烧渣中铁矿物的回收，通常采用的方法是：（1）单一磁选法；（2）磁化焙烧—磁选；（3）磁选—浮选，用磁选法回收硫酸烧渣中强磁性矿物，用浮选或反浮选回收弱磁性矿物；（4）磁选—重选，用磁选法回收粗粒含铁矿物，重选法回收细粒含铁矿物；（5）煤基直接还原—渣铁磁选分离。

（1）单一磁选法。田玉清曾对烧渣进行了单一磁选研究，对烧渣中的烟尘（TFe 41.07%）采用一次粗选抛尾矿，粗精矿经两次精选得铁品位60%，回收率70%的铁精矿。渣（TFe 25.64%）经一段磨矿一次粗选抛尾，粗精矿再选，可获得铁精矿58%，回收率55%的铁精矿。磁选效果的好坏主要取决于TFe/FeO值，此值接近3.5的烧渣选矿效果好。我国大多数烧渣采用单一磁选工艺难以获得较高的选矿效果。

（2）磁化焙烧—磁选。胡宾生、王晖、张景智对南化硫酸渣、铜陵市硫酸渣进行了磁化焙烧—磁选试验。在焙烧温度700℃、烧渣在回转窑停留30min、煤粉掺量3%焙烧制度下效果较好，在烧渣磁化率达到2.33～3.0时，球磨5～10min，经一次磁选（场强1100A/m），磁选精矿二次精磁选（场强900A/m），可获得精矿产率65%，铁回收率

80%，铁精矿品位63%的选矿结果。此方法适应性较强，选矿指标较高，且有很好的脱硫效果，但该工艺焙烧温度高，能耗大。

（3）磁选—浮选法。傅克文、刘作政采用弱磁选—阴离子反浮选流程对云浮硫铁矿烧渣（荆襄磷化学工业公司）进行的选矿试验表明，在烧渣的原矿品位为45.87%，可达到综合铁精矿品位55.44%、产率64.46%、回收率77.91%的指标，选矿指标不高。为了提高选矿指标，王雪松、胡永平、张德海、任允英在研究苏州硫酸厂烧渣选矿工艺时，在弱磁选之前增加了酸洗工艺。用3%硫酸，在50℃酸浸1h，再经磁选、反浮选，反浮选用石灰调浆，淀粉作抑制剂、十二胺作捕收剂，可得铁精矿品位59.75%、回收率82.72%的较好指标。

7.2.2 钢渣提铁技术

钢渣是炼钢过程中产生的废渣，其数量约为钢产量的15%～20%。近年来，随着我国钢铁工业的飞速发展，钢渣的排放量也随之增加。钢渣中含有相当数量的铁，平均含金属铁约为10%左右。不同品种的钢渣，可以作不同的用途。TFe高的钢渣可以作炼钢原料、炼铁原料，以及作烧结原料用，剩下的尾渣一般用于筑路、回填、制造钢渣水泥等。因此，充分回收钢铁渣中金属铁，综合利用钢铁渣，是冶金企业降低能耗和成本的重要方向之一。钢渣经破碎机破碎、球磨机粉磨、磁选机精选，可产出品位在50%以上的优质精矿，其残留尾渣可用于钢渣水泥的掺和料。

国外较早采用了从钢渣中回收废钢铁的做法，马钢用机械破碎法处理钢渣，从中回收了金属铁，他们的实践结果表明，钢渣的破碎粒度越细，回收的金属量就越多，例如将钢渣破碎到300～100mm，可以从中选出6.4%的金属铁；破碎到100～80mm，则可以回收7.6%的金属铁；破碎到70～25mm，则可以回收金属铁量近15%。美国也进行了相似的做法，每年从钢渣中回收大量的废钢铁。日本磁力选矿将钢渣破碎和磁选，每年处理钢渣的量也相当大。我国也有不少钢铁厂家建立了处理钢渣的生产线，负责加工处理及应用现时生产的钢渣，同时回收其中的金属铁。可以说，无论是国内还是国外的大型钢铁厂，面对生产出来的钢渣首先就是利用破碎以及磁选技术回收钢渣中含有的大量金属铁以及废钢进行重新回炉冶炼。

张朝晖等以临钢钢渣为原料，进行了湿式弱磁选和湿式强磁选对比回收铁的工艺试验研究。分别采用湿式磁选磨矿细度试验、磁场强度试验和试验结果对比，最终确定湿式弱磁选试验结果比较理想，所生产的铁精矿产率为31.00%，选矿比3.23，品位为60.60%，全铁回收率为66.99%。

魏莹等在对陕西某钢厂转炉钢渣进行物相分析的基础上，采用破碎—细磨—磁选的方法将水焖钢渣粉磨到-0.074mm产品含量占65%后，然后进行湿法磁选研究，研究结果表明，在-0.074mm占65%这一细度下，选用XCRS型鼓形湿式弱磁选机，即在场强为0.175T下，铁精粉的铁品位为50.56%，回收率为64.19%，充分回收利用了水焖钢渣中的金属铁，且剩余的尾渣可作为水泥掺和料。

昆钢炼钢厂转炉钢渣磁选生产线由云南省冶金设计院设计，该生产线钢渣处理能力为2000t/d，年处理钢渣60万吨，工艺装备自动化水平高、操作简单、处理效率高、占地面积小、投资少。昆钢炼钢厂钢渣磁选工艺流程为一段开路磨矿，一粗一精选别（图

7-2)。铁精矿采用一段浓缩过滤脱水作业，尾矿采用一段浓密过滤脱水作业，适应原料性质波动，使生产过程中能耗减少。钢渣经磁选后，钢和渣分离，金属铁得到充分回收，渣钢品位可达67.5%以上。

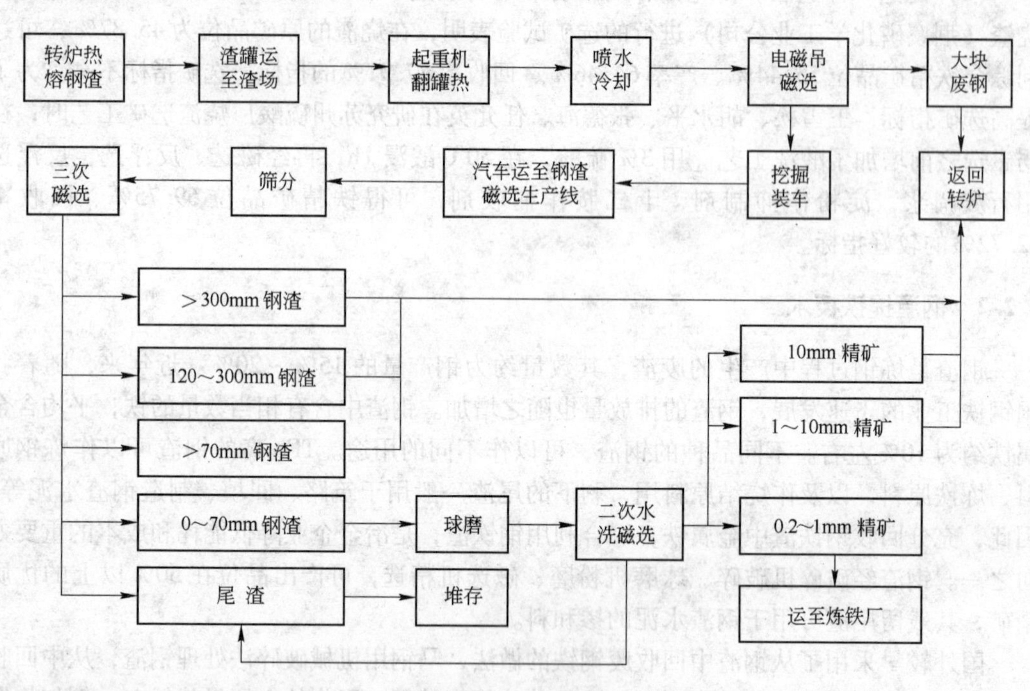

图7-2 昆钢炼钢厂钢渣磁选工艺流程

河北某炼钢厂每月排放转炉渣2.6万吨，该转炉渣经300mm格筛分级，筛下产品经磁滑轮磁选，磁性产品与+300mm钢渣返回钢厂电炉，-300mm磁滑轮尾矿进行筛分分级，磁性产品为渣精矿，磁滑轮尾矿为渣尾矿（图7-3）。经上述筛分磁选后仍有57%的渣精矿和渣尾矿含铁较低，其为了综合利用这部分渣精矿和渣尾矿，对其分别进行了深入系统的物质组成研究和干式磁选可选性试验，要求铁精矿品位达45%～50%时，提供磁选的工艺流程。

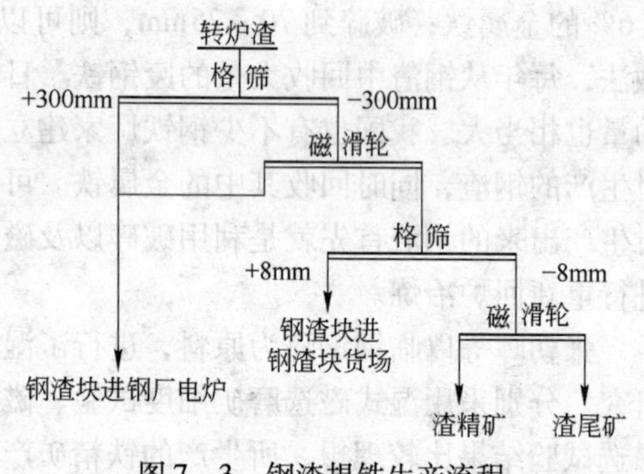

图7-3 钢渣提铁生产流程

根据对渣精矿物质组成研究结果及其磁选条件试验，渣精矿不用破碎和筛分，直接采用弱磁场强为0.12～0.13T的ϕ400mm×450mm磁滑轮进行磁选，可获得产率为67.40%、含铁50.69%、回收率81.28%的铁精矿的较好指标。渣尾矿经磁滑轮磁选，虽然可得到合格的铁精矿，但回收率太低，只有10%左右。

济钢用简单的机械设备及磁选工艺，对钢渣进行加工，从中直接回收废钢16.5%。采用湿式磁选生产线进一步处理，可再回收品位达70%的钢渣铁精粉约32%，仅此两项，每吨可再生产价值达130～150元。济钢一年回收转炉渣26.25万吨，从中回收各类钢渣共5.59万吨，按当时价直接收入1632.46万元，当年实现利润802.62万元。

7.2.3 尾矿提铁技术

7.2.3.1 铁矿尾矿再选资源化的重要意义

我国矿山排放的尾矿中，铁尾矿量达26亿吨，我国重点磁铁矿选矿厂的尾矿中平均铁品位约为10%，实际上磁铁矿尾矿的品位已经高于某些已开采的超贫磁铁矿的品位，见表7-10。即在堆存的26亿吨铁矿尾矿中，至少含有2.6亿吨铁。按全国铁精矿平均品位63.25%折算，相当于4.1亿吨铁精矿。依据国土资源部《矿产资源储量规模划分标准》，铁矿尾矿中蕴藏的铁金属量相当于8座大型贫铁矿（按我国铁矿石平均品位32%折算为矿石）。

表7-10 铁尾矿的主要化学成分及含量 （%）

选矿厂名称	成分						
	TFe	SiO_2	Al_2O_3	CaO	MgO	Fe_2O_3	S
大孤山	11.40	68.20	1.80	3.70	2.90	3.70	
齐大山	12.56	75.50	1.78	0.50	2.10		
歪头山	6.32	74.44	4.09	4.07	3.93	3.54	0.071
水　厂	10.89	72.63	3.90	2.82	3.82		

如果对磁铁矿尾矿进行再选，将尾矿铁品位由10%降为7%，以年处理铁尾矿2000万吨计算，每年将回收90万吨铁精矿（按我国铁精矿品位66%折算），按800元/t（2009年11月迁安价）计价值7.2亿元，经济效益明显。

7.2.3.2 磁铁矿尾矿再选资源化的现状

我国铁矿石短缺和国际铁矿石价格高涨，是促进磁铁矿尾矿再选的主要动力。由于过去生产技术水平较低，磁铁矿品位低、贫、细、杂现象普遍，相对难选，我国磁铁矿选矿厂金属回收率低，几十年来有相当一部分资源流失到尾矿中。随着科技进步，现有技术条件下可以部分回收铁资源，技术能否应用的关键是生产成本的高低。

我国累计查明的铁矿石量中，有近一半来自沉积变质型铁矿床，以鞍山式铁矿为主，主要在鞍本和冀东地区。鞍钢和首钢的部分磁选厂，已进行了磁铁矿尾矿再选的研究。

鞍山地区铁矿资源量丰富，开采历史悠久，现在的尾矿累计堆存量已达到6亿吨以上，目前每年尾矿排放量仍接近4000万吨。尾矿分为赤铁矿和磁铁矿两大类。对大孤山磁选矿厂采用盘式磁选机粗选，粗精矿再磨后经脱水槽、磁选机、细筛再选，每年可回收品位在60%左右铁精矿8万吨。

本钢歪头山铁矿选矿厂为充分利用资源，在尾矿流槽中安装一台盘式磁选机，直接从选矿厂尾矿中回收粗精矿，尾矿品位降低0.56%，回收粗精矿产率2.46%，可实现年产值588万元。

首钢水厂铁矿地处河北迁安境内，铁矿年产矿石1100万吨；大石河铁矿，年产矿石800万吨。水厂和大石河尾矿库共堆存了约2.2亿吨、TFe品位在10%左右的尾砂。如果尾矿库中尾矿全部再选回收利用，预计可回收铁金属量660万吨，相当于生产品位66%的铁精矿1000万吨。

水厂铁选矿厂尾矿回收工艺流程如图7-4所示。尾矿高效回收新工艺共投资765万元，实际精矿单位生产成本为86.30元/t。选矿厂每年处理原矿1100万吨、尾矿量787万吨，尾矿经过再选后，将生产出品位66.95%的铁精矿28.8万吨，回收金属量19.28万吨，800元/t（2009年11月迁安价）计价值2.3亿元。按原矿品位25%计算，年回收铁折合原矿量77万吨，每年少排尾矿量28.8万吨，每年减少占用尾矿库库容90000m^3左右，环境效益明显，且尾矿再选生产成本低于原矿生产成本，是磁铁尾矿回收的范例。

山东金岭铁尾矿组成主要为辉石，其次为绿泥石、透闪石、方解石等，张去非对山东金岭铁矿选矿厂尾矿中含有少量强磁性铁矿物的实际情况，研究了从尾矿中选铁的工艺方法。结果表明，在尾矿铁品位为3.70%的情况下，采用一粗一精弱磁选—磁选柱再选工艺流程（图7-5），可获得精矿铁品位为45.87%，铁回收率为5.21%的分选指标。

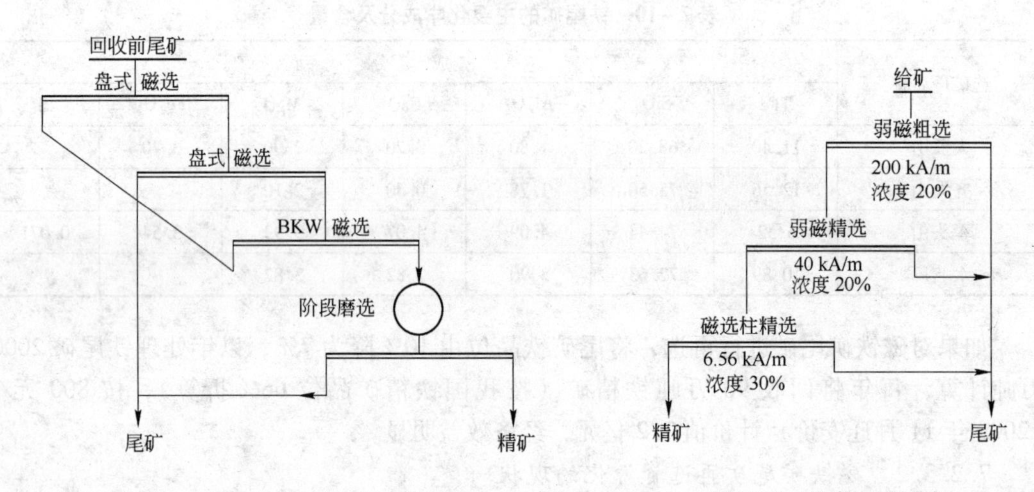

图7-4 磁选尾矿回收工艺流程

图7-5 推荐工艺流程

鞍山小岭子铁矿系沉积变质矿床，铁矿物嵌布粒度细，磁性率低，属较难选铁矿。其磁选尾矿欲经过再选获得65%以上的铁精矿品位和较高的回收率，必须在技术上有所突破，工艺上有所创新。再选新工艺是在预选阶段没有采用通常使用的盘式磁力回收机，而是选用了设置“漂洗水”的中磁选磁选机，从而使预选铁精矿品位和回收率得到大幅度提高；再选工艺流程摒弃了完全依赖铁矿物单体解离度的技术路线，选别设备采用了螺旋柱，充分发挥其选择性高的技术优势，在入选粒度较粗的条件下获得高质量的精矿，不仅减少了磨矿段数和选别次数，而且使后续作业的条件有了明显的改善，使传统的磁选工艺流程得到进一步的优化。尾矿再选工艺流程如图7-6所示。

生产实践证明，该项新工艺具有流程结构简单，选矿效率高，工艺操作简便，生产成本低等优点，非常适合于铁尾矿的处理。目前，最终选别指标都突破了设计指标，最终铁精矿品位达到66%以上，精矿产率6.97%，精矿回收率43.22%，综合尾矿品位稳定在6%以下，取得了优异的技术经济指标。

昆钢上厂铁矿矿石为单一赤铁矿，选矿厂的分选系统中仅有破碎和分级设备而无磨矿设备。分选设备为CS-1型、CS-2型感应辊磁选机和大粒度、细粒跳汰机，用于回收0.2mm以上铁矿物，而粒度-0.2mm铁品位为22%左右的细粒尾矿（为多段粗粒原矿洗矿机和中细粒矿石脱水分级机溢流）未经选别就直接排入到矿区尾矿库中。为了将矿山

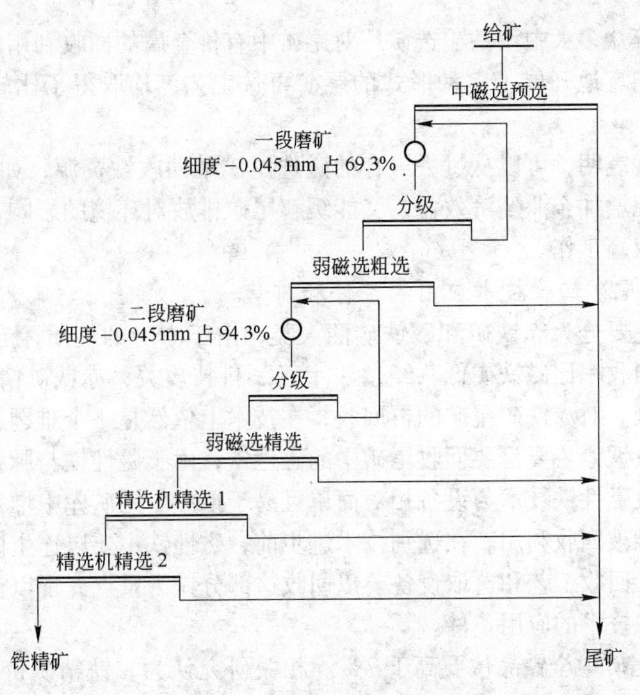

图 7-6 尾矿再选工艺流程

废弃物加以资源化利用，于 1999 年开展了尾矿资源回收利用的试验研究，采用赣州有色冶金研究所研制的 SLon-1500mm 立环脉动高梯度磁选机，进行回收尾矿的工业试验和生产改造。生产试验结果表明，对品位为 22.00% 左右的给矿，采用 SLon-1500mm 一次粗选、一次精选、高梯度磁选流程选别，可获得产率 13.00% 以上，品位 52.00% 左右的精矿。不仅充分利用了铁矿资源，创造了较好的经济效益，也解决了尾矿库堆存的近千万吨微细粒尾矿（-0.2mm）长期不能回收的难题，延长尾矿库服务年限 15 年以上。

梅山铁矿是中国大型地下铁矿，年采选综合生产能力 400 万吨。原矿经破碎、筛分、洗矿分级以及磁选—重选预选抛尾，得到粗精矿、0.5~65mm 干尾矿和 0~0.5mm 湿式尾矿（简称重选尾矿），0.5~65mm 干尾矿直接作为建筑材料销售。粗精矿经细碎筛分、两段连续磨矿分级、浮选脱硫，得到硫精矿和脱硫铁精矿，脱硫铁精矿经过弱磁选—强磁选降磷，得到最终铁精矿和降磷尾矿。重选尾矿和降磷尾矿通过浓缩，混合在一起称为综合尾矿。综合尾矿中含铁矿物主要为 $FeCO_3$ 和 Fe_2O_3，铁分布率达到 86.75%。粒度很细，-0.074mm 粒级占 83.16%，-0.037mm 粒级占 67.72%，含有高岭土、长石等黏土质矿物。

1990 年开始在 1 号、3 号、4 号尾矿输送泵站，各安装 1 台 1050mm×1800mm 湿式永磁筒式弱磁选机，回收其中的磁性矿物，每年可选出铁品位 58% 的精矿 1 万吨左右。2000 年 2 月投资 600 万元建设重选尾矿再选工程，对全部尾矿进行再选。尾矿经浓缩后用 ϕ1050mm×1800mm 湿式永磁筒式弱磁选机进行两次磁选，用 2 台 SLon-1500mm 立环脉动高梯度磁选机扫选。尾矿选别指标为 Fe 回收率 68.00%，精矿品位 56.00% 左右，每年可回收铁精矿 7 万~8 万吨，经济效益十分明显，并且显著延长尾矿库的服务年限。

国内还有鞍钢集团所属选矿厂、攀钢集团密地选矿厂、武钢集团程潮铁矿、大冶铁矿、包钢选矿厂等众多大中型铁矿选矿厂对尾矿中有价金属的回收利用做了研究并进行了生产探索，因地制宜地开展了多种形式的尾矿再选工艺，均取得了比较好的经济和社会效益。

上述生产实践表明，可以从过去堆存的磁选尾矿中回收铁资源，如果工艺设计合理，既能有效回收资源增加企业经济效益，又能缓解尾矿排放对环境的影响，是一项保护环境促进经济发展的双赢工作。

7.2.3.3 选尾矿回收技术应用的条件和前景

我国铁尾矿主要分为赤铁矿和磁铁矿两大类，由于本身的性质，赤铁矿比磁铁矿难选，现有生产中回收率比磁铁矿低。经过“十五”科技攻关，赤铁矿精矿品位已经达标，但回收率仍然较低。对赤铁矿尾矿的再回收，在技术上依然是一个难题，有待深入研究。

磁选尾矿回收铁，主要是要回收尾矿中的磁性铁，由于磁性铁与脉石之间的磁性性质的差异较大，回收磁性铁技术与设备相对简单且易于推广。尾矿库中堆存的磁性铁，在现有的技术条件下能被回收利用。在选别技术进步前，磁性铁主要以连生体和细粒的形式流失在尾矿中，设计回收工艺和选取设备要以回收这部分铁为重点。现以首钢磁选尾矿回收技术为例，说明该技术的应用条件。

（1）磁铁矿尾矿中全铁品位要高于7%。相关研究认为，铁精矿价格800元/t以上，我国铁尾矿回收再选的临界品位定在7%是经济上比较合理的。品位在7%以上的，基本不需要采取激励性的政策措施，经济效益可促使企业产生回收铁尾矿的本能意愿。

（2）磁性铁分布率大于20%。只有磁性铁有一定量才能保证全磁选回收工艺发挥作用。对比超贫磁铁矿的选别，磁选尾矿回收铁在成本方面的优势，在于没有采矿、破碎环节；提高最终精矿品位需要细磨，流程采取了类似超贫磁铁矿的选别的预选，减少了入磨量，降低了磨矿成本，可以将磁选尾矿回收铁成本控制在原生产厂正常成本之内。

（3）保证磁性铁的回收率。设备选择上要与弱磁选设备搭配，主要是适应尾矿的性质，回收连生体和细粒磁铁矿。由于各地矿石性质均有一定的差异，一般需要试验研究确定。

（4）磁选尾矿回收铁可以在现有选矿厂工业场地安排，也可以针对现有或已闭库的尾矿库。由于尾矿库存在安全隐患，因此对尾矿库中铁的回收，要在确保安全的条件下进行，避免发生溃坝事故，同时要保护环境，避免二次污染。

参考文献

[1] 牛福生，吴根，白丽梅，等．河北某地难选鲕状赤铁矿选矿试验研究［J］．中国矿业，2008.17（3）：57~60，68.

[2] 周闪闪，牛福生，唐强．河北某难选赤铁矿强磁选—反浮选试验研究［J］．金属矿山，2010，6（408）：77~79，84.

[3] 聂铁苗，牛福生，邵凤俊．某地极难磨磁铁矿选矿试验研究［J］．矿山机械，2010，9：101~104.

[4] Shuxian Liu，Lili Shen，Jinxia Zhang. Process Mineralogy and Concentrating of Hematite – Limonite Ore in Southern China［J］．Advanced Materials Research 2011，201~203：2749~2752.

[5] 蒋有义，杨永革．东鞍山难选矿石工艺矿物学研究［J］．金属矿山，2006（7）：40~43，68.

[6] 张汉泉，任亚峰，管俊芳. 难选赤褐铁矿焙烧磁选试验研究 [J]. 中国矿业，2006，15(5)：44~48.
[7] 冯其明. 我国几种难处理矿石的加工利用现状 [J]. 金属矿山，2006，(8)：5~13.
[8] 马淮湘. 超贫磁铁矿选矿技术新进展与思考 [J]. 现代矿业，2011，504 (4)：33~34，42.
[9] 杨永涛，张渊，张俊辉，等. 某难选赤铁矿选矿试验研究 [J]. 矿产综合利用，2011，1：10~13.
[10] 魏宗武. 某难选含锰贫铁矿的选矿试验研究 [J]. 中国矿业，2010，19 (3)：66~68，71.
[11] 杨军，赵希兵，孙敬锋，等. 内蒙古某地超贫铁矿选矿试验研究 [J]. 内蒙古科技与经济，2010，22 (224)：84~86.
[12] 关翔. 新疆某难选赤铁矿选矿工艺的探讨 [J]. 中国矿业，2011，20 (1)：87~90，110.

冶金工业出版社部分图书推荐

书　名	作　者	定价(元)
矿用药剂	张泾生	249.00
现代选矿技术手册（第2册）浮选与化学选矿	张泾生	96.00
现代选矿技术手册（第7册）选矿厂设计	黄　丹	65.00
矿物加工技术（第7版）	B. A. 威尔斯 T. J. 纳皮尔·马恩　著 印万忠　等译	65.00
探矿选矿中各元素分析测定	龙学祥	28.00
新编矿业工程概论	唐敏康	59.00
化学选矿技术	沈　旭　彭芬兰	29.00
钼矿选矿（第2版）	马　晶　张文钲　李枢本	28.00
现代矿业管理经济学	彭会清	36.00
选矿厂辅助设备与设施	周晓四　陈　斌	28.00
尾矿的综合利用与尾矿库的管理	印万忠　李丽匣	28.00
煤化学产品工艺学（第2版）	肖瑞华	45.00
煤化学	邓基芹　于晓荣　武永爱	25.00
泡沫浮选	龚明光	30.00
选矿试验研究与产业化	朱俊士	138.00
重力选矿技术	周晓四	40.00
选矿原理与工艺	于春梅　闻红军	28.00
选矿知识600问	牛福生　等	38.00
采矿知识500问	李富平　等	49.00
硅酸盐矿物精细化加工基础与技术	杨华明　唐爱东	39.00
矿物加工实验理论与方法	胡海祥	45.00